natürlich oekom!

Mit diesem Buch halten Sie ein echtes Stück Nachhaltigkeit in den Händen. Durch Ihren Kauf unterstützen Sie eine Produktion mit hohen ökologischen Ansprüchen:

- 100 % Recyclingpapier
- mineralölfreie Druckfarben
- Verzicht auf Plastikfolie
- Kompensation aller CO_2-Emissionen
- kurze Transportwege – in Deutschland gedruckt

Weitere Informationen unter www.natürlich-oekom.de und #natürlichoekom

natürlich oekom · nachhaltig seit 1989

Diese Publikation wurde gefördert durch den Open-Access-Publikationsfonds
der Leuphana Universität Lüneburg

Bibliografische Information der Deutschen Nationalbibliothek:
Die Deutsche Nationalbibliothek verzeichnet diese Publikation
in der Deutschen Nationalbibliografie; detaillierte bibliografische
Daten sind im Internet über www.dnb.de abrufbar.

oekom – Gesellschaft für ökologische Kommunikation mbH
Goethestraße 28, 80336 München

Lektorat: Ines Lietzke-Prinz, Steffen Farny
Korrektorat: Elena Bruns
Umschlaggestaltung: Laura Denke, oekom verlag
Umschlagabbildung: © Yevhenii, stock.adobe.com
Layout & Satz: Ines Swoboda, oekom verlag

Druck: CPI Books GmbH, Leck

ISBN 978-3-98726-093-3
E-ISBN 978-3-98726-334-7
https://doi.org/10.14512/9783987263347

FSC
www.fsc.org
RECYCLED
Papier aus
Recyclingmaterial
FSC® C083411

INES LIETZKE-PRINZ, STEFFEN FARNY
(Hrsg.)

Wie genau die Welt retten?

Denkanstöße zum Club-of-Rome-Bericht »EARTH FOR ALL«

oekom

Inhalt

Vorwort

Während wir an dieser Herausgeberschrift arbeiteten, stießen wir auf das unlängst erschienene Buch *Meine Apokalypsen* von Thomas Brussig, der vermeintliche Weltuntergangsprophezeiungen jüngster Geschichte – vom atomaren Wettrüsten über die Weltfinanzkrise 2008 und Covid-19 – bespricht. Der Untertitel *Warum wir hoffen dürfen* erklärt sich aus Brussigs Argumentation, dass erstens frühere Krisen überwunden wurden und zweitens, diese Überwindung nicht durch Abwarten, also ein bloßes Aussitzen erfolgt ist, sondern durch Handeln. Wir Menschen sind also in der Lage, Krisen zu managen! Doch wie verhält es sich mit dem Klimawandel? Wie wir später noch aufzeigen werden, ist der Klimawandel eben nicht irgendeine Krise, die überwunden werden kann. Der Klimawandel ist da und wird durch nichts verschwinden. Lediglich können wir handeln, um die Folgen möglichst gering zu halten, die Zerstörung zu begrenzen. In diesem Kontext lässt sich auch die letzte Zeile des Apokalypsen-Buches verstehen: »Solange die Angst vor der Zukunft den Ton angibt, sind wir in Sicherheit.« Wir, Herausgeberin und Herausgeber der vorliegenden Essaysammlung, verstehen diese Angst nicht als lähmend, sondern als eine konstruktive Sorge. Eine Sorge, die dabei hilft, uns auf das Wesentliche zu fokussieren, die unseren Kampfgeist weckt und uns zur Tat aufruft. Und genau diese Art der konstruktiven Sorge erleben wir täglich bei unseren Studierenden. Neunzehn davon sind Autorinnen und Autoren der Essays dieses Buches. Es sind junge Menschen, die sich um ihre Zukunft sorgen: Sie benennen klar die Herausforderungen des Klimawandels, aber sie erstarren nicht, sie ducken sich nicht weg. Sie setzen sich differenziert mit den Herausforderungen auseinander und fragen: Was muss konkret passieren? Was können wir Menschen tun?

So ist dieses Buch entstanden: Im Rahmen eines Seminars an der Leuphana Universität haben wir die aktuelle Club of Rome-Publikation *Earth for All* analysiert. Sie trägt den Beinamen *Survival Guide*. Doch auch wenn dieser, von hochkarätigen Wissenschaftler:innen erarbeitete Bericht über den Zustand unserer Welt, zwei mögliche Szenarien entwirft und mit den sogenannten *Kehrtwenden* ganzheitlich Pfade zu der erstrebenswerten Zukunft aufzeigt, taugt er nur bedingt als tatsächliche Überlebensanleitung – so das Urteil der Studierenden. Etwas vage, mit zu wenig konkreten Beispielen gespickt, so die Kritik, wenngleich der Grund dafür schnell ausgemacht und verständlich ist: Wie dick hätte das Buch ausfallen müssen, würde es für alle Regionen der Welt einen Aktionsplan erarbeiten? Das Spektrum an möglichen Maßnahmen ist riesig!

Die Studierenden setzen einen Startpunkt. In unserem Buch widmen sich die Neunzehn aus unterschiedlichen Fachrichtungen in zehn Essays spezifischen Maßnahmen, die zum Erreichen der fünf Kehrtwenden bzw. einer Umkehr aus dem Winner-Take-All-Kapitalismus beitragen könnten. Diese Lösungsansätze werden nicht etwa als Allheilmittel präsentiert, auch wenn es heute zuweilen en vogue erscheint, bei jeder Herausforderung sofort DIE Lösung in Form eines Handbuchs oder sogenannten Playbooks parat zu haben. Stattdessen werden die von den Studierenden ausgewählten Ansätze nach einer kurzen thematischen Einführung jeweils in einer Pro- und einer Contra-Position verhandelt. Dies wird einerseits der Komplexität der Themen gerecht; andererseits trifft es den bewussten Anspruch des Buches: unterschiedliche Perspektiven einzunehmen, die vielfältigen Argumente anzubieten, abzuwägen, um den Leser:innen zu ermöglichen, sich nach der Lektüre fundiert ein eigenes Bild machen zu können. Denn während *Earth for All* unmissverständlich die Stoßrichtung vorgegeben hat, sprich eindeutig darin ist, *WAS* zu erreichen ist, ist es die Frage nach dem *WIE* keineswegs. Der Club of Rome hat uns den Ball zugespielt, wir greifen ihn auf und führen die Debatte im Konkreten, teils Regionalen fort.

Dass es in diesem Fall Studierende sind, die den Diskurs führen, macht das Buch besonders spannend: Sie gehören zu der Generation, ÜBER die viel gesprochen wird, einerseits als die Erben der vergangenen (und aktuellen) Versäumnisse, andererseits als die Aufmüpfigen, die fordern, festkleben, fighten. Wird ihnen das gerecht? Wird überhaupt ausreichend MIT dieser Generation gesprochen? Hier melden sich einige von ihnen zu Wort, mit einer beeindruckend unerbittlichen Haltung für eine sozial-ökologische Transformation, gleichwohl sehr differenziert hinsichtlich der Umsetzung. Sie nehmen die Leser:innen mit, zeigen Themen auf, die sie beschäftigen und setzen sie in den Kontext des Club of Rome-Berichts. Anhand ihrer konkreten Beispiele verdeutlichen sie, dass es keinen einfachen Weg gibt – und laden damit zur weiteren, sachlichen Auseinandersetzung mit den drängendsten Fragen unserer Zeit ein. Der *Earth for All*-Bericht fordert, dass Bildung sich heutzutage vor allem auf zwei Pfeiler stützen sollte: »Kritisches Denken und komplexes Systemdenken«. Der Essayband ist ein Beispiel dafür, wie dies in der Hochschulbildung gelingen kann.

Wir danken den neunzehn Verfasser:innen der Essays und Nele Terveen für den spannenden Ausblick am Ende des Buchs – die Zusammenarbeit war uns eine große Freude und Motivation, ganz im Sinne Brussigs, weiter zu hoffen.

Ines Lietzke-Prinz und Steffen Farny

1

Einordnung

Zum Stand der Klimaforschung und wie die Generation Wandel mit zehn mutigen Essays den aktuellen Club of Rome-Bericht weiterdenkt

VON INES LIETZKE-PRINZ UND STEFFEN FARNY

Der Club of Rome-Bericht von 1972

Mit *Die Grenzen des Wachstums* veröffentlichte im Jahr 1972 der Club of Rome, ein bis dato wenig bekannter Expertenkreis, ein weltveränderndes Buch (Meadows et al., 1972). Darin zeigten die Wissenschaftler:innen zum ersten Mal umfangreich auf, dass exponentielles Wirtschafts- und Bevölkerungswachstum auf der Erde nicht möglich sind, da die verfügbaren Ressourcen, auch bei allen denkbaren Effizienzsteigerungen, begrenzt sind. Nicht die Natur ist eine Gefahr für den Menschen, sondern der Mensch für die Natur. Geradezu apokalyptisch betitelte DIE ZEIT mit »So geht die Welt zugrunde« die damalige Rezension des Buches (von Randow 1972). Der Untertitel »Eine Bombe im Taschenbuchformat« verschärfte den Ton, wenngleich der zentrale Erkenntnisgewinn des Club of Rome-Berichts heute, 50 Jahre später, wenig explosiv erscheint: Ein verantwortungsbewussterer Umgang mit den begrenzten Ressourcen auf der Erde ist zwingend notwendig, um eine nachhaltige Entwicklung zu gewährleisten. Vielleicht zeigt genau das, welch erheblichen Einfluss die dargestellten Projektionen auf Basis des sogenannten Weltmodells, die fast alle in einem Zusammenbruch des aktuellen Systems mündeten, im Folgenden auf die Diskussionen über Umweltschutz und nachhaltige Entwicklung hatten.

Dieses Weltmodell sowie verschiedene Szenarien entwickelten die Expertinnen und Experten unter Leitung von Dennis Meadows mit der Verwendung einer System-Dynamics-Methodik, welche die Auswirkungen von Wachstum auf die zentral benötigten und gleichzeitig davon beeinträchtigen Ressourcen – allen voran Energie, Nahrung und Umwelt – simulierten. Im Kern zeigt das Weltmodell folgende zentrale Dynamiken auf:

- **Bevölkerungsdynamik:** Das exponentielle Wachstum der Weltbevölkerung führt zu einem erhöhten Bedarf an Ressourcen wie Nahrung, Wasser und Energie.
- **Industrielle Produktion**: Die gesteigerte Produktion und ein größerer Konsum von industriellen Gütern sind an einen höheren Verbrauch von natürlichen Ressourcen gekoppelt, was zu einer stärken Umweltverschmutzung führt.
- **Nahrungsmittelproduktion**: Mit traditionellen landwirtschaftlichen Methoden und bei steigendem Bevölkerungswachstum steigt auch der Nahrungsbedarf und damit der für die Produktion benötigte Flächenverbrauch.
- **Ressourcenverbrauch**: Ein stetig wachsender Ressourcenverbrauch einer größeren Weltbevölkerung führt zu einer Erschöpfung nicht erneuerbarer Ressourcen wie fossilen Brennstoffen und Mineralien.
- **Umweltverschmutzung**: Eine zunehmende Umweltverschmutzung lässt sich nicht durch eine erhöhte industrielle Produktion lösen. Stattdessen muss die Umweltverschmutzung über Zeit von der Natur absorbiert und dadurch repariert werden.

Trotz aller Kritik bezüglich der vereinfachten Grundannahmen und der limitierten Modellierungstechnik, bestätigten mehrere Studien die getroffenen Aussagen zu ökologischen und sozioökonomischen Entwicklungstrends (vgl. Turner, 2012). Die meisten Simulationen deuten auf einen Kollaps der Weltwirtschaft zu unterschiedlichen Zeitpunkten in der zweiten Hälfte des 21. Jahrhunderts hin – die Grenzen des Wachstums. Die zentrale Schlussfolgerung des Berichts lautet: »Wenn die gegenwärtige Zunahme der Weltbevölkerung, der Industrialisierung, der Umweltverschmutzung, der Nahrungsmittelproduktion und der Ausbeutung von natürlichen Rohstoffen unverändert anhält, werden die absoluten Wachstumsgrenzen auf der Erde im Laufe der nächsten hundert Jahre erreicht« (Meadows et al. 1972, S. 17). Es wurden jedoch auch hoffnungsvolle und ökologisch langfristig-tragbare Szenarien errechnet. Diese basieren im Kern auf stark veränderten Wachstumsvoraussetzungen beziehungsweise einer Reduktion des Weltwirtschaftswachstums. Auf Basis neuerer und umfangreicherer Daten wurde das Weltmodell stets verbessert und es konnten über die Jahre immer genauere Simulationen für unterschiedliche Entwicklungspfade erstellt werden. Diese bestätigten stets, dass der momentane Entwicklungspfad auf der Erde sehr wahrscheinlich zu einem Systemzusammenbruch führt – dem Überschreiten der Grenzen (vgl. Meadows et al. 1992).

Die Realität ein halbes Jahrhundert später

Inzwischen haben wir uns an Schlagzeilen wie »Rekordsommer«, »Hitze-Rekord« oder »Jahrhundertsommer« gewöhnt – waren die letzten zehn Jahre (2014 bis 2023) doch die zehn wärmsten seit Beginn der Aufzeichnung. Das Jahr 2023 als das bisher wärmste aufgezeichnete Jahr überhaupt liegt damit im Trend einer kontinuierlichen und dauerhaften Erwärmung der globalgemittelten Durchschnittstemperatur. Anders gesagt: Im Jahr 2023 lag die Temperatur bereits 1,48 Grad Celsius über dem meist hinzugezogenen Referenzwert aus dem vorindustriellen Zeitalter (1850 bis 1900). In Europa haben wir diese Entwicklung noch stärker als auf anderen Kontinenten gespürt. Dieser überdurchschnittliche Temperaturanstieg Europas wird sich aller Voraussicht nach auch in den kommenden Jahrzehnten, vor allem in Skandinavien, Nordost-Europa und am Mittelmeer, fortsetzen (Masson-Delmotte et al. 2021). Generell ist von neuen Rekorden auszugehen und von einem weiteren Anstieg der Durchschnittstemperatur auf der Erde. Dies könnte bereits 2024 der Fall sein, da in 2023 auf Grund des El Nino-Effekts die Wassertemperatur in den Weltmeeren stark gestiegen ist (ECMWF, 2024). Es besteht also eine reale Chance, dass die im Pariser Klimaabkommen anvisierte Begrenzung der weltweiten Durchschnittstemperatur auf 1,5 Grad Celsius bereits 2024 zum ersten Mal überschritten wird. Laut den meisten meteorologischen Projektionen wird sich dieser alarmierende Trend grundsätzlich mindestens bis Mitte des Jahrhunderts, also den 2050er-Jahren, fortsetzen (Lee et al., 2021). Aktuelle Klimamodellierungen, wie im 6. IPCC Bericht dargestellt, zeigen auf, dass das Weltklima ohne signifikante Emissionsreduktionen auf eine 2,1 bis

3,5 Grad Celsius wärmere Durchschnittstemperatur zusteuert (Entwicklungspfad Szenario SSP2-4.5) (Lee et al., 2021).[1]

Klimawandel und weitere Erdsystemprozesse

Wir sollten den Klimawandel jedoch nicht in Isolation betrachten. Vielmehr ist der Klimawandel einer von neun, sich gegenseitig bedingenden planetaren Prozessen, welche die ökologischen Grenzen der Erde beschreiben – die planetaren Grenzen (Steffen et al. 2015). Seit 2009 werden federführend am Stockholm Resilience Center diese planetaren Grenzen erfasst, die ein stabiles und sicheres Umfeld für die Menschheit auf unserer Erde abbilden. Dazu gehören neben dem Klimawandel folgende acht: die Versauerung der Ozeane, der stratosphärische Ozonabbau, die atmosphärische Aerosolbelastung, die biogeochemischen Kreisläufe (etwa Phosphor und Stickstoff), der Wasserverbrauch, die Landnutzungsänderung (z. B. Abholzungen), die Unversehrtheit der Biosphäre (Biodiversitätsverlust) und das Einbringen neuartiger Substanzen (z. B. durch Chemikalien). Das Konzept der planetaren Grenzen postuliert, dass ein dauerhaftes Überschreiten der Belastungsgrenzen zu unumkehrbaren Veränderungen und Schäden führen wird. Deshalb ist es zwingend notwendig, gemäß eines Vorsorgeprinzips, eine globale Entwicklung innerhalb der planetaren Grenzen anzustreben. Wie das Weltmodell des Club of Rome basiert auch das Modell der planetaren Grenzen auf immer leistungsfähigeren Computersimulationen. So wurde das Modell über die Jahre stetig mit neueren Daten angereichert und verbessert. Im September 2023 erschien die dritte umfassende wissenschaftliche Arbeit, die planetaren Grenzen genauer zu vermessen und zu bewerten. Zum ersten Mal entstand ein komplettes Bild, welches alle neun planetaren Prozesse quantifiziert, und dabei ein alarmierendes Ergebnis ans Licht brachte: Wie von vielen Expertinnen und Experten bereits vermutet, überschreiten nicht nur der Klimawandel, sondern auch die abnehmende Artenvielfalt, die intensive Abholzung und die Verwendung von Chemikalien und Kunststoffen die planetaren Grenzen, und müssen für eine nachhaltige Entwicklung korrigiert werden (Richardson et al. 2023). Trotz aller

1 Ein nützliches Tool, um die regionalen, nationalen und globalen Auswirkungen des Klimawandels besser zu verstehen, ist der interaktive Atlas des IPCC (https://interactive-atlas.ipcc.ch/).

alarmierender Erkenntnisse zeigt diese Studie jedoch auch, dass die Ozonzerstörung signifikant gebremst werden konnte. Hierfür wird vor allem das entschlossene, koordinierte Handeln seit Unterzeichnung des Montreal-Protokolls 1989 als Hauptgrund genannt. Ein Anlass zu Hoffnung, zeigt es uns doch, wie wichtig global abgestimmte Absichtserklärungen, wie das Pariser Klimaabkommen, sein können – vorausgesetzt, sie gehen einher mit dem politischen Willen entsprechend zu handeln.

Über die Kehrtwenden und Maßnahmen für eine gerechtere, nachhaltigere Zukunft

Einen Anlass zur Hoffnung gibt auch das sogenannte Giant-Leap-Szenario im *Earth for All*-Bericht, der 2022 unter der Leitung von Sandrine Dixson-Declève[2] veröffentlicht wurde. Neben einem zweiten, sehr düsteren Too-Little-Too-Late-Szenario, zeichnet zwar auch das Giant-Leap-Szenario keineswegs das Bild einer rosaroten Zukunft; aber es antizipiert eine »Erde zurück in ihre(n) planetaren Grenzen. (…) Leid wird mittlerweile gelindert. (…) die Gefahr eines eskalierenden Klimawandels ist gemindert« (Dixson-Declève et al. 2022, S. 73). Angesichts der Tatsache, dass wir den Klimawandel nicht umkehren, seine Folgen nicht gänzlich stoppen können, ist das Szenario also nicht das bestdenkbare – aber die beste Option, die wir haben. In dem Namen *Giant Leap* klingt bereits mit, dass es eine große Anstrengung voraussetzt. Doch welche großen Sprünge sind gemeint? Was genau, müssen wir schaffen? Die Verfasser:innen beschreiben dazu fünf Kehrtwenden in den Bereichen Armut, Ungleichheit, Ermächtigung, Ernährung und Energie und fordern darüber hinaus ein ökonomisches Umdenken jenseits des Winner-take-all-Kapitalismus. In den Essays des vorliegenden Buches knüpfen die Autorinnen und Autoren genau an diese Themenbereiche an und diskutieren konkrete Maßnahmen zur Umkehrung.

Im Folgenden ein kurzer Überblick, beginnend mit der *Armutskehrtwende*: Trotz eines Rückgangs extremer Armut in den letzten fünfzig Jahren, lebt noch

2 Sandrine Dixson-Declève ist seit 2018 gemeinsam mit Mamphela Ramphele Co-Präsidentin des Club of Rome.

fast die Hälfte der Weltbevölkerung von weniger als vier US-Dollar pro Tag. Zur Verschärfung trägt das aktuelle, globale Wirtschaftssystem insofern bei, als dass es einkommensschwache Länder zwingt, sich zwischen Armut und Klimaschutz zu entscheiden, so der Club of Rome-Bericht. Weiterhin werden mangelnde Investitionen beklagt; ausländisches Kapital hätte nur begrenzt positive Auswirkungen auf die wirtschaftliche Entwicklung. Eine destruktive Handelsarchitektur, die CO_2-Emissionen nicht angemessen berücksichtige bzw. einkommensstarken Ländern erlaube, umweltbelastende Industrien in einkommensschwache Länder zu verlagern, werden als weiteres Problem ausgemacht, ebenso wie der mangelnde Zugang zu Technologien. Hierzu würden nicht zuletzt restriktive Gesetze zum Schutz des geistigen Eigentums den Technologietransfer verhindern (Dixson-Declève et al. 2022, S. 79ff.). **Jan Moritz Schnieders und Hendrik Teichgräber** arbeiten sich in ihrem Essay an der Herausforderung ab, einkommensschwache Volkwirtschaften in ihrem Wachstum zu unterstützen, indem noch nicht wettbewerbsfähige Industriesektoren durch Handelsbeschränkungen vor dem globalen Wettbewerb geschützt werden. Sie fragen: Das Infant-Industry-Modell als Türöffner zum Wettbewerb auf Augenhöhe? (Kapitel 2.1) Einer ganz anderen Art des Schutzes widmen sich **Paula Bäurich und Marlena Spieß** und hinterfragen, inwiefern das Patentrecht als Schutz geistigen Eigentums ein Treiber für Innovation oder aber ein Hindernis globalen Fortschritts ist. (Kapitel 2.2)

Ausgangsthese des *Earth for All*-Kapitels zur *Ungleichheitskehrtwende* ist, dass Länder in allen Bereichen menschlichen Wohlergehens, bspw. in Bezug auf Bildung, Gesundheit oder Kriminalität, besser abschneiden, wenn mehr Gleichheit (innerhalb des Landes) herrscht. Auch konstatiert der Club of Rome, dass extreme Ungleichheit eine Konzentration der Macht bei den Superreichen als auch den besonders wertvollen Unternehmen bedeutet; sie verpassen ferner nicht, auf den übermäßigen Konsum und den damit einhergehenden, übermäßigen CO_2-Verbrauch bei Konsumierenden mit höherem und hohem Einkommen hinzuweisen (Dixson-Declève et al. 2022, S. 101ff.). In ihrem Essay diskutieren **Jasper Strunk und Anna Zimmerer**, ob zur Reduzierung wirtschaftlicher Ungleichheit das Grunderbe als Instrument taugen könnte. (Kapitel 3.1) Sie unterstreichen – nach der Diskussion möglicher Schwierigkeiten – die transformative Kraft, die von solch einer Investition in die junge Generation ausgehen könnte. **Katharina Buse** und **Eileen Bauer** widmen sich der Vergesellschaftung von Wohnraum als Instrument zur Erreichung mehr finanzieller und sozialer Gleichheit in der Gesellschaft und betrachten dabei die existenzielle Bedeutung von Wohnraum nicht nur für Individuen, sondern auch im Hinblick auf den gesellschaftlichen Zusammenhalt. (Kapitel 3.2) Beide Essays nehmen dabei insbesondere Deutschland in den Blick, wo die Schere zwischen Arm und Reich zunehmend auseinanderklafft.

Luise Land und **Kalina Magdzinska** setzen sich mit der *Ermächtigungskehrtwende* auseinander. Mit diesem Kapitel prangert der Club of Rome die Tatsache an, dass Frauen nach wie vor überall auf der Welt diskriminiert werden und fordert die Gleichstellung von Männern und Frauen in der Bildung, am Arbeitsplatz und der Rente. Besonderes Augenmerk liegt auf der Bildung als Hebel: als Ermöglicher von sozialer Mobilität, zur Erlangung wirtschaftlicher Sicherheit, zur Verringerung des Bevölkerungswachstum, zur Vermeidung von Kinderehen u.v.m. Die Beständigkeit patriarchaler Gesellschaften werde die Transformation der sozialen Ordnung nicht aufhalten, mache sie jedoch langwierig, so die Diagnose des Club of Rome (Dixson-Declève et al. 2022, S. 125ff.). Die Autorinnen Land und Magdzinska decken in ihrem Essay einen blinden Fleck in dieser Debatte auf und fragen danach, wer diese Machtumverteilung initiieren sollte: die mit oder die ohne Macht? Sie erweitern dabei ferner den Blick des Club of Rome um eine intersektionale Perspektive, der Betrachtung von »Verschränkungen von Sexismus, Rassismus, Klassismus, Transphobie, Ableismus und anderen Diskriminierungsformen« und argumentieren dabei von ihrem persönlichen Standpunkt aus – repräsentieren sie selbst doch sowohl diejenigen mit als auch die ohne Macht. (Kapitel 4.1)

Mit der *Ernährungskehrtwende* konstatiert der Club of Rome in aller Deutlichkeit: »Der Agrarsektor ist kein Gewinn für unseren Planeten. Für den Menschen allerdings auch nicht.« (Dixson-Declève et al. 2022, S. 143). Er mahnt ein Ernährungssystem an, dass beidem gerecht wird, den Menschen als auch dem Planeten. Er beschreibt eindringlich die Konsequenzen, die unsere heutige Nahrungsmittelproduktion respektive unser heutiger Nahrungsmittelkonsum auf die Biosphäre haben, angefangen von der Abnahme der Artenvielfalt, über die Treibhausgasemission hin zur Verschmutzung von Gewässern (Dixson-Declève et al. 2022, S. 143ff.). **Lorenzo Huskamp** macht Fleischkonsum als einen Treiber dieser Entwicklung aus und beantwortet in seinem Essay die

Frage, ob der Staat den (übermäßigen) Konsum von Fleisch regulieren sollte – und steht nach einem Abwägen der unterschiedlichen Interessen der Eindrücklichkeit des Club of Rome in nichts nach. (Kapitel 5.1)

Die Idee, fossile Brennstoffe »aus der Weltwirtschaft zu verbannen« (Dixson-Declève et al. 2022, S. 167), ist Teil der *Energiekehrtwende*, der die industrielle Abhängigkeit und umfangreiche Subventionen konventioneller Energiequellen im Wege stehen, wie der Club of Rome darlegt. Die ungleich höheren CO_2-Emmissionen der reichen Länder sowie der Zusammenhang eines größeren CO_2-Fußabdrucks bei steigendem Einkommen werden als weitere Ungerechtigkeiten ausgemacht. Die Ironie, dass eine Emissionsreduktion in diesen Ländern teils nur dadurch erreicht wird, dass die energieintensive Produktion von Konsumgütern ausgelagert wird, findet ebenfalls Beachtung (vgl. *Ungleichheitskehrtwende*). Großes Potenzial wird bei der Erreichung einer Energiekehrtwende neben der Elektrifizierung »von (fast) allem« (Dixson-Declève et al. 2022, S. 176) der Effizienzsteigerung eingeräumt; Möglichkeiten seien vielfältig, wie das Angebot kleinerer Autos oder gedämmte Wohngebäude. (Dixson-Declève et al. 2022, S. 167 ff.) Dass Effizienz nicht alleine im Fokus stehen sollte, diskutieren **Mareike Andert** und **Elias Tetzlaff** und setzen dieses mit weiteren Konzepten wie der Konsistenz und der Suffizienz in den Zusammenhang. (Kapitel 6.1) **Neele Klukkert** und **Neele Neddersen** hinterfragen in ihrem Essay, welchen Beitrag Digitalisierung leisten kann, in dem sie sich einem ganz konkreten Beispiel widmen: der Smart-Home-Technologie. (Kapitel 6.2)

Als Treiber dieser fünf Kehrtwenden wird in dem Club of Rome-Bericht ein wirtschaftlicher Systemwandel ausgemacht: die *Earth for All*-Ökonomie bzw. eine Ökonomie des Wohlergehens, die Wohlstand schafft und gleichzeitig den Planeten schützt. Dafür wird ein Wohlergehensindex mit fünf Prinzipien (Würde, Natur, Verbundenheit, Fairness und Teilhabe) erstellt, der als Gegenentwurf zur bisherigen Messgröße, dem Bruttoinlandsprodukt (BIP), und als Steuerungsinstrument gesellschaftlichen Fortschritts gelten soll. (Dixson-Declève et al. 2022, S. 48 ff.) Als wichtigste Hebel werden Aspekte aus den vorangegangenen Kehrtwenden genannt, welche für die wirtschaftliche Transformation als besonders wichtig eingeschätzt werden, wie der Einrichtung eines Bürgerfonds oder der Umgestaltung des internationalen Finanzsystems zur Erleichterung der Armutsbekämpfung sowie die Investition in Systeme für eine effiziente, regenerative Nahrungsmittel- und Energieerzeugung. (Dixson-Declève et al. 2022, S. 189ff.) **Lena Jauer** und **Mattis Mann** nehmen die Initiative der sogenannten *Purpose Economy* in den Blick und diskutieren, inwieweit die Überführung von Unternehmen in eine neue Gesellschaftsform, dem Verantwortungseigentum, und der damit einhergehenden Zweckbindung einen relevanten Beitrag zu einem wirtschaftlichen Wandel im Sinne der *Earth for All*-Ökonomie leisten kann. (Kapitel 7.1) Nicht die Unternehmen, sondern die Arbeitnehmer:innen stehen im Zentrum des Essays von **Carl-Heinrich Eggers** und **Andrea Kabasci**. Sie betrachten die Jobgarantie im Kontext der sozial-ökologischen Transformation, die einerseits die Gefahr einer Verschärfung unfreiwilliger Arbeitslosigkeit birgt, andererseits aber auch Chancen, welche die Jobgarantie sich zu Nutze machen könnte. Eine Stärkung der gesellschaftlichen Solidarität ist ferner einer von vielen weiteren Aspekten, welcher in der Diskussion um eine sichere Beschäftigung aufgenommen wird. (Kapitel 7.2)

In den vergangenen Jahrzehnten ist ein umfangreiches Wissen über das Spannungsfeld des Menschen im Umgang mit dem Planeten entstanden, wie u. a. der *Earth for All*-Bericht, der auf umfassenden Erkenntnissen vieler Wissenschaftler:innen weltweit basiert, eindrücklich zeigt. Dieses sogenannte Systemwissen ist unerlässlich: Es sagt uns was *ist*. Es benennt die Fakten, es macht die Realität begreiflich, es erklärt uns Zusammenhänge. Das Systemwissen ist ein wichtiger Startpunkt und zugleich ist es nur ein Startpunkt – denn es sagt uns nicht, *was sein* und *was nicht sein soll*. Dafür brauchen wir Zielwissen respektive Wissen darüber, was auf Basis des Systemwissens entstehen kann: wie die Modellierung des Club of Rome, durch die wir zwei alternative Szenarien an die Hand bekommen. Entscheiden wir uns für eine Zukunft wie im Giant-Leap-Szenario, fehlt uns jedoch immer noch das Wissen, *wie* diese Zukunft zu erreichen ist. Ohne dieses Transformationswissen, also dem Wissen darüber, wie wir vom Ist- zum Soll-Zustand gelangen, wird es keine Veränderung, wird es keine doch so notwendige sozial-ökologische Transformation geben. Entsprechend haben sich die Essay-Verfasser:innen mit möglichen Maßnahmen zur Transformation auf Basis des System- und Zielwissens auseinandergesetzt. Denn dass wir diesen sogenannten Knowledge-Action Gap überwinden müssen, führt **Nele Terveen** in ihrem Ausblick, dem letzten Kapitel dieses Buchs, überzeugend in Anbetracht ihrer persönlichen Erfahrungen aus: Auch wenn das Wissen schon in ihren Kindertagen existierte, vermisst sie heute als junge Wissenschaftlerin immer noch das konsequente Handeln. Terveen, Fellow im Think Tank 30, einem Organ der Deutschen Gesellschaft Club of Rome, blickt dennoch positiv in die Zukunft und rundet die Essaysammlung mit dem Appell an die Leser:innen ab, aktiv eine regenerative Zukunft mitzugestalten.

QUELLEN

Dixson-Declève, S., Gaffney, O., Ghosh, J., Randers, J., Rockstrom, J., & Stoknes, P. E. (2022). Earth for All: a survival guide for humanity. New Society Publishers.

European Centre for Medium-Range Weather Forecasts (2024). *Copernicus: 2023 is the hottest year on record, with global temperatures close to the 1.5° C limit.* abgerufen unter: https://climate.copernicus.eu/copernicus-2023-hottest-year-record (Stand 31.01.2024).

Lee, J. Y., Marotzke, J., Bala, G., Cao, L., Corti, S., Dunne, J. P., … & Zhou, T. (2021). *Future global climate: scenario-based projections and near-term information. In Climate change 2021: The physical science basis. Contribution of working group I to the sixth assessment report of the intergovernmental panel on climate change* (pp. 553–672). Cambridge University Press.

Masson-Delmotte, V., Zhai, P., Pirani, A., Connors, S. L., Péan, C., Berger, S., Caud, N., Chen, Y., Goldfarb, L., Gomis, M. I., Huang, M., Leitzell, K., Lonnoy, E., Matthews, J. B. R., Maycock, T. K., Waterfield, T., Yelekçi, Ö., Yu, R. and Zhou, B., eds., 2021, ›Summary for policymakers‹, in: *Climate Change 2021: The Physical Science Basis. Contribution of Working Group I to the Sixth Assessment Report of the Intergovernmental Panel on Climate Change*, Cambridge University Press.

Meadows, D., Meadows, D., Zahn, E., & Milling, P. (1972). *Die Grenzen des Wachstums. Bericht des Club of Rome zur Lage der Menschheit.* Aus dem Amerikanischen von Hans-Dieter Heck. Deutsche Verlags-Anstalt, Stuttgart.

Meadows, D. H., Meadows, D. L., & Randers, J. (1992). *Beyond the limits: global collapse or a sustainable future.* Earthscan Publications Ltd.

Richardson, K., Steffen, W., Lucht, W., Bendtsen, J., Cornell, S. E., Donges, J. F., … & Rockström, J. (2023). Earth beyond six of nine planetary boundaries. *Science Advances*, 9(37), eadh2458.

Steffen, W., Richardson, K., Rockström, J., Cornell, S. E., Fetzer, I., Bennett, E. M., … & Sörlin, S. (2015). Planetary boundaries: Guiding human development on a changing planet. *Science*, 347(6223), 1259855.

Turner, G. M. (2012). On the cusp of global collapse? Updated comparison of the limits to growth with historical data. *GAIA – Ecological Perspectives for Science and Society*, 21, 116–124.

von Randow, T. (1972): *So geht die Welt zugrunde. Eine Bombe im Taschenbuchformat: Siebzehn Wissenschaftler sagen den Wachstumstod der Zivilisation voraus.* In: DIE ZEIT. Nr. 11., 17.03.1972. abgerufen unter: https://www.zeit.de/1972/11/so-geht-die-welt-zugrunde (Stand 31.01.2024).

2

Essays im Kontext der Armutskehrtwende

2.1 Das *Infant-Industry-Modell* als Türöffner zum Wettbewerb auf Augenhöhe?

VON HENDRIK TEICHGRÄBER UND JAN MORITZ SCHNIEDERS

Die Herausforderung der globalen Armut im 21. Jahrhundert: ein Paradigmenwechsel als neues Erfolgsmittel?

Die globale Armut ist weiterhin eines der zentralen Probleme im 21. Jahrhundert. Bereits 2015 wurde mit den *Sustainable Development Goals* der Vereinten Nationen das Ziel gesetzt, Armut in all ihren Formen und auf der ganzen Welt bis zum Jahr 2030 zu beenden (United Nations 2015). Zwar ist der Anteil der Menschen, welcher von extremer Armut (weniger als 2,15 US-Dollar pro Tag) betroffen ist, zwischen 1990 und 2019 um rund 30 Prozent auf 8,4 Prozent gesunken, allerdings ist dies vor allem auch auf die Entwicklungen in China zurückzuführen. Weiterhin lebt heute rund die Hälfte der Weltbevölkerung mit weniger als vier US-Dollar pro Tag. Darüber hinaus sind auf dem afrikanischen Kontinent die absoluten Zahlen von Menschen, die von extremer Armut betroffen sind, sogar angestiegen. Schätzungen gehen somit davon aus, dass mit den aktuellen Entwicklungen im Jahr 2030 weiterhin 600 Millionen Menschen als extrem arm gelten werden (Dixson-Declève et al. 2022, S. 81, Our World in Data 2023a, b).

Der Club of Rome geht in seinem 2022 veröffentlichten Buch *Earth For All* (Dixson-Declève et al. 2022) konkret auf das Problem der globalen Armut ein. Die Notwendigkeit einer sogenannten »Armutskehrtwende« wird aufgezeigt, welche es ermöglichen soll, drei bis vier Milliarden Menschen aus der Armut zu holen und bis 2050 jedem Menschen ein Jahreseinkommen von mindestens 15.000 US Dollar pro Kopf zu ermöglichen. Dieses Ziel soll durch eine Veränderung des globalen Wirtschaftssystems erreicht werden. Hierzu werden in der Veröffentlichung vier konkrete Lösungen aufgezeigt, wobei ein Vorschlag auf die Transformation des Welthandels abzielt (Dixson-Declève et al. 2022, S. 87).

Die heutige Struktur des globalen Handels ist maßgeblich durch das Paradigma des Freihandels beeinflusst. Vor allem in den 1990er-Jahren gewannen Handelsliberalisierungen an Popularität und wurden durch Institutionen wie den Internationalen Währungsfonds (IMF), die Weltbank und die 1994 gegründete Welthandelsorganisation vorangetrieben (Winters und Martuscelli 2014, S. 3). Darüber hinaus begann der Freihandel zunehmend als ein effektives Instrument zur Bekämpfung von Armut zu gelten (Giljum 2002, S. 75). Aufgrund der schlechten finanziellen Lage vieler sich entwickelnder Länder sind diese über die Zeit abhängig von Finanzhilfen des IMF und der Weltbank geworden. Daraus folgen zum einen hohe Zinszahlungen für die betroffenen Länder, wodurch wenig in die Infrastruktur investiert werden kann. Zum anderen sind die Kredite an strenge Liberalisierungsmaßnahmen gebunden, wodurch kaum politischer Spielraum vorhanden ist. Über die Zeit hat sich allerdings herausgestellt, dass der Freihandel für viele Länder nicht zu einer nachhaltigen Verbesserung der Wirtschaftslage geführt hat und die Armut teilweise sogar größer geworden ist (Dixson-Declève et al. 2022, S. 82).

Unter anderem wegen dieser nachteiligen Entwicklungen wird der Zwang zu Handelsliberalisierungen zunehmend kritisiert und es werden immer wieder protektionistische Maßnahmen als Alternative vorgeschlagen. Als protektionistisch gelten »[...] handelspolitische Maßnahmen [bspw. Schutzzölle] [...], deren Zweck es ist, einzelne Sektoren einer Volkswirtschaft vor Importkonkurrenz zu schützen oder der eigenen Exportwirtschaft Vorteile [...] zu verschaffen« (Weerth 2018a). Hierunter fällt unter anderem auch das *Infant-Industry-Model (IIM)*, welches ebenfalls bei Dixson-Declève et al. (2022) als notwendige Maßnahme zur Transformation des Welthandels angesehen wird (S. 93). Die Kernidee des *IIM* ist es, noch junge, inländische Industrien *(Infant Industries)* vor dem internationalen Freihandel zu schützen, damit diese wachsen können, bis sie global wettbewerbsfähig sind. Am wichtigsten für eine Umsetzung des IIM sind Prozesse wie Zölle, also Steuern auf importierte Güter, die zum Schutz der inländischen Hersteller erhoben werden (Mustafa 2020, S. 70). Dazu kommen restriktive Kontingente und Zollnachlässe für die Einfuhr von Gütern, die in den Infant Industries benötigt werden. Und zuletzt staatliche Substitutionen, um den einheimischen Branchen finanzielle Hilfe zu leisten (Fouda 2012, S. 351; Mustafa 2020, S. 70).

Das *IIM* ist eines der ältesten Modelle, welches den Schutz von Industrien vor dem Freihandel beschreibt. Es ist unter Ökonomen ein weit akzeptiertes Konzept, seit der US-Amerikaner Alexander Hamilton und der Deutsche Friedrich List zu Beginn des 19. Jahrhunderts die Grundlagen formulierten. Bereits in den Anfängen der Industrialisierung schützten Länder wie Deutschland, die USA und Großbritannien ihre Infant Industries (Siddiqui, 2015, S. 233). Die korrekte Wirkweise des *IIM* kann mit dem theoretischen Mill-Bastable Test bestimmt werden. Er erfasst gewisse Konditionen, die essenziell für den Schutz der Infant Industries sind. Der Schutz muss zeitlich begrenzt sein. Nach Auslaufen des Schutzes müssen die Infant Industries allein überlebens- und wettbewerbsfähig sein. Weiterhin muss ihr kumulativer Nettogewinn die gesammelten Kosten des Schutzes übersteigen. Zuletzt spielen dynamische Lerneffekte während der Laufzeit des *IIM* eine wichtige Rolle (Melitz 2005, S. 178).

Dixson-Declève et al. (2022) fordern also mit dem *IIM* eine Maßnahme, die dem vorherrschenden Paradigma des Freihandels gegenübersteht. Daraus ergibt sich die Fragestellung, ob Länder, die von extremer Armut betroffen sind, protektionistische Maßnahmen, so wie das *IIM*, anwenden sollten.

Um die Fragestellung zu beantworten, werden zunächst die Argumente gegen und anschließend diejenigen für protektionistische Maßnahmen als Mittel der Armutsbekämpfung dargestellt. Zum Schluss dient das Fazit dazu, beide Argumentationsseiten einzuordnen und eine Aussage zu treffen.

Freihandel als Weg aus der Armut: Die Macht freier Märkte

VON HENDRIK TEICHGRÄBER

Um zu verstehen, welche Argumente gegen protektionistische Maßnahmen, wie das für die Armutskehrtwende geforderte *IIM* sprechen, ist es sinnvoll, einen Blick auf die Grundzüge des Freihandels zu werfen. Dieser kann zunächst als »internationaler Güterhandel (Außenhandel), der frei von jeglicher handelspolitischer Beeinflussung ist [bspw. Zölle]« (Weerth 2018b) definiert werden. In der Theorie ergeben sich drei konkrete Bereiche, in welchen der Freihandel Vorteile generiert. Einerseits wird durch eine Handelsliberalisierung der potenzielle Markt für Güter erweitert, sodass die Produktion ausgeweitet werden kann, sich die Stückkosten verringern und die Effizienz gesteigert wird. Andererseits wird durch die Teilnahme eines Landes am globalen Markt der Wettbewerb erhöht, was wiederum zu Effizienzgewinnen führen und Monopole verhindern kann. Zuletzt kann durch den gestiegenen Wettbewerb eine breitere Produktauswahl angeboten werden, mit welcher die Preise sinken und damit die Konsumierenden profitieren. Neben diesen Vorteilen wird darüber hinaus davon ausgegangen, dass die positiven Effekte des Handels mit dem Grad der Liberalisierung ansteigen (Abboushi 2010, S. 386).

Aufgrund der Vorzüge des Freihandels wurde dieser in den 1990er-Jahren zunehmend als der Weg zur beschleunigten ökonomischen Entwicklung gesehen. Damit einher ging außerdem die Annahme, dass der Freihandel zur globalen Armutsminderung beitragen könne (Winters und Martuscelli 2014, S. 3f.). Handelsliberalisierung als Strategie zur Armutsbekämpfung fußt dabei auf folgender Argumentation: Mit zunehmendem Handel wird von einem verstärkten Wirtschaftswachstum ausgegangen. Dieses wird wiederum als notwendig für steigende Einkommen und damit als Mittel gegen Armut begriffen, sodass in der Konsequenz, zunehmender Freihandel Armut minimieren könne (Winters und Martuscelli 2014, S. 4).

Die Annahmen hinter der Begründung, dass Freihandel zur Armutsbekämpfung beitragen kann, konnten dabei in der Empirie aufgezeigt werden. So wiesen zwischen den 1960er- und 1990er-Jahren Länder mit einem höheren Grad an Handelsfreiheiten höheres Wirtschaftswachstum auf als Länder mit restriktiveren Regularien (World Bank 1987, S. 87ff.; Dollar und Kraay 2004, S. 25). Generell bestätigt der überwiegende Teil wissenschaftlicher Veröffentlichungen den positiven Effekt von Handelsliberalisierungen auf das Wirtschaftswachstum, auch für sich entwickelnde Länder (Ezzat 2018, S. 6). Allerdings gilt dieser Trend nicht uneingeschränkt, da vor allem bei afrikanischen Ländern, welche zuletzt dem Weltmarkt beigetreten sind, kaum oder nur geringe positive Effekte auf das Wirtschaftswachstum festgestellt werden konnten (Winters und Martuscelli 2014, S. 6). Neben dem Zusammenhang zwischen Freihandel und ökonomischem Wachstum, konnten Dollar und Kray (2001) außerdem einen zum Wirtschaftswachstum proportionalen Anstieg im Einkommen des ärmsten Teils der Bevölkerung feststellen. Schließlich wird das Potential des Freihandels zur Armutsbekämpfung zudem dadurch untermauert, dass es in der Vergangenheit keine Staaten gab, welche ihre Armut drastisch reduzieren konnten, ohne vermehrt Exporte zu generieren (Hoekman et al. 2001, S. 3).

Über welche konkreten Mechanismen nimmt eine Handelsliberalisierung also Einfluss auf die Wirtschaft eines Landes und könnte damit zur Armutskehrtwende beitragen? Zunächst kann innerhalb eines sich liberalisierenden Landes von fallenden Preisen für Importgüter ausgegangen werden, da Zusatzkosten wie Zölle oder andere Handelsbeschränkungen wegfallen. Darüber hinaus kann der gesteigerte Wettbewerb auch zu sinkenden Preisen heimischer Produkte führen, da diese fortan in Konkurrenz zu internationalen Gütern stehen. Diese Entwicklungen würden dann den Konsumierenden und besonders ärmeren Menschen zugutekommen, da die Lebenserhaltungskosten sinken. Darüber hinaus können bei einem Wegfall von Handelshemmnissen auch staatliche Hilfsprogramme für Bedürftige profitieren, da die Kosten für notwendige Hilfsmittel ebenfalls sinken (Bannister und Thugge 2001, S. 5ff.).

Neben den Güterpreisen werden ebenfalls die Preise der Produktionsfaktoren durch eine Handelsliberalisierung beeinflusst. In der Theorie würde die Nachfrage nach ungelernter Arbeit ansteigen, da Güter, welche qualifizierte Arbeit voraussetzen, günstiger importiert werden könnten und sich die inländische Produktion auf einfache, arbeitsintensive Güter ausweiten würde. Durch die gestiegene Nachfrage nach ungelernter Arbeit würden sich höhere Reallöhne für von Armut betroffene Menschen ergeben. An dieser Stelle ist jedoch zu erwähnen, dass der theoretische Prozess in der Realität von verschiedenen Faktoren abhängt und damit nicht zwangsläufig eintritt. Zusätzlich können sich dennoch weitere positive Effekte ergeben, wenn *Input*-Preise sinken und die Produktion damit günstiger wird und ausgeweitet werden kann (Bannister und Thugge 2001, S. 8ff.).

Ein weiterer Bereich, in dem sich positive Veränderungen einstellen können, liegt bei den Staatseinnahmen. Zwar können sich gesunkene Zolleinnahmen negativ auswirken, demgegenüber stehen allerdings potenziell steigende Handelsumsätze und geringere Verwaltungskosten. Darüber hinaus kann ein mögliches steigendes Wirtschaftswachstum zu höheren Steuereinnahmen im Inland führen. Von erhöhten Staatseinnahmen könnten die Menschen folglich profitieren, wenn diese für soziale Vorhaben oder Infrastruktur ausgegeben werden (Bannister und Thugge 2001, S. 11 f.).

Als viertes sind die Effekte auf Investitionen und Innovationen zu nennen. Zunächst würde sich eine effizientere Allokation von Investitionen einstellen, da die Marktpreise nicht mehr reguliert und damit nicht mehr verzerrend wirken würden. Zudem könnte ein Anstieg ausländischer Investitionen weitere wirtschaftliche Entwicklungen anstoßen und sich positiv auf das Wachstum auswirken, was ebenfalls Einkommensmöglichkeiten generieren kann (Bannister und Thugge 2001, S. 12 f.).

Ein anschauliches Beispiel für die positiven Effekte des Freihandels liefert Chile. Im Jahr 1974 liberalisierte Chile seine Wirtschaft umfassend. In diesem Zuge wurden Handelsbeschränkungen abgeschafft und geringe, einheitliche Zölle eingeführt (Edwards und Lederman 1998, S. 1). In den folgenden Jahren konnte Chile somit seine Exporte drastisch steigern, wodurch die Einkommen stiegen und die Armut sank (Hoekman et al. 2001, S. 3). Der ökonomische Aufschwung spiegelte sich damit auch im Wirtschaftswachstum wider, welches bis Ende der 1990er-Jahren bei rund sieben Prozent jährlich lag (Edwards und Lederman 1998, S. 1). Die wirtschaftliche Entwicklung zeigt sich auch in der Veränderung des Anteils der Bevölkerung, welcher in extremer Armut lebt: Während dieser im Jahr 1987 noch bei 15 Prozent lag, sank der Anteil in nur zehn Jahren um zehn Prozentpunkte und umfasst heute lediglich 0,75 Prozent der Bevölkerung (Our World in Data 2023 c). Bei allen positiven Entwicklungen muss allerdings angemerkt werden, dass die wirtschaftsliberale Ausrichtung Chiles im Rahmen der gewaltvollen Militärdiktatur Augusto Pinochets durchgesetzt wurde und mit einer hohen Ungleichheit und sozialen Spannungen einherging (Sehnbruch 2019). Diese führten in den letzten Jahren mitunter zu Massenprotesten in Chile, welche schließlich in die Ausarbeitung einer neuen Verfassung mündeten (ZEIT ONLINE 2021).

Mit der Liberalisierung des Handels geht ein hohes Potential für die wirtschaftliche Entwicklung und Armutsbekämpfung eines Landes einher, was im Allgemeinen gegen eine protektionistische Politik im Rahmen der Armutskehrtwende spricht. Neben den Vorteilen des Freihandels gibt es zudem konkrete Nachteile und Kritikpunkte an protektionistischen Maßnahmen, wie dem *IIM*.

Zunächst können Handelsbarrieren zu einem Anstieg der inländischen Preise führen und sich damit nachteilig auf die Lebenserhaltung der ärmeren Schichten auswirken. Durch die höheren Preise können dann vor allem Interessengruppen und wohlhabende Menschen profitieren (Hoekman et al. 2001, S. 2). Zudem würden sich die für die Konsumierenden zusätzlich entstehenden Kosten als Wohlfahrtskosten für die gesamte Gesellschaft einstellen und möglichen Vorteilen von protektionistischen Maßnahmen entgegenstehen (Abboushi 2010, S. 389).

Außerdem kann davon ausgegangen werden, dass protektionistische Maßnahmen zu einer Minderung der Exporte in dem jeweiligen Land führen. Dies liegt einerseits an den zusätzlichen Kosten für Importgüter, welche als Zwischenprodukte weiterverarbeitet werden. Andererseits kann von einer sinkenden Nachfrage nach inländischen Devisen ausgegangen werden, was zu einem Anstieg des realen Wechselkurses führen würde. Auch dieser würde zusätzlich dazu beitragen, dass Unternehmen höhere Preise für benötigte Zwischenprodukte ausgeben müssen (Hoekman et al. 2001, S. 5, 8).

Es ergeben sich darüber hinaus weitere Probleme, wenn eine geschützte Industrie zunehmend an politischem Einfluss und Marktmacht gewinnt. Im Inland können sich so unter anderem Oligopole bilden, welche verstärkt den Markt und damit die Preise beeinflussen (Abboushi 2010, S. 388).

Hinzu kommt außerdem, dass Arbeitsplätze, welche durch ein protektionistisches Vorgehen gesichert werden, den entstehenden gesellschaftlichen Mehrkosten gegenüberstehen und damit relativ kostspielig sind. Darüber hinaus können ebenfalls Arbeitsplätze durch geringere Exporte verloren gehen (Abboushi 2010, S. 388f.).

Schließlich gehen mit der Umsetzung von protektionistischen Maßnahmen ebenfalls Risiken im Bereich des *rent-seekings* einher. Wenn Interessengruppen bei der Regierung eine Unterstützung ihres Industriezweiges erlangen, werden auch andere Interessengruppen versuchen Einfluss geltend zu machen und für sich Vorteile zu erzielen (Abboushi 2010, S. 391). Der Wettbewerb zwischen diesen verschiedenen Interessengruppen würde damit Ressourcen für die Lobbyarbeit beanspruchen und auf lange Sicht könnte das *rent-seeking* dazu führen, dass staatliche Hilfe omnipräsent wird (Abboushi 2010, S. 391; Hoekman et al. 2001, S. 6).

Zusätzlich zu diesen eher allgemeinen Kritikpunkten am Protektionismus, ergeben sich auch spezifische Argumente gegen das *IIM*. Ein grundlegendes Argument des *IIM* liegt in der Idee, Industrien bei anfänglich hohen Produktionskosten zu unterstützen, um gegenüber bereits etablierten Unternehmen am internationalen Markt mithalten zu können. Hierbei wird angenommen, dass die Produktionsprozesse im Laufe der Zeit optimiert werden und damit die Unternehmen nach einer Übergangszeit auch ohne staatliche Unterstützung wettbewerbsfähig sein können. Wenn allerdings davon ausgegangen wird, dass die Gewinne in der langen Frist die eingänglichen Verluste übersteigen, dann würden Unternehmen auch ohne staatliche Unterstützung in diesem Bereich aktiv werden. Hierzu könnten die Firmen die Verluste in der Anfangszeit durch Kredite am Kapitalmarkt überbrücken, ehe diese nach einer gewissen Zeit Gewinne einstreichen würden (Panagariya 2011, S. 10f.).

Ein weiteres Argument innerhalb des *IIM* sieht eine Möglichkeit darin Unternehmen zu schützen, welche neu in einen Markt eintreten, damit diese in Innovationen investieren, welche durch *spillover*-Effekte auch späteren Marktteilnehmenden nutzen würden. Problematisch ist allerdings, dass diese Unternehmen durch ihre Innovationen den späteren Marktteilnehmenden Kosten ersparen und damit ihre potenzielle Konkurrenz stärken würden. Somit hätten geschützte Unternehmen keinen Anreiz, in diese Innovationen zu investieren (Panagariya 2011, S. 13f.).

Als kritisch im *IIM* anzusehen ist außerdem die Rolle der Regierung bei der Auswahl, welche Industrien geschützt werden. Hier ist es zum einen fraglich, ob dem Staat ausreichend Informationen vorliegen, um sicher sagen zu können, welche Industrien besonders vorteilhaft für die gesamtgesellschaftliche Entwicklung wären. Darüber hinaus, wie bereits allgemein beim *rent-seeking* zu sehen, werden Interessengruppen versuchen, Einfluss auf die Regierung zu nehmen und ihre Industrie als schützenswert darzustellen. Damit würden voraussichtlich nicht die für die wirtschaftliche Entwicklung wichtigsten Industrien geschützt, sondern diejenigen mit dem größten politischen Einfluss (Panagariya 2011, S. 15f.).

Schließlich wird innerhalb des *IIM* zwar von einem temporären Schutz der Industrien ausgegangen, allerdings könnte sich hier auch eine Dauerhaftigkeit einstellen. Zum einen würde es für die Regierung immer ein politisches Risiko bedeuten, wenn irgendwann die Industrien dem globalen Wettbewerb ausgesetzt werden und es gegebenenfalls zu negativen Effekten (bspw. Arbeitsplatzabbau) kommen würde. Zum anderen kann eine geschützte Industrie über die Zeit ihre Stellung in der Wirtschaft ausbauen und politischen Einfluss gewinnen, sodass sie die Regierung wiederum dazu drängen könnte, den Schutz aufrechtzuerhalten (Panagariya 2011, S. 16).

Zusammenfassend ist daher festzuhalten, dass eine Liberalisierung, im Vergleich zu Handelsbeschränkungen, viele Vorteile für die ökonomische Entwicklung eines Landes und damit der Armutsbekämpfung verspricht. Wie zu erkennen ist, gehen mit protektionistischen Maßnahmen wie dem *IIM* nämlich viele Risiken einher, welche sich negativ auf die Wirtschaft und damit auch ärmere Menschen auswirken können. Dementsprechend greift die Forderung nach der Reaktivierung des *IIM* im Rahmen der »Armutskehrtwende« zu kurz und ignoriert einhergehende Probleme. Allerdings ist beim Freihandel eine gut konzipierte Umsetzung innerhalb der Länder notwendig, damit möglichst umfassende positive Effekte erzielt werden können.

Die Schattenseiten des globalen Freihandels: Warum protektionistische Maßnahmen als Lösung berücksichtigt werden müssen

VON JAN MORITZ SCHNIEDERS

Um die Wirksamkeit und Vorteile von protektionistischen Maßnahmen, wie dem *IIM* zu verstehen, muss zunächst aufgeschlüsselt werden, inwiefern der vorherrschende globale Freihandel Unsicherheiten und Probleme aufweist. Als Teil des Globalisierungsprozesses hat sich der Freihandel seit den 1990er-Jahren immer offener gestaltet. Im Vordergrund steht dabei die Intensivierung internationaler Handelsbeziehungen zur Förderung von ökonomischem Wachstum. Diese Liberalisierung betrifft immer mehr auch sich entwickelnde Länder, sowie Länder, die von extremer Armut betroffen sind. Gleichzeitig verstärken sich globale Probleme wie der Klimawandel, welche die globale Armut weiter verschärfen und für die nur durch globale Anstrengungen und Maßnahmen Lösungen gefunden werden können (Giljum 2002, S. 75ff.). Aufgrund der im vorherigen Teil erwähnten Vorzüge des Freihandels basiert die Annahme, dass eine Intensivierung zu einem erhöhten wirtschaftlichen Wachstum führe und damit für steigende Einkommen sorge (Winters und Martuscelli 2014, S. 3f.). Durch diese positive Eigenschaft stelle der gesteigerte Freihandel, besonders für sich entwickelnde Länder, eine Möglichkeit zur Bekämpfung von Armut dar. Diese Annahme weist jedoch in vielen wissenschaftlichen Veröffentlichungen grundlegende Probleme, wie zum Beispiel Ressourcen- und Profit-Neuverteilungen und Umweltbelastungen auf, welche sich negativ auf die Armutsbekämpfung auswirken (Giljum 2002, S. 75 ff.; Siddiqui 2015, S.228).

Freihandelsbefürworter gehen ebenfalls von der Annahme aus, dass es durch eine Handelsliberalisierung zu einer verbesserten Umweltsituation kommt, da es im Wachstumsprozess zu einem Wandel in Richtung umweltverträglicher Strukturen und Technologietransfers kommen würde (Giljum 2002, S. 77). Ein zentrales Problem für den zunehmenden Welthandel sind jedoch die immer weiter steigenden Umweltbelastungen, vor allem verursacht durch die CO_2-Emissionen der Produktion, des Transports und des Konsums der Waren (Dixson-Declève et al. 2022, S. 92). Diese Entwicklung beschleunigt den Klimawandel, erhöht den ökologischen Fußabdruck und wirkt sich negativ auf die Bemühungen der Armutskehrtwende aus.

Ein weiteres auffallendes Problem sind der erhöhte Verbrauch und die Umverteilung von Ressourcen. Insbesondere Naturressourcen sind heutzutage gefragt wie nie zuvor und werden durch die stetig steigenden Handelsaktivitäten immer mehr auf dem Weltmarkt angeboten. Dabei werden Umweltfaktoren beim Ressourcenabbau nicht berücksichtigt. Durch die hohe Nachfrage kommt es zur Erschöpfung vieler natürlicher Ressourcen. In der Folge entstehen immer mehr Defizite und Gefährdungen der ökologischen Vielfalt, worunter am meisten die sich entwickelnden Länder leiden (Giljum 2002, S. 77 f.).

Zusätzlich werden Rohstoffressourcen als Primärgüter zu mehrheitlich niedrigen Preisen auf dem Weltmarkt gehandelt. Es kann davon ausgegangen werden, dass diese Preise nicht die tatsächlichen Umwelt- und Sozialkosten der Produktion dieser Güter darstellen (Giljum 2002, S. 78). Dazu kommen besonders in diesen ärmeren und sich entwickelnden Ländern Niedriglöhne, die die Entwicklung einer Armutskehrtwende entscheidend hemmen.

Außerdem kann es im Rohstoffsektor zu einem Überangebot und einem Preisverfall auf dem Weltmarkt kommen. Dies liegt an der existierenden Armut, Schuldenbelastung und Vorgaben des IMF, die eine Dynamik auslösen, welche sich entwickelnde Länder gewissermaßen zu einer Spezialisierung auf die Produktion von Primärgütern zwingt. Dieser Zwang führt auf der einen Seite dazu, dass diese Staaten ausschließlich die Rolle der Rohstofflieferanten einnehmen. Auf der anderen Seite entsteht ein physisches Handelsdefizit bei industriell entwickelten Ländern, da diese viel mehr Naturressourcen importieren als sie exportieren (Giljum 2002, S. 78 ff.).

Ein weiterer negativer Effekt des Preisverfalls für die Bevölkerung in den ländlichen Regionen sind niedrige Preise für Agrarprodukte. Dadurch sind einfache Bäuerinnen und Bauern nicht mehr in der Lage, ihre Produkte lebenserhaltend zu verkaufen und verlieren schließlich ihre Einnahmequellen. Für eine faire Freihandelsreform ohne große Minderungen von Einkommen ist mehr staatliche Unterstützung notwendig (Bannister und Thugge 2001, S. 9).

Generell ist zu kritisieren, dass die sogenannten Vorteile und Profite des liberalisierten Freihandels nicht gleichmäßig auf die Länder und auch innerhalb der Länder verteilt werden (Siddiqui, 2015, S. 228). Anstatt die Diversifizierung zu fördern und die Entwicklung gleichwertiger Wirtschaften voranzutreiben, kommt es nur noch mehr zu einer Trennung von Wirtschaftssystemen. Giljum (2002, S. 79) beschreibt eine Entstehung von *Veredelungswirtschaften* in den industriell entwickelten Ländern und *Verelendungswirtschaften* in sich entwickelnden Ländern. Beispiele dafür liefern zahlreiche EU-Staaten mit hohem Einkommen, in denen Rohstoff Ressourcen zu geringen Preisen aus sich entwickelnden Ländern importiert werden, um diese danach veredelt im EU-Export zu einem weitaus höheren Preis in andere industriell entwickelte Länder weiterzuverkaufen (Dorninger et al. 2021, S. 2; Giljum 2002, S. 79). Dieses Phänomen zeigt deutlich, wie angreifbar und abhängig sich entwickelnde Länder vom internationalen Finanzkapital machen (Siddiqui, 2015, S. 228).

Handelsmuster wie ein Spezialisierungstrend sind als äußerst problematisch zu erachten und verursachen sozioökonomische Ungleichheiten, welche die sozioökologische Nachhaltigkeit behindern und die Umweltbelastungen auf ärmere Länder verlagern (Dorninger et al. 2021, S. 2). Zudem lässt dieser Trend zu, dass sich die Armutssituation in den meisten Ländern weiter verschlimmert. Infolge des zuvor schon erwähnten ungleichen Verhältnisses von Produktionspreisen zu den realen Kosten, spezialisieren sich Länder in Prozessen, die vielmehr eine Verringerung des Wohlstandes als eine Verbesserung schaffen (Giljum 2002, S. 80).

Schließlich fällt den meisten sich entwickelnden Ländern der Eintritt in den internationalen Markt schwer, da die Infrastrukturen und Technologien fehlen. Bei einer zunehmenden Liberalisierung des Freihandels ist es folglich schwierig auf dem Weltmarkt mitzuhalten und den aktuell geforderten Standards zu entsprechen. Besonders die Bevölkerung auf dem Land ist von den Auswirkungen der mangelnden Infrastruktur und des fehlenden Zugangs zum internationalen Markt betroffen (Giljum 2002, S. 81). Ein weiterer negativer Effekt des Freihandels für die Bevölkerung in den ländlichen Regionen sind niedrige Preise für Agrarprodukte, dadurch sind einfache Bäuerinnen und Bauern nicht mehr in der Lage, ihre Produkte lebenserhaltend zu verkaufen und verlieren schließlich ihre Arbeitsplätze. Für eine faire Freihandelsreform ohne große Verluste von Arbeitsplätzen ist mehr staatliche Unterstützung notwendig (Bannister und Thugge 2001, S. 9).

Zuletzt wird deutlich, dass alleiniges Wirtschaftswachstum durch gesteigerten Freihandel nicht vollständig ausreicht, um die Armutskehrtwende maßgeblich voranzutreiben. Weitaus hilfreicher wäre an erster Stelle die Sicherung und Stärkung der Rechte ärmerer und benachteiligter Bevölkerungsschichten (Giljum 2002, S. 81 f.).

Die Liberalisierung des Handels bringt also auch einige Nachteile und Probleme mit sich. Deshalb ist es umso wichtiger, die Möglichkeiten und Vorteile protektionistischer Maßnahmen und Modellen wie dem *IIM* im Zuge der Armutsbekämpfung hervorzuheben und einzuordnen. Schon damals griffen viele Länder in unterschiedlichem Umfang zu staatlichen Maßnahmen, um ihre Infant Industries zu schützen (Siddiqui, 2015, S. 233). Dabei baut das *IIM* auf folgender Vorgehensweise auf: Kleine und junge Industrien und Ökonomien werden identifiziert und durch bestimmte handelseinschränkende Maßnahmen vor den Dynamiken des internationalen Freihandels geschützt (Fouda 2012, S. 351).

Es stellt sich also die Frage, welche konkreten Vorteile für das *IIM* und die Bekämpfung von Armut entstehen und welche Mechanismen genutzt werden können, um diese Ziele zu erreichen?

Zuerst kann die Erhöhung von Beschäftigungsquoten als ein Hauptanreiz und Vorteil für die Umsetzung protektionistischer Maßnahmen identifiziert werden. Verursacht durch die Ausweitung des Marktanteils der Infant Industries werden verstärkt Arbeitskräfte für den Produktionsaufwand benötigt. Das Ziel ist es auf lange Sicht einen Wettbewerbsvorteil zu erlangen und durch Weiterbildung das Know-how von Angestellten zu steigern (Mustafa 2020, S. 68).

Mit der Etablierung neuer Jobs und Bildungsmöglichkeiten kann infolgedessen ein Abdriften in Armut vermieden werden.

Ein weiterer positiver Effekt ist die Wertschöpfung in der Wirtschaft des Landes. Nur ein Schutz, der langfristig Wettbewerbsfähigkeit garantiert, hilft den jungen Industriezweigen. Auch wenn manche Zweige aktuell keinen Wettbewerbsvorteil besitzen, sind sie politisch wichtig für den in der Zukunft angestrebten nationalen Wohlstand (Mustafa 2020, S. 68).

Außerdem können durch das *IIM* Probleme für sich entwickelnde Länder zum späteren Einstieg in den internationalen Freihandel beseitigt werden. Darunter fallen Sprachbarrieren, Schwierigkeiten durch den Umgang mit ausländischen Gesetzen und kulturelle Unterschiede, die bei Geschäften des Freihandels beachtet werden müssen. All diese erheblichen Schwierigkeiten haben viele Länder dazu gebracht, die Vorteile der eigenen Wirtschaften zu fördern und sich erst zu einem geeigneten Zeitpunkt mit dem internationalen Freihandel zu beschäftigen (Fouda 2012, S. 351).

Eine entscheidende Variable für den Erfolg des *IIM* ist der Lernprozess des jeweiligen Landes und der Industrien. Regierungen sollten demnach das Lernpotential und die Lerngeschwindigkeit einer Branche mit Hilfe des Mill-Bastable Tests analysieren, bevor sie sich für Zölle oder Quoten als Handelsschutz entscheiden. Die Lernraten sind eine weitere komplizierte Variable zur Bestimmung eines Systems zum Schutz der Infant Industries. Jedoch sind sie äußerst nützlich, um das Maß der Unterstützung zu definieren (Melitz 2005, S. 178f.). Melitz (2005, S. 178) zeigt, dass die gesammelten Kosten des Schutzes durch feste Lernkosten näherungsweise bestimmt werden können und daraufhin gut mit einem geeignet normierten Gewinnverlauf abgleichen lassen.

Als ein positives Beispiel sind Südkoreas Infant Industries zu nennen (Lee 1997, S. 1271). Diese absolvierten eine erfolgreiche Reifung unter dem Einfluss protektionistischer Maßnahmen des *IIM*. In den 1960er- und 1970er-Jahren zeichnete sich Südkorea durch hohe Einfuhrzölle aus. Die Zölle erzeugten eine rentable Produktion für den heimischen Markt und beschränkten gleichzeitig die Ausfuhren. Dennoch wuchs die Wirtschaft weiter, da Südkorea über ein durchdachtes System verfügte, welches die Benachteiligung der Ausfuhren ausglich. Die beiden wichtigsten Mechanismen, die eingesetzt wurden, waren zollfreier Zugang zu Zwischenprodukten und Kapitalsubventionen für Exporteure (Hoekman et al. 2001, S. 4). Eine Reihe von weiteren Faktoren, wie schnelles Wachstum der Exporte, ausschließliche Exporte der Infant Industries mit gleichzeitigem Schutz und effizienter inländischer Wettbewerb, waren verantwortlich für eine wirksame Entwicklung. Zudem konnten sich die Infant Industries in Südkorea ohne verzögernde Faktoren wie Währungskrisen gut entwickeln und wachsen. Dabei profitieren sie auch von einer vorhandenen grundlegenden Infrastruktur (Lee 1997, S. 1277 ff.).

Generell ist festzuhalten, dass eine Handelsliberalisierung viele Unsicherheiten hinsichtlich der Bekämpfung von Armut und Umweltprobleme mit sich bringt. Wie man am Beispiel von Südkorea erkennen kann, bieten protektionistische Maßnahmen, wie das *IIM*, durchaus Vorteile gegenüber uneingeschränkten Liberalisierungen von Volkswirtschaften und eine Möglichkeit, sich wirtschaftlich nachhaltig zu entwickeln und damit die Armut zu begrenzen.

Protektionistische Maßnahmen gegen die Armut? Ein Lösungsansatz aber kein universelles Wundermittel

Zusammenfassend ist festzuhalten, dass sowohl der Freihandel als auch protektionistische Maßnahmen kein alleiniges Wundermittel zur Armutsbekämpfung sind. In der Theorie ermöglicht der Freihandel, beispielsweise von sinkenden Preisen, einem gesteigerten Wettbewerb und einem erweiterten potentiellen Absatzmarkt zu profitieren. Außerdem hat sich in den 1980er-Jahren gezeigt, dass einige Länder, wie beispielsweise Chile, durch die Teilnahme am globalen Handel ihr Wirtschaftswachstum stimulieren und sich entwickeln konnten. Dies ist auch an dem Rückgang der extremen Armut seit 1990 zu erkennen (Dollar und Kray 2004, S. 23 ff.; Our World in Data 2023 a). Dennoch gehen mit dem zunehmenden globalen und freien Handel auch negative Entwicklungen einher, wie beispielsweise steigende Umweltbelastungen, Abhängigkeit von Ressourcenexporten oder sinkende Erträge für Agrarprodukte. Problematisch ist darüber hinaus, dass für die Länder, welche zuletzt dem Welthandel beigetreten sind und sich liberalisiert haben (v. a. afrikanische Länder), keine positiven Effekte für die wirtschaftliche Entwicklung festgestellt werden konnten (Winters 2014, S. 6). Während in anderen Staaten schon Industriestrukturen vorhanden waren, als sie dem freien Weltmarkt beigetreten sind, können besonders von Armut betroffene afrikanische Staaten diese nicht vorweisen (Siddiqui 2015, S. 236; Dixson-Declève et al. 2022, S. 82). Prinzipiell zeigt sich daher, dass der Freihandel seine positiven Effekte nur entfalten kann, wenn bestimmte makroökonomische Voraussetzungen (z. B. starke *Governance*-Strukturen, Infrastruktur) vorhanden sind. Daher muss der Zwang zur Liberalisierung durch internationale Institutionen (unter anderem IMF und Weltbank) abgeschafft werden, um die betroffenen Länder zu einer aktiven Entwicklung zu bemächtigen (Dixson-Declève et al. 2022, S. 82 ff.).

Auf der Seite der protektionistischen Maßnahmen stellen sich die Potentiale durch beispielsweise den Schutz junger Industrien vor dem Weltmarkt oder den Erhalt von Arbeitsplätzen ein. Von diesen Vorteilen haben in der Geschichte bereits einige Länder einen Nutzen generieren können. Dies betrifft zum einen klassische industriell entwickelte Länder wie z. B. die USA und Deutschland aber auch jüngere wie Südkorea oder China (Dixson-Declève et al. 2022, S. 93; Siddiqui 2015, S. 234). Sich entwickelnde Länder müssen ebenfalls die Möglichkeit haben, von protektionistischen Maßnahmen, wie beispielsweise dem IIM, profitieren zu können und grundlegende Industriestrukturen aufzubauen. Allerdings sind eine richtige Umsetzung und passende Umstände wichtig, um negative Effekte zu vermeiden. Das grundlegende Problem liegt hierbei bei den Entscheidungen der Regierungen, welche durch Interessengruppen und politisches Kalkül fehlgeleitet werden können. Unter anderem ist es schwierig, eine Dauerhaftigkeit des Schutzes zu vermeiden und darüber hinaus fragwürdig, welche Industrien zum Wohle der Allgemeinheit geschützt werden sollten (Panagariya 2011, S. 10 ff.).

Für die Forderung von Dixson-Declève et al. (2022) »[…] das Infant-Industry-Model [sollte] reaktiviert werden […]« (S. 93) und die Fragestellung, ob Länder, die von extremer Armut betroffen sind, protektionistische Maßnahmen, so wie das *IIM*, anwenden sollten, bedeuten die Erkenntnisse, dass es keine Einheitslösungen gibt. Festzuhalten ist, dass es im gegenwärtigen System (wie im *Too-Little-Too-Late*-Szenario) nicht möglich sein wird, die globale Armut in den Griff zu bekommen. Gleichzeitig werden auch bloße Forderungen von protektionistischen Maßnahmen, wie dem *IIM*, nicht für eine umfassende Armutskehrtwende reichen. Hierfür müssen die jeweiligen Umstände eines Landes betrachtet und daran angepasst, richtige Lösungen fernab von Ideologien gefunden werden.

Auch wenn das *IIM* angewendet werden sollte, bleibt das größte Hindernis, wie ebenfalls von Dixson-Declève et al. (2022, S. 82f.) beschrieben, die fehlende, grundlegende Infrastruktur in den sehr armen Ländern. Ohne diese und ohne die notwendigen finanziellen Mittel wird es auch mit protektionistischen Maßnahmen nicht möglich sein, eine verarbeitende Industrie aufzubauen. Ebenfalls werden auch Länder, welche mittels Technologie, Innovationen und Dienstleistungen versuchen, die Phase der Industrialisierung zu überspringen (beispielsweise Kenia), nur mit soliden Infrastrukturen erfolgreich sein. Für den Ausbau dieser müssen die reichen Länder ihre Entwicklungshilfen fair gestalten. Hier könnte beispielsweise eine Art Marshall-Plan als Vorbild dienen. Sie müssen den betroffenen Ländern genügend Entscheidungsraum eröffnen und auf langfristige Entwicklungen an Stelle von kurzfristigen Gewinnen ausländischer Investitionen ausgerichtet sein (Dixson-Declève et al. 2022, S. 83).

Von extremer Armut betroffene Länder müssen also die Möglichkeit haben, selbst für sich zu entscheiden und damit auch protektionistische Maßnahmen nutzen zu können. Entscheidend ist für jede Strategie, dass die jeweiligen Umstände eines Landes mit einbezogen und richtig umgesetzt werden. Zentral für den Erfolg ist im ersten Schritt außerdem die Verfügbarkeit grundlegender Infrastrukturen.

QUELLEN

Abboushi, Suhail. 2010. Trade protectionism: reasons and outcomes. *Competitiveness Review: An International Business Journal* 20 (5): 384–394. doi: 10.1108/10595421011080760.

Bannister, Geoffrey J. und Kamau Thugge. 2001. *International Trade and Poverty Alleviation.* IMF Working Papers, Working Paper 01/54. Washington, D.C: International Monetary Fund.

Dixson-Declève, Sandrine, Owen Gaffney, Jayati Ghosh, Jørgen Randers, Johan Rockström und Per Espen Stoknes. 2022. *Earth for all – Ein Survivalguide für unseren Planeten.* München: oekom.

Dollar, David und Aart Kraay. 2001. *Growth is Good for the Poor.* Policy Research Working Paper 2587. Washington, D.C: The World Bank.

Dollar, David und Aart Kraay. 2004. Trade, Growth, and Poverty. *The Economic Journal* 114 (493): 22–49. doi: 10.1111/j.0013-0133.2004.00186.x.

Dorninger, Christian, Alf Hornborg, David J. Abson, Henrik von Wehrden, Anke Schaffartzik, Stefan Giljum, John-Oliver Engler, Robert L. Feller, Klaus Hubacek und Hanspeter Wieland. 2021. Global patterns of ecologically unequal exchange: Implications for sustainability in the 21st century. *Ecological Economics* 179: 106824. doi: 10.1016/j.ecolecon.2020.106824.

Edwards, Sebastian und Daniel Lederman. 1998. *The Political Economy of Unilateral Trade Liberalization: The Case of Chile.* NBER Working Paper Series, Working Paper 6510. Cambridge, MA: National Bureau of Economic Research.

Ezzat, Ahmed. 2018. *Trade Openness: An effective Tool for Poverty Alleviation or an Instrument for increasing Poverty Severity?* Working Paper Series, Working Paper 248. Gizeh: The Economic Research Forum.

Fouda, Regine Adele Ngono. 2012. Protectionism & Free Trade: A Country's Glory or Doom? *International Journal of Trade Economics and Finance* 3 (5): 351–355. doi: 10.7763/IJTEF.2012.V3.226.

Giljum, Stefan. 2002. Globaler Freihandel und Nachhaltige Entwicklung: Utopie oder Realität? *Kurswechsel* 4: 75–85.

Hoekman, Bernard, Maurice Schiff, Constantine Michalopoulos und David Tarr. 2001. *Trade Policy Reform and Poverty Alleviation.* Policy Research Working Paper 2733. Washington, D.C: The World Bank.

Lee, Jaymin. 1997. The maturation and growth of infant industries: The case of Korea. *World Development* 25 (8): 1271–1281. doi: 10.1016/S0305-750X(97)00035-1.

Melitz, Marc J. 2005. When and how should infant industries be protected? *Journal of International Economics* 66 (1): 177–196. doi: 10.1016/j.jinteco.2004.07.001.

Mustafa, Dalia Ibrahim. 2020. Infant Industries Protectionism: The Case of Automobile Industry in Malaysia. *International Journal of Business and Economics Research* 9 (2): 68–72. doi: 10.11648/j.ijber.20200902.12.

Our World in Data. 2023a. Total population living in extreme poverty by world region. Our World in Data. https://ourworldindata.org/grapher/total-population-living-in-extreme-poverty-by-world-region. Zugegriffen: 16. Februar 2023.

Our World in Data. 2023b. The share and number of people living in extreme poverty. Our World in Data. https://ourworldindata.org/grapher/the-share-and-number-of-people-living-in-extreme-poverty?country=~OWID_WRL. Zugegriffen: 16. Februar 2023.

Our World in Data. 2023c. Share of population living in extreme poverty – Chile. Our World in Data. https://ourworldindata.org/grapher/share-of-population-in-extreme-poverty?tab=chart&country=~CHL. Zugegriffen: 14. Februar 2023.

Panagariya, Arvind. 2011. A Re-examination of the Infant Industry Argument for Protection. *Margin: The Journal of Applied Economic Research* 5 (1): 7–30. doi: 10.1177/097380101000500102.

Sehnbruch, Kirsten. 2019. How Pinochet's economic model led to the current crisis engulfing Chile. The Guardian. https://www.theguardian.com/world/2019/oct/30/pinochet-economic-model-current-crisis-chile. Zugegriffen: 10. Oktober 2023.

Siddiqui, Kalim. 2015. Trade Liberalization and Economic Development: A Critical Review. *International Journal of Political Economy* 44 (3): 228–247. doi: 10.1080/08911916.2015.1095050.

United Nations. 2015. *Transforming our World: The 2030 Agenda for Sustainable Development. A/RES/70/1.* New York: United Nations.

Weerth, Carsten. 2018a. Definition: Protektion. Wirtschaftslexikon Gabler. https://wirtschaftslexikon.gabler.de/definition/protektion-29902/version-253498. Zugegriffen: 16. Februar 2023.

Weerth, Carsten. 2018b. Definition: Freihandel. Wirtschaftslexikon Gabler. https://wirtschaftslexikon.gabler.de/definition/freihandel-33953/version-257469. Zugegriffen: 14. Februar 2023.

Winters, L. Alan und Antonio Martuscelli. 2014. Trade Liberalization and Poverty: What Have We

Learned in a Decade? *Annual Review of Resource Economics* 6 (1): 493–512. doi: 10.1146/annurev-resource-110713-105054.
World Bank. 1987. *World Development Report 1987.* New York: Oxford University Press.
ZEIT ONLINE 2021. Tausende demonstrieren in Chile für soziale Gerechtigkeit. ZEIT ONLINE. https://www.zeit.de/politik/ausland/2021-10/chile-proteste-regierung-sebastian-pinera-gerechtigkeit-ausschreitung?utm_referrer=https%3A%2F%2Fwww.google.de%2F. Zugegriffen: 9. Oktober 2023.

2.2 Das Patentrecht: Treiber für Innovation oder Hindernis globalen Fortschritts?

VON PAULA BÄURICH UND MARLENA SPIESS

Einleitung

3,5 Millionen US-Dollar – so viel kostet in etwa eine Dosis des aktuell teuersten Medikaments der Welt. Dabei handelt es sich um das Präparat Hemgenix, das bei Blutgerinnungsstörungen zum Einsatz kommt (Takac 2022). Hohe Medikamentenpreise sind immer wieder Gegenstand von Diskussionen. Sie haben zur Folge, dass bestimmte Personengruppen in einigen Fällen keinen Zugang zu notwendigen Medikamenten haben. Ermöglicht werden die hohen Preise Kritiker:innen zufolge unter anderem durch das Patentsystem. Dieses stand zuletzt vor allem im Kontext der Corona-Pandemie stark in der Kritik. Insbesondere Hilfsorganisationen und einkommensschwache Länder argumentierten hier, dass nur durch eine Aussetzung der Patente ausreichend Impfstoff produziert werden könne. Hintergrund war die schnelle Zunahme an Covid-19-Erkrankten und -Toten in Ländern wie Indien, während in Deutschland und anderen europäischen Ländern die Zahl geimpfter Personen rasant wuchs (Zeit Online 2021; Hagemann 2021).

Generell bietet das Patentrecht Erfinder:innen die Möglichkeit, ihr geistiges Eigentum zu schützen. Institutionalisiert ist das Patentrecht im nationalen Recht der Länder, sodass sich die Patentierungsverfahren zwischen Ländern stark unterscheiden können. Das heutige deutsche Patentrecht basiert auf den Grundsätzen des bereits 1877 verabschiedeten Patentgesetzes. Grundsätzlich erhalten Patentinhaber:innen hierbei ein zeitlich und räumlich befristetes Privileg, allein über die eigene Erfindung zu verfügen. Dieses Ausschließlichkeitsrecht ermöglicht der:dem Erfinder:in, eine Nutzung durch Dritte zu verbieten. Entsprechend erhalten Patentinhaber:innen ein »Monopol auf Zeit« für ihre

Erfindung. Dabei kann ein Patent weltweit für bis zu 20 Jahre erteilt werden (Schilling 2014, S. 114).

Deutliche Gegenwehr gegen den Vorschlag der Aussetzung des Patentschutzes kam vor allem von Pharmaunternehmen und -verbänden. Sie kritisierten, dass eine Patentfreigabe keine Lösung für das Problem der ungleichen Impfstoffverfügbarkeit sei. Stattdessen sei der Patentschutz für die Pharmaindustrie essentiell, da die Forschung und Entwicklung (F&E) in diesem Bereich sehr risikoreich ist. Das Patentrecht stelle daher die Grundlage dafür dar, dass Investitionen im Pharmabereich dennoch getätigt werden (Hagemann 2021).

Die Autorinnen und Autoren des aktuellen Club of Rome-Berichts, der 2022 veröffentlicht wurde, betten die Debatte um das Patentrecht dabei in einen größeren Kontext ein. Insbesondere bei der Bekämpfung globaler Armut im Rahmen der Armutskehrtwende, welche die Verfasser:innen als eine von fünf Säulen für eine sozial-ökologische Transformation sehen, stelle das aktuelle Patentrecht ein Hindernis dar. Sie sehen in ihm einen Faktor, der den Handlungsspielraum einkommensschwacher Länder auf dem Weg zu mehr Wohlstand und nachhaltiger Entwicklung einschränkt: »Restriktive Gesetze zum Schutz des geistigen Eigentums und unerschwinglich hohe Kosten […] verwehren diesen Ländern den Zugriff zu […] Technologien« (Dixson-Declève et al. 2022, S. 86). Hierbei beziehen sich die Autorinnen und Autoren unter anderem auf neuartige Wertstoffe, erneuerbare Energien und Impfstoffe, die diese Länder dringend benötigen. Länder, die finanzpolitisch eingeschränkt sind, würden dabei gezwungen, schlechte Nutzungsbedingungen zu akzeptieren oder ganz auf die Technologien zu verzichten.

Vor dem Hintergrund dieser Debatte um das Patentrecht befasst sich dieser Essay mit den Vor- und Nachteilen des aktuellen Patentschutzes – insbesondere in der Pharmaindustrie. Praxisbasierte Beispiele dienen hierbei zur Veranschaulichung der Argumente. Der Essay schließt mit einer Zusammenfassung der Ergebnisse und einem Ausblick, ob und wie das Patentrecht zukünftig weiter Anwendung finden sollte.

Das Patentrecht als Basis für Wohlstand und Fortschritt

Insbesondere im Rahmen der Corona-Pandemie wurden Kritikpunkte am aktuellen Patentrecht deutlich. Dabei hat gerade die Pandemie gezeigt, warum das Patentrecht so wichtig ist, denn insbesondere bei der Entwicklung neuer Technologien spielt es eine entscheidende Rolle.

Anreizfunktion

So spricht für die Erhaltung des Patentrechts, dass es Anreize für neue Erfindungen schafft. Diese sind meist von gesellschaftlichem Nutzen und daher im Interesse der Allgemeinheit. Die Corona-Pandemie ist ein gutes Beispiel dafür: Hier zeigte sich, wie wichtig Innovationen sind, die durch das Patentrecht ermöglicht werden. So gab es bereits etwa ein Jahr nach dem Ausbruch der Pandemie die ersten wirksamen Impfstoffe gegen Covid-19.

Wichtig ist das Patentrecht vor allem in Bereichen, in denen sich Entwicklungsaktivitäten wegen leichter Nachahmbarkeit und eines hohen Investitionsbedarfs normalerweise nicht lohnen würden. Dies ist in den meisten Bereichen moderner Technologie der Fall, also auch im Pharmabereich. Hierbei besteht die Gefahr der »Unterproduktion« von neuen Erfindungen, was mit einem langsameren technologischen Fortschritt einhergehen würde. Dies hätte wiederum gesellschaftliche Wohlfahrtsverluste zur Folge, die die gesamte Weltbevölkerung betreffen würden. Insbesondere Patient:innen, die auf eine Versorgung mit innovativen Arzneimitteln angewiesen sind, hätten hierbei Nachteile (Zech et al. 2021, S. 7; VFA 2020, S. 3).

Die Pharmabranche stellt einen besonders forschungsintensiven Zweig dar, in dem bis zu 14 Prozent des Umsatzes in F&E investiert wird. Gleichzeitig ist insbesondere dort die Entwicklungs- und Forschungsarbeit sehr riskant und kostenintensiv, während die Replikation einer Erfindung im Vergleich dazu nahezu kostenlos ist. So dauert die Entwicklung eines Medikaments von der Idee bis zur Zulassung nach Angaben des Verbands Forschender Arzneimittelhersteller (VFA) rund 13 Jahre und kostet durchschnittlich 2,6 Mrd. US-Dollar. Gleichzeitig liegt die Ausfallrate der Entwicklungsprojekte im pharmazeutischen Bereich ab Beginn der klinischen Studien bei fast 90 Prozent (DiMasi et al. 2016; VFA 2020, S. 2 f.).

Das Patentrecht wirkt hierbei einem generalisierten Marktversagen bei der Entwicklung neuer Technologien entgegen, indem es Anreize für Unternehmen setzt, trotz des Risikos in ein Forschungsprojekt zu investieren. So argumentieren auch die Verfasser:innen des *Earth for All*-Berichts vom Club of Rome, dass »die selektive Verwertung von Patentrechten als kurzfristiger, gezielter Investitionsanreiz nützlich sein [kann]« (Dixson-Declève et al. 2022, S. 94). Damit nicht-staatliche Akteurinnen und Akteure das Risiko auf sich nehmen und bereit sind, in die Forschung zu investieren, ist es hierbei wichtig, dass Wettbewerber:innen von der Nutzung der Erfindung ausgeschlossen werden und die:der Erfinder:in das Ausschließlichkeitsrecht für die Innovation erhält. An dieser Stelle greift das Patentrecht: Es regelt, dass eine Erfindung der Person zusteht, die sie zuerst beim Patentamt angemeldet hat, das sogenannte *first to file*-Prinzip. So kann die:der Patentinhaber:in Dritte von der Nutzung der Erfindung ausschließen und bekommt durch den Patentschutz einen komparativen Wettbewerbsvorteil zugesichert (Zech et al. 2021, S. 7). Ohne diese Anreizfunktion für Erfinder:innen würde ein Großteil der risikoreichen pharmazeutischen Forschung schlicht nicht erfolgen (Bartke et al. 2021, S. 284). Welchen Effekt das Patentrecht hat, zeigt das Beispiel von seltenen Krankheiten: Vor der Einführung der europäischen Orphan-Drug-Verordnung im Jahre 2000, die den Patentschutz in diesem Bereich stärkte, gab es acht Arzneimittel für seltene Krankheiten, heute sind es mehr als 160 (VFA 2020: 3/2023).

Für das Patentrecht spricht demnach zudem, dass es den Umgang mit der Ungewissheit über neuartige Technologien erleichtert. Statt die Beurteilung einer zentralen Instanz zu überlassen, entscheiden die Entwickler:innen und Anwender:innen, wie förderungswürdig und nützlich eine Technologie ist. Öffentliche Gelder allein können die Investitionen in Bereichen komplexer technischer Innovationen mit hohem Risiko nicht decken. Sie spielen meist erst dann eine Rolle, wenn die Entwicklung schon weit vorangeschritten und der Erfolg sichergestellt ist und die behördlichen Zulassungen beispielsweise eines Impfstoffs beschleunigt werden sollen. Weit davor stehen private Investoren und Investorinnen, die früh das Risiko eingegangen sind, in eine neue Forschung zu investieren (Zech et al. 2021, S. 3 f., 14 f.).

Das deutsche Biotechnologieunternehmen Biontech stellt ein Beispiel für ein Pharmaunternehmen dar, dessen Forschung mit hohen Risiken verbunden ist. Über mehrere Jahre investierte Biontech in die F&E von Arzneimitteln auf der Grundlage von mRNA-Molekülen. Hierbei entwickelte das Unternehmen ein eigenes Verfahren, bei dem Boten-Erbsubstanz in Körperzellen eingeschleust wird. Das Patentrecht setzte hierbei für das Unternehmen den Anreiz, in diese neuartige Forschung zu investieren. Ursprünglich war das Ziel von Biontech, eine Krebs-Therapie zu entwickeln, die Forschung konnte schließlich aber zur Bereitstellung eines Covid-19-Impfstoffs genutzt werden. Vor der Anmeldung des Patents für den Impfstoff investierte das Unternehmen allerdings bereits über zehn Jahre in die Entwicklung des Verfahrens – ohne die Gewissheit, ob es zum Erfolg führen würde (Volpert und Riepe 2021, S. 387; Zech et al. 2021, S. 7).

Wichtig in diesem Zusammenhang ist zudem, dass Biontech die Verantwortung für die Qualität und Sicherheit für einen Impfstoff trägt, wenn es diesen unter einer Lizenz, also einem Patent, veröffentlicht. Dem liegt das Argument zugrunde, dass es für Unternehmen nur sinnvoll ist, eine neue Technologie herzustellen, wenn es die technischen und logistischen Voraussetzungen dafür erfüllt. So werden die Qualität und Sicherheit neuer Erfindungen gewährleistet. Das Patentrecht fungiert hierbei als eine Art Zugangsschranke: Nur wer eine Technologie unter geeigneten Bedingungen produzieren kann, bringt diese unter einer Lizenz auf den Markt. Die Qualitätssicherung stellt damit ein weiteres Argument für die Erhaltung des Patentrechts dar. Bei Impfstoffen handelt es sich zudem um Hightech-Produkte, die auf komplett neuen, aufwendigen Verfahren beruhen und für die speziell qualifiziertes Personal benötigt wird. Die Argumentation im Rahmen der Corona-Pandemie, Patente freizugeben, damit auch andere Länder Impfstoffe produzieren können, ist vor diesem Hintergrund wenig sinnvoll (Zech et al. 2021, S. 13).

Schnellere Veröffentlichung von Erkenntnissen

Das Patentrecht regelt, dass die patentierte Technologie spätestens 18 Monate nach der Anmeldung offengelegt werden muss. Die Zusage des Ausschließlichkeitsrechts für die Patentinhaber:innen, die mit dem Patentschutz einhergeht, führt hierbei zu einem Interesse für die Erfinder:innen, ein Patent anzumelden und so den eigenen Entwicklungsfortschritt mit der Öffentlichkeit zu teilen. So kann sie:er sich sicher sein, dass diese nicht gestohlen und beispielsweise nachgeahmt wird. Ohne diese Zusicherung gibt es für Forscher:innen kaum Anreize, neues Wissen mit anderen zu teilen. Eine Folge daraus wäre, dass die Entwicklung ins Stocken geraten und kaum Fortschritte machen würde (Bartke et al. 2021, S. 284).

Das Patentrecht beschleunigt daher – entgegen oft geäußerter Kritik – die Offenbarung von neuen Erkenntnissen und Erfindungen. So bekommt die Allgemeinheit schnelleren Zugang zu neuem Wissen und andere Forscher:innen haben frühzeitig die Möglichkeit, auf den veröffentlichten neuen Erkenntnissen aufzubauen und so die technische und wissenschaftliche Entwicklung voranzutreiben (Bartke et al. 2021, S. 284).

Insbesondere in der Pharmaindustrie, bei der es sich um eine wissensbasierte Branche handelt, ist dieser Prozess sehr wichtig. Auch die Impfstoffentwicklung gehört in den Bereich der sich kumulierenden Forschung. Für die Entwicklung von Innovationen sind hier die Weitergabe und Vermehrung von Wissen grundlegend (Henderson 1994). Indem der Innovationsprozess durch das Patentrecht geöffnet und externes Wissen in die eigene Forschung miteinbezogen wird, wird Erkenntnisfortschritt ermöglicht und das Innovationspotenzial enorm gesteigert (Volpert und Riepe 2021, S. 387; VFA 2020, S. 3). Gleichzeitig wird so die Gefahr redundanter Forschungsprojekte reduziert. Die frühe Veröffentlichung von neuem Wissen ermöglicht zudem eine gesellschaftliche Kontrolle von Forschungsprojekten, sodass gegebenenfalls frühzeitig regulierend eingegriffen werden kann (Zech et al. 2021, S. 9; VFA 2020). Vor diesem Hintergrund stellt das Patentrecht eine Hilfe bei der effizienten Allokation von Ressourcen dar.

Belohnungs- und Fairnessgedanke

Einen Hauptkritikpunkt am Patentrecht im Kontext der Corona-Pandemie bildeten die hohen Gewinne einiger Unternehmen. So wurde argumentiert, dass es unethisch sei, dass bestimmte Akteurinnen und Akteure auf Grundlage der Pandemie hohe Gewinne erzielten. Biontech erwirtschaftete beispielsweise im Jahr 2021 vor allem auf Grundlage des Corona-Impfstoffs einen Nettogewinn von rund 10,3 Milliarden Euro. Im Vorjahr lag dieser noch bei 15,2 Millionen Euro, was einer Zunahme von mehr als 67.000 Prozent entspricht (Biontech 2022). Vor dem Hintergrund des hohen Risikos, das mit der Investition in diese Forschung einhergeht, lässt sich jedoch argumentieren, dass die Gewinne eine Art Belohnung darstellen. Gleichzeitig erbringt die:der Erfinder:in mit der Entwicklung einer neuen Technologie eine besondere Leistung, die der Allgemeinheit dient, da von dieser theoretisch alle profitieren. Aus dieser Perspektive kann das Patentrecht und das damit verbundene exklusive Nutzungs- und Verwertungsrecht auch aus gesamtgesellschaftlicher Sicht als fair bzw. gerecht für die Erfinder:innen gesehen werden, die das Risiko des Scheiterns ihrer Erfindung eingegangen sind (Schilling 2014, S. 119).

In diesem Zusammenhang gilt es auch darauf hinzuweisen, dass von den 20 Jahren Patentschutz nur ein Teil für die Einnahmen durch den Verkauf der Produkte verbleibt, da von der patentierten Erfindung bis zum marktfähigen Produkt meist viele Jahre vergehen. Im Fall von Medikamenten bedeutet das, dass diese nach Anmeldung noch in Studien erprobt und in einem 12- bis 16-monatigen Zulassungsverfahren geprüft werden (Zech et al. 2021, S. 14f.; Bartke et al. 2021, S. 284; VFA 2023).

Deutschland als Industrie- und Forschungsstandort

Aus einer eurozentristischen Perspektive ist die Entwicklung von Innovationen vor dem Hintergrund, dass Europa – und damit auch Deutschland – kaum über Rohstoffe verfügt, umso wichtiger, um hier eine zukunftsfähige Wertschöpfung zu gewährleisten. Für den Forschungsstandort Deutschland ist das Patentrecht aus dieser standort- und industriepolitischen Perspektive essentiell für den Erhalt dessen Attraktivität und Wettbewerbsfähigkeit. Wie oben erläutert, birgt eine Schwächung des Patentrechts die Gefahr, dass Investitionen in wirtschaftlich risikoreiche und kostenintensive Forschung, wie die in der Pharmaindustrie, nicht refinanziert werden. Eine mögliche Konsequenz aus der daraus folgenden Unterproduktion wäre neben der schlichten Nichtverfügbarkeit dieser Innovationen eine Schwächung der globalen Bedeutung von Deutschland als Forschungsstandort (VFA 2020, S. 1–3; Kirchhoff 2021).

Insbesondere für kleinere Unternehmen und Start-Ups bieten Patente zudem eine Chance, gegen etablierte Marktteilnehmer:innen bestehen zu können. So stellen Patente bei einer Firmengründung im Biotechnologiebereich eine Möglichkeit dar, um die eigene Technologie gegen etablierte Player am Markt zu schützen, sodass auch neue Firmen am Markt bestehen können. In der Regel stellen Patente hierbei eine wichtige Voraussetzung für die Einwerbung von Risikokapital zur Weiterentwicklung einer Technologie dar (Schilling 2014, S. 120). Auch gilt es in diesem Zusammenhang darauf hinzuweisen, dass meist ein ganzes »Innovations-Ökosystem« (VFA 2020, S. 4) von einer Investitionsentscheidung profitiert und nicht nur die:der Erfinder:in selbst. Zu diesem gehören neben der Wissenschafts- und Universitätslandschaft insbesondere auch Start-Ups und hoch spezialisierte Zulieferungs- und Dienstleistungsbetriebe (VFA 2020, S. 4).

Patentrecht als Grundlage für Monopolisierung und Marktverzerrung

Wir brauchen Patente, um geistiges Eigentum zu schützen und Innovationen zu fördern. Diese Aussage ist leicht getätigt und wird nicht selten genutzt, um die Patentrecht-Diskussion bereits im Keim zu ersticken. Doch nicht für jede Industrie sind Patente gleichermaßen zuträglich und nicht jedes Land profitiert von Nutzungsbeschränkungen und teurer Lizenzierung.

Um einen fairen Informations- und Wissensaustausch zu gewährleisten, müssen nationale Patentrechte vergleichbar sein. Doch das sind sie noch lange nicht. Lediglich TRIPS (Trade Related Aspects of Intellectual Property Rights), das internationale Abkommen der Welthandelsorganisation (kurz: WTO) aus dem Jahr 1995, versucht eine Brücke zwischen den Patentsystemen verschiedener Länder zu schlagen und definiert einen von der Mehrheit der Mitgliedstaaten unterschriebenen Mindeststandard für den Schutz geistigen Eigentums. Dieser soll sicherstellen, dass Innovationen und Entwicklungen auch über Ländergrenzen hinweg ausreichend geschützt werden.

Länderspezifische Patentgesetze können dagegen sehr unterschiedlich aussehen. In den USA werden über die Jahrzehnte hinweg beispielsweise immer mehr Patente angemeldet und auch zugelassen. Das erhöhte Aufkommen ist vorrangig auf kleinste Entwicklungen im Technik- und Computersektor zurückzuführen und sorgte im Jahr 2017 für einen Rückstand von 500.000 Anträgen (Shambaugh et al. 2017, S. 1). Andere Länder legen hingegen strengere Auswahlkriterien bei der Patentvergabe an. Zudem sind Unternehmen teilweise unterschiedlich stark daran interessiert, Patente überhaupt international anzumelden (Shambaugh et al. 2017, S. 3). Die fehlende Einheitlichkeit kann den Weltmarkt verzerren und ist somit keineswegs unpolitisch.

Innovation oder Stagnation?

Ein oft genanntes Argument für das Patentrecht ist dessen Anreizfunktion. Allerdings startet Innovation nicht erst mit der Aussicht auf ein Patent, sondern mit der vorausgehenden Ausbildung der Arbeitskräfte sowie den Ausgaben für Forschung und Entwicklung. Unter diesem Gesichtspunkt ist es nicht weiter verwunderlich, dass sich die Patentvergabe in den USA seit Jahrzehnten auf Ballungsräume konzentriert, in denen Spitzenuniversitäten und große Unternehmen ansässig sind (Shambaugh et al. 2017, S. 10). Etwa 55 Prozent der F&E-Ausgaben an Hochschulen wurden 2015 staatlich finanziert (Shambaugh et al. 2017, S. 4). Der öffentliche Einfluss auf die Entwicklung von Innovationen ist entsprechend groß. Warum sollten Bepreisung und Wissensaustausch dann nicht ebenfalls durch den Staat reguliert werden?

Auch der Club of Rome geht dieser Fragestellung in seinem *Earth For All*-Bericht nach und liefert ein weiteres wichtiges Argument, das gegen eine strikte Patentierung spricht: Restriktive Patentgesetze erschweren Ländern mit niedrigem Einkommen und schwacher Währung den Zugang zu Technologien und wichtigen Medikamenten (Dixson-Declève et al. 2022, S. 86). Abhilfe schaffen könnten hier gemeinsame Fonds, in die die wichtigsten Geldgeber einzahlen und aus denen all jene bezahlt werden, die wichtige Forschungsschritte beisteuern. Die Pharma-Kritiker:innen Jamie Love und Manon Ress sehen darin eine gute Möglichkeit, Markteintrittsbelohnungen zu gewährleisten und dennoch einen Open Source-Zugang zu garantieren, der für einen fairen Preiswettberwerb sorgt (Schenck 2020).

Denn viel zu oft wird der Gedanke des Schutzes geistigen Eigentums von Unternehmen im heutigen Patentsystem dazu ausgenutzt, die eigene Monopolstellung zu halten und Gewinne zu maximieren. Das im Patentrecht festgeschriebene inhärente Recht der Inhaber:innen, anderen die gewerbsmäßige Nutzung ihrer Erfindung zu verbieten, führt oft zu einer unverhältnismäßigen Preiswucherei (Schlund 2022, S. 10; Schäfer 2021) und schadet damit in hohem Maße der globalen Armutsbekämpfung. Welche Ausmaße das annehmen kann, zeigen die eingangs beschriebenen Kosten für das Präparat Hemgenix. Dabei handelt es sich längst nicht um einen Einzelfall: Für eine Chemotherapie müssen Patientinnen und Patienten in den USA teilweise 80.000 Dollar aufbringen, antiretrovirale Medikamente zur HIV-Therapie kosten jede betroffene Person 15.000 Dollar pro Jahr – und das, obwohl die Herstellungskosten in beiden

Fällen denkbar gering sind (Schenck 2020). Das ist nicht für jede:n erschwinglich, insbesondere nicht für ohnehin armutsbetroffene Personengruppen. Für Menschen in einkommensschwachen Nationen ist es unerreichbar.

Während solche Preismargen also das Todesurteil für zahlreiche Erkrankte bedeuten, werden jene Unternehmen, die diese Preise ansetzen, durch das aktuelle Patentsystem weiter begünstigt. Die Versuche einkommensschwacher Länder oder kleinerer Unternehmen durch konkurrierende Produkte darauf zu reagieren, führen oft zu teuren Prozessandrohungen durch einflussreiche Player, die sich nur die wenigsten kleinen Unternehmen leisten können (Shambaugh et al. 2017; Kingston 2001; Schenck 2020).

Covid-19 als Präzedenzfall

Das System bevorteilt damit ganz klar all jene Unternehmen und Herkunftsländer, die sowieso schon einen hohen Markteinfluss besitzen. Nicht immer ist das dem Fortschritt zuträglich oder im Interesse der Gesellschaft. Am Beispiel der Covid-19-Impfstoffe lässt sich das noch einmal sehr deutlich veranschaulichen. Erneut kamen in diesem Kontext die Fragen auf, ob Lizenzen zurückgehalten werden dürfen, wenn dadurch gravierende gesundheitliche Folgen für Millionen von Menschen entstehen und ob der Schutz geistigen Eigentums auch dann an oberster Stelle steht, wenn Konsumentinnen und Konsumenten keine freie Kaufentscheidung treffen können, sondern auf die Ware angewiesen sind (Schlund 2022, S. 10).

Jamila Schäfer (2021) fasst die Problematik so zusammen: »Bilaterale Vorabkäufe mit Impfstoffhersteller[innen] haben eine globale Impfstrategie untergraben [...]. Manche Entwicklungsländer schließen deshalb selbst bilaterale Verträge mit Impfstoffhersteller[innen] und bezahlen deutlich höhere Preise als Industriestaaten.« Während Unternehmen für ihren hohen Forschungsaufwand natürlich belohnt werden müssen, stehen Gewinne so nun über den tatsächlichen Bedarfen der Gesellschaft – und der Nutzungsnotwendigkeit.

In Katastrophenfällen wie diesem muss der Staat mit Hilfe von Benutzungsanordnungen oder Zwangslizenzen schnell und unbürokratisch eingreifen dürfen. Denn auch wenn solcherlei Ausnahmeregelungen in den Artikeln 31 und 31*bis* des TRIPS-Abkommens bereits festgeschrieben sind (nwb Datenbank 2005), gelten sie doch als zu komplex und kommen daher nur selten zur Anwendung (Zech et al. 2021, S. 3–4; Schlund 2022, S. 10). Indien und Südafrika schlugen daher im Oktober 2020, ein halbes Jahr vor der Positionierung der USA, eine befristete Zusatzausnahmeregelung (TRIPS Waiver) vor. Die Entscheidung der WTO darüber fiel erst im Juni 2022 und beschließt zunächst nur die Freigabe der Covid-19-Impfstoffe, nicht aber die weiterer Therapeutika. Für viele Expertinnen und Experten ist dieses Ergebnis unzureichend und kommt vor allem viel zu spät (Corporate Europe Observatory 2022).

Die Impfallianz GAVI versucht hierzu bereits seit 2000 einen sinnvollen Gegenpol zu setzen. Die öffentlich-private Partnerschaft hat es sich zur Aufgabe gemacht, nationale Impfprogramme auszubauen, Impfkampagnen zu finanzieren und vor allem die Einführung neuer Impfstoffe voranzutreiben (BMZ 2023). Damit wird der Zugang zu Impfstoffen für einkommensschwache Länder erleichtert und eine Zusammenarbeit geschaffen, die das Patentsystem in seiner heutigen Form nicht umzusetzen vermag.

Impfstoffe und Medikationen müssen, wie durch die Impfallianz gefördert, effizient produziert und verbreitet werden. Nicht nur während einer weltweiten Pandemie. Dafür ist ein größerer Handlungsspielraum durch staatliche Institutionen von größter Notwendigkeit. Zudem müssen langwierige und kostenintensive Prozesse abgebaut werden und Produktionsentwicklungen potenziell unkompliziert vergrößert werden können (Dixson-Declève et al. 2022, S. 94). Patentschutz darf keine existenziellen Nachteile für einkommensschwächere Länder und Bevölkerungsgruppen zur Folge haben (Zech et al. 2021, S. 4).

Das Investitionsproblem

Doch nicht nur aus globaler Sicht spricht einiges dafür, das Patentsystem mindestens zu reformieren. Auch innerhalb eines Landes oder verschiedener Industrien kann das Recht auf Patent zu Ineffizienz führen. Entgegen der ursprünglichen Intention, Innovation anzuregen, kommt es in der heutigen Ausgestaltung viel zu häufig zu Ausbremsungen und Blockaden – vor allem dann, wenn geschützte Technologien für die Weiterentwicklung einer Branche notwendig sind. Ein Beispiel dafür ist die Computerindustrie. Um hier Fortschritt zu generieren, ist oftmals die Verwendung einer Basistechnologie notwendig. Wird diese übermäßig blockiert, um zum Beispiel der eigenen Forschung einen Vorsprung zu verschaffen, führt dies zur Abschreckung anderer Firmen und nicht selten auch zur bereits erwähnten Monopolisierung (Zech et al. 2021, S. 4).

Nach § 24 Abs. 2 des deutschen Patentgesetzes gibt es zwar die Möglichkeit, Zwangslizenzen wegen Abhängigkeiten zu erteilen, doch das passiert in der Realität selten (Zech et al. 2021, S. 4). Eine mögliche Hilfestellung bieten Patentpools. Um immer komplexere und kleinteiligere Technologien untereinander auszutauschen, schließen sich Industrien, wie beispielsweise die Automobil-, Flugzeug- oder Radiobranche, häufig zu Pools zusammen. Innerhalb derer sind die Informationen aller Patente für Mitgliedsunternehmen frei zugänglich (Moser 2013, S. 33). Doch das kann zu Stagnation führen: »Wenn es einen Pool gibt, patentieren die Unternehmen nur so viele Erfindungen, wie sie für die Aufrechterhaltung der Mitgliedschaft im Pool benötigen, bzw. nur die Erfindungen, die sie für wichtig halten« (Kingston 2001, S. 409, eigene Übersetzung). Alternativ werden oft auch Handelsvereinbarungen zwischen Konkurrentinnen und Konkurrenten einer Branche abgeschlossen, die zwar den Austausch fördern, gleichzeitig aber auch einen definierten Industriestandard setzen. Von einem Innovationsgedanken kann hier also kaum noch die Rede sein. Viel eher will sich jede Partei das möglichst größere Stück vom Kuchen sichern. So kommt es in den sogenannten komplexeren Technologien immer häufiger dazu, dass jede Komponente und Unterkomponente einer Entwicklung eigenständig patentiert wird, um der Konkurrenz den Zugang zu erschweren (Kingston 2001, S. 408).

Woraus bereits die nächste Frage resultiert: Sollte überhaupt jede Erfindung patentierbar sein? Auch hier lassen sich in unterschiedlichen Patentrechten verschiedene Eingrenzungen finden. Grundsätzlich gilt allerdings, dass Patente das Ziel verfolgen müssen, den »Fortschritt der Wissenschaft und der nützlichen Künste« zu fördern (Kingston 2001, S. 409). Ob das bei jeder kleinteiligen Komponente der Fall ist, muss einzeln geprüft werden. Vermutlich resultieren aus diesem bürokratischen Aufwand auch die bereits benannten Antragsrückstände in den USA. Denn mit dem Aufschwung der Computertechnologie müssen auch viele neue Definitionen festgeschrieben werden. Für Professor und Wirtschaftsexperte William Kingston (2001, S. 408) ist der Fall aber eindeutig: »Auf den ersten Blick sollten die meisten dieser Innovationen nicht patentierbar sein, da es in der Natur schrittweiser Veränderungen liegt, dass sie organisch aus dem Vorhandenen entstehen«. Patente legitimieren sich aus dem Gedanken einer gesellschaftlichen Notwendigkeit heraus und sollen den Anreiz der Forschung erhöhen; nicht aber die Konkurrenz verlangsamen. Wenn wir von komplexen Technologien sprechen, muss daher anerkannt werden, dass Patentierungen oft negative Effekte für die Entwicklungsfähigkeit mit sich bringen (Zech et al. 2021, S. 4).

Einige Länder behelfen sich angesichts der hohen Antragmengen inzwischen mit Copyright-Regelungen. Auch dabei erhalten die Urheber:innen exklusive Rechte, die sich auf die Verbreitung und Reproduktion ihrer Werke beziehen (Kingston 2001, S. 411; Moser 2013, S. 23). Anders als beim Patent tritt das Urheberrecht automatisch in Kraft, kann aber durchaus auch bei den jeweiligen Ämtern registriert werden. So bleibt der Schutz des geistigen Eigentums erhalten, während gleichzeitig der bürokratische Aufwand verringert wird. Eine Lösung, die gerade im Bereich der schnell wachsenden Computerindustrie Abhilfe schafft, das Problem aber nicht im Ursprung erfasst. Denn das liegt weiterhin beim Patentrecht selbst.

Doch es geht auch anders: Open Source-Softwares wie Linux oder die Apache Software Foundation sind ein Beispiel dafür, wie selbstverständlich Wissensaustausch stattfinden kann und wie förderlich solche Projekte dabei sind, Lösungen kostengünstig darzubieten und weltweit zu verbreiten. Dabei geht es, ähnlich wie bei der Impfallianz, vorrangig um vernetzte Wertschöpfung, offene Wissensökonomie und ein kollaboratives Arbeitsumfeld (Emde 2021, S. 30).

Die Förderung von Innovation ist also auch auf anderem Wege möglich, ohne dass dabei Profite über den gesellschaftlichen Vorteil gestellt werden müssen. Da sich dieselben Probleme immer wieder wiederholen und wichtige Medikationen sowie Technologien weiterhin aus Profitgier oder zum Zwecke der Ausbeutung zurückgehalten werden, sind Interventionen zur Anpassung des Patentsystems unumgänglich. Eine faire Lizenzierung, auch über die eigenen Landesgrenzen hinaus, muss zu jeder Zeit gewährleistet werden. Nicht gemessen am Marktwert, sondern an der gesellschaftlichen Notwendigkeit (Corporate Europe Observatory 2022). Denn wer Inhaber:in eines Patents ist, trägt auch Verantwortung.

Fazit

Mit der Forderung, die Patente für Covid-19-Therapeutika auszusetzen, wurde die Diskussion rund um den Schutz geistigen Eigentums von Neuem angeregt. Der langwierige und lähmende Prozess zur TRIPS-Ausnahmeregelung verdeutlicht, wo die Schwachstellen des Systems liegen und warum innerhalb des Patentrechts dringend nachjustiert werden muss. In Zeiten gesundheitlicher Bedrohungen, aber auch zur globalen Armutsbekämpfung braucht es Lizenzierungsmöglichkeiten, die schnell und unkompliziert vergeben werden können – ohne dabei das Entwicklungspotential von Unternehmen zu gefährden.

In der Pharmaindustrie bleibt ein ausreichender Patentschutz obligatorisch, denn ohne die forschungsintensive und innovationstreibende unternehmerische Kraft wären viele Herausforderungen unserer Zeit nur schwer zu bewältigen. Dennoch ist ein Überdenken des Patentrechts mit einem Fokus auf alternative Anreizmöglichkeiten notwendig, um Ausbeutung und Wettbewerbsverzerrung innerhalb des kapitalistischen Wirtschaftssystems entgegenzuwirken. Denn während Industrienationen wie Deutschland oder die USA von strengen Schutzmaßnahmen profitieren, ist es für andere Länder der Welt kaum möglich, die teuren Lizenzierungen zu fairen Bedingungen zu erhalten. Das kann unverhältnismäßig hohe Preise zur Folge haben, was die globale Armutsbekämpfung erschwert und weniger etablierte Märkte abgehängt zurücklässt. Die Weitergabe von Innovationen wird so zur Handelswährung; mit deutlichen Vorteilen für bereits etablierte Unternehmen in Europa, China, Japan oder den USA.

Umso wichtiger ist eine offene Debatte, die nicht nur eurozentristische Standpunkte integriert. Dass das noch nicht immer der Fall ist, bestätigt sich auch in einem Teil der deutsch- und englischsprachigen Literatur zum Thema: Mehrheitlich wird in den Artikeln aus Sichtweise des globalen Nordens argumentiert, während die Perspektive anderer Teile der Welt größtenteils ausgeklammert bleibt. Dabei sollte es im Interesse aller sein, durch globalen Austausch und länderübergreifende Zusammenarbeit ein System zu reformieren, das an vielen Stellen bereits jetzt an seine Grenzen kommt.

Das ist auch mit Blick auf zukünftige Krisen wichtig, etwa wenn es um die Entwicklung technischer Maßnahmen zur Bewältigung des Klimawandels geht. Trotz essentiellem Patentschutz für innovationsgebende Unternehmen muss gewährleistet werden, dass die entsprechenden Technologien auch in jenen Ländern zum Einsatz kommen, die am stärksten und schnellsten von den Auswirkungen betroffen sind. Der Club of Rome plädiert in seinem *Earth for All*-Bericht eingehend dafür, das Patentrecht zwar nicht als Ganzes infrage zu stellen, aber dennoch gravierende Veränderungen vorzunehmen. Dazu gehört vor allem, dass Basistechnologien nicht mehr blockiert werden dürfen und ein Technologietransfer durch die Ausweitung und Stärkung von TRIPS unkompliziert realisierbar werden muss (Dixson-Declève et al. 2022, S. 94).

Zudem sollte es für einzelne Staaten möglich sein, mithilfe von Zwangslizenzierungen und Gesetzgebungen unbürokratisch zu intervenieren sowie Handelsabkommen zwischen Unternehmen und einkommensschwächeren Ländern einzufordern. Denn nur so ist eine verantwortungsvolle Transformation hin zu einer nachhaltigeren Welt überhaupt möglich. Der Markt kann längst nicht alles von alleine regeln, zumindest nicht, ohne dabei die immer gleichen Verlierer:innen hervorzubringen (Dixson-Declève et al. 2022, S. 94). Abschließend sollte daher klar werden: Der Schutz geistigen Eigentums bringt nicht nur Rechte, sondern auch Pflichten mit sich – und das möglichst zum Nutzen der gesamten Weltbevölkerung.

QUELLEN

Bartke, Lukas, Christian Ende, Kira-Sophie Hoffmann, und Daniel Skiebe. 2021. Patentrecht in der Pandemie – Hindernis für die Medizin oder Innovationsmotor? *Juristische Ausbildung* 3: 283–293.

Biontech. 2022. Welcome to our investor page. https://investors.biontech.de/investors-media. Zugegriffen am 1.03.2023.

BMZ. 2023. Gavi, die Impfallianz. *Bundesministerium für wirtschaftliche Zusammenarbeit und Entwicklung.* https://www.bmz.de/de/service/lexikon/gavi-impfallianz-14402. Zugegriffen am 12.10.2023.

Corporate Europe Observatory. 2022. TRIPS ›Waiver failure‹: EU betrayal of global south on vaccine access obscured by lack of transparency. https://corporateeurope.org/en/2022/07/trips-waiver-failure-eu-betrayal-global-south-vaccine-access-obscured-lack-transparency. Zugegriffen am 3.03.2023.

DiMasi, Joseph A., Henry G. Grabowski, und Ronald W. Hansen. 2016. Innovation in the pharmaceutical industry: new estimates of R&D costs. *Journal of health economics* 47: 20–33.

Dixson-Declève, Sandrine, Owen Gaffney, Jayati Ghosh, Jorgen Randers, Johan Rockström, und Per E. Stoknes. 2022. *Earth for all. Ein Survivalguide für unseren Planeten*. München: oekom.

Emde, Carsten. 2021. Was hat Open Source mit Patenten zu tun? *Patent- und Markenzentrum Baden-Württemberg.* 9. März. https://www.patente-stuttgart.de/downloads/infoabende/2021-03-09_OpenSource-Patente_Emde.pdf. Zugegriffen am 12.10.2023.

Hagemann, Nils. 2021. Aussetzung von Patentschutz – Kann jeder bald Impfstoff herstellen? *ZDF*, 6. Mai. https://www.zdf.de/nachrichten/politik/corona-impfstoff-patent-freigabe-100.html. Zugegriffen am 28.02.2023.

Henderson, Rebecca. 1994. Managing innovation in the information age. *Harvard Business Review* 72 (1): 100–105.

Kingston, William. 2001. Innovation needs patents reform. *Research Policy* 30 (3): 403–423.

Kirchhoff, Jasmina. 2021. Die Bedeutung der Pharmaindustrie in Deutschland. In: *Arzneimittel-Kompass 2021: Hochpreisige Arzneimittel–Herausforderung und Perspektiven*, Hrsg. Helmut Schröder, Petra A.

Thürmann, Carsten Telschow, Melanie Schröder, und Reinhard Busse, 93–104. Berlin, Heidelberg: Springer.

Lieser, Marion, und Stephan Exo-Kreischer. 2021. Pro & Contra zum WTO-Treffen zu Corona: Impfpatente aufheben ist auch eine Frage von Eigennutz. *Tagesspiegel*, 28. Februar. https://www.tagesspiegel.de/politik/impfpatente-aufheben-ist-auch-eine-frage-von-eigennutz-6859615.html. Zugegriffen am 3.03.2023.

Moser, Petra. 2013. Patents and innovation: evidence from economic history. *Journal of economic perspectives* 27 (1): 23-44.

Neuhäusler, Peter, Oliver Rothengatter, und Alexander Feidenheimer. 2022. Patent applications-Structures, trends and recent developments 2021. Studien zum deutschen Innovationssystem, No. 4-2022. 1–25.

Nwb Datenbank. 2005. TRIPS Artikel 31 i.d.F. 6.12.2005. https://datenbank.nwb.de/Dokument/819894_31/. Zugegriffen am 3.03.2023.

Schäfer, Jamila. 2021. Sollten Impfpatente freigegeben werden? *Politik & Kommunikation.* 11. Juni. https://www.politik-kommunikation.de/politik/sollten-impfpatente-freigegeben-werden/. Zugegriffen am 3.03.2023.

Schenk, Niklas. 2021. »Medizin ist ein öffentliches Gut, jeder muss sich das leisten können«. *Süddeutsche Zeitung Magazin*, 7. Mai. https://sz-magazin.sueddeutsche.de/gesundheit/jamie-love-manon-ress-interview-corona-covid-19-88769. Zugegriffen am 12.10.2023.

Schilling, Kirstin. 2014. *Forschen–Patentieren–Verwerten: Ein Praxisbuch für Naturwissenschaftler mit Schwerpunkt Life Sciences.* Berlin, Heidelberg: Springer.

Schlund, Rüger. 2022. Pro Patentfreigabe. *Nachrichten aus der Chemie* 70 (4): 10–10.

Shambaugh, Jay, Ryan Nunn, und Becca Portman. 2017. Eleven facts about innovation and patents. *Economic facts-The Hamilton Project* 1: 1–18.

Takac, Momir. 2022. Dosis kostet 3,5 Millionen Dollar: Teuerstes Medikament der Welt unmittelbar vor Zulassung. *Merkur*, 18. Dezember. https://www.merkur.de/welt/dollar-teuerstes-medikament-der-welt-zugelassen-hemgenix-bluterkrankheit-ema-millionen-91981440.html. Zugegriffen am 21.09.2023.

Verband Forschender Arzneimittelhersteller (VFA). 2023. Medikamente gegen seltene Erkrankungen. https://www.vfa.de/de/arzneimittel-forschung/woran-wir-forschen/orphan-drugs-medikamente-gegen-seltene-erkrankungen.html. Zugegriffen 28.02.2023.

Verband Forschender Arzneimittelhersteller (VFA). 2020. Positionspapier. Den Schutz geistigen Eigentums bewahren – Pharmastandort sichern. https://www.vfa.de/de/wirtschaft-politik/politik/aufhebung-patentschutz. Zugegriffen am 28.02.2023.

Volpert, Tobias, und Marcel Riepe. 2021. Patentdimensionen und die Entwicklung und Herstellung von Corona-Impfstoffen. *Wirtschaftsdienst* 101 (5): 387–393.

Zech, Herbert, Stefan Wagner, Thomas Fackler, Reto M. Hilty, Iris Plöger, und Michael Stolpe. 2021. Patentschutz: Impulsgeber für Innovationen oder Behinderung von Produktion? *ifo Schnelldienst* 74 (8): 3–20.

Zeit Online. 2021. USA heizen Debatte um Patentschutz für Corona-Impfstoffe an. 21. Mai. https://www.zeit.de/news/2021-05/06/usa-will-aussetzung-von-patenten-fuer-corona-impfstoffe. Zugegriffen am 28.02.2023.

3

Essays im Kontext der Ungleichheitskehrtwende

3.1 Das Grunderbe als Instrument zur Reduzierung wirtschaftlicher Ungleichheit

VON JASPER STRUNK UND ANNA ZIMMERER

Einleitung

Wirtschaftliche Ungleichheit besteht zwischen Ländern und innerhalb einzelner Länder, wobei sie häufig anhand der Einkommens- und Vermögensverteilung gemessen wird (Chancel et al. 2022, S. 20–22). Im Folgenden werden wir uns auf die Ungleichheit innerhalb eines Landes beziehen und fokussieren dabei exemplarisch die Situation in Deutschland. In Deutschland, aber auch in den meisten anderen Ländern weltweit, ist die wirtschaftliche Ungleichheit während der letzten Jahrzehnte gestiegen (ebd., S. 11; 195–196). Eine hohe wirtschaftliche Ungleichheit hat nicht nur individuelle Folgen, sondern kann Gesellschaften destabilisieren sowie Ursache sozialer Spannungen sein (Dixson-Declève et al. 2022, S. 106). Die Reduzierung wirtschaftlicher Ungleichheit wird daher nicht nur im Rahmen der Sustainable Development Goals der Vereinten Nationen (2015, S. 21) angestrebt, sondern ist auch eine der fünf vorgeschlagenen Kehrtwenden des *Earth for All*-Berichts an den Club of Rome (Dixson-Declève et al. 2022).

Im Mai 2022 lenkte Carsten Schneider, Staatsminister und Beauftragter der Bundesregierung für Ostdeutschland, die öffentliche Aufmerksamkeit auf den Vorschlag eines staatlichen Grunderbes (Dörner und Gaugele 2022). Schneider bezieht sich dabei auf eine im Jahr zuvor veröffentlichte Studie des Deutschen Instituts für Wirtschaftsforschung (DIW), die ein Grunderbe von 20.000 Euro simuliert, das an alle Menschen mit Vollendung des 18. Lebensjahrs gezahlt würde, wobei dieses über eine erhöhte Erbschaftssteuer, eine Vermögenssteuer auf hohe Vermögen und effektivere Steuern auf Immobilienvermögen finanziert würde (Bach 2021, S. 807). Die grundsätzliche Idee einer einmaligen hohen Zahlung an alle jungen Menschen ist vor allem im internationalen Raum aber nicht neu. Bereits in dem 1797 erschienenen Pamphlet *Agrarian Justice* beschreibt Thomas Paine seine Idee einer Entschädigung für die Einführung des Grundbesitzsystems an alle Menschen, die das einundzwanzigste Lebensjahr erreicht haben (Paine 1797, zitiert nach Atkinson 2014, S. 632). Auch in den letzten Jahren wurden von verschiedenen Wissenschaftler:innen entsprechende Konzepte vorgeschlagen, die sich zwar in ihrer spezifischen Ausgestaltung (z. B. zu Auszahlungshöhe und -zeitpunkt) unterscheiden, im Kern aber ein ähnliches Instrument beschreiben (u. a. Ackerman und Alstott 1999; Grötzinger et al. 2006; Atkinson 2015; Piketty 2020).

Im Folgenden wird zuerst Jasper gegen ein Grunderbe als Instrument zur Reduzierung der wirtschaftlichen Ungleichheit argumentieren. Nachdem er von diesem Instrument intuitiv überzeugt war, kamen ihm in der weiteren Überlegung Zweifel an der Idee des Einkommens aus Kapitalerträgen, und diese Zweifel stehen nun auch in der Argumentation heraus. Daraufhin wird Anna Argumente für die Einführung des Grunderbes anbringen. Das Grunderbe hat in ihren Augen großes Potenzial für die Reduzierung von Ungleichheit, da es die Vermögensverteilung sowie die individuellen Möglichkeiten und Entscheidungen zu Beginn des Erwachsenenlebens direkt beeinflussen kann.

Für die nachfolgende Diskussion legen wir folgendes, gemeinsames Verständnis dieses Konzeptes zugrunde: Zu Beginn des Erwachsenenalters werden alle Menschen in Form einer hohen Einmalzahlung vom Staat mit Kapital ausgestattet (in Deutschland gehen wir von einer Höhe von 20.000 Euro aus), unabhängig von ihrem Einkommen und Vermögen oder dem ihrer Eltern. Das Grunderbe soll finanziert werden durch die höhere Besteuerung hohen Vermögens und hohen Erbes. Die Finanzierung ist für die politische Debatte, die praktische Umsetzung sowie die Diskussion des Grunderbes als Instrument zur Umverteilung von hoher Relevanz. Wie sich diese im Detail umsetzen ließe, kann im Rahmen dieses Essays jedoch nicht behandelt werden.

Das Grunderbe scheitert, weil es den Motor der Ungleichheit nicht abschaltet, sondern mit nutzt

VON JASPER STRUNK

Das Grunderbe stellt eine wichtige und vielversprechende Möglichkeit dar, Ungleichheit zu reduzieren, indem es das Vermögen reicher Menschen gezielt abschöpft und zu jungen Menschen umverteilt, welche unter den Erwachsenen die wirtschaftlich schwächste Altersgruppe darstellen (Funcke und Menne 2023, S. 3). Jedoch steht es, wie ich im Folgenden erläutern werde, in seinem Ziel, Wohlstand zu schaffen, indem Vermögenszuwächse aus Kapitalerträgen einer breiten Gesellschaftsgruppe zugänglich gemacht werden, dem übergeordneten Ziel einer gerechten und nachhaltigen Gesellschaft geradezu diametral gegenüber. Für meine Beurteilung des Grunderbes soll jeweils getrennt auf die Finanzierung, die Ausschüttung als Grunderbe und die Leitidee des Vermögensaufbaus geschaut werden.

Geld fließt nach oben

So lautet ein geläufiger Ausspruch, der zwar überaus vereinfachend, doch durchaus treffend das Zustandekommen wirtschaftlicher Ungleichheit in Gesellschaften beschreibt. Es gilt die Beobachtung, dass diejenigen, die bereits viel Vermögen haben, am erfolgreichsten darin sind, weiteres Vermögen anzuhäufen (Lansley 2017, S. 139). Aus diesem Grunde ist eine effektive und progressive Erbschafts- und Vermögenssteuer unabdingbar, um stark akkumuliertes Vermögen wieder breiter in die Gesellschaft zu verteilen. Es muss jedoch kritisch berücksichtigt werden, dass eine Politik der effektiv progressiven Vermögensbesteuerung mächtige Gegner hat, da diese durch ihren Reichtum großen Einfluss auf Politik und Gesellschaft üben können (Merkel 2015, S. 482–486; Dixson-Declève et al. 2022, S. 106). Gelänge eine solche Besteuerung nicht, wäre das Grunderbe als Mittel zur Reduzierung der Vermögensungleichheit weitestgehend untauglich. Nichtsdestotrotz ist die Finanzierung eines Grunderbes durch eine verstärkte Erbschafts- und Vermögenssteuer konzeptionell überzeugend.

Möglichkeiten zur Ausschüttung eines solchen zusätzlichen Steuereinkommens gäbe es zahllose. Wieso sollte das abgeschöpfte Spitzenvermögen also ausgerechnet in Form eines Grunderbes ausgeschüttet werden? Ein Argument gegen das Grunderbe ist, dass es sich nur schwerlich einführen ließe. Ein großes Ziel der Reduzierung wirtschaftlicher Ungleichheit – ein starker gesellschaftlicher Zusammenhalt – würde konterkariert, wenn 18-Jährige plötzlich 20.000 Euro erhielten, während 19- oder 20-Jährige leer ausgingen (Dixson-Declève et al. 2022, S. 101, 107). Eine zeitgleiche Einführung, gestaffelt über mehrere Jahrgänge hinweg wäre um ein Vielfaches teurer und kaum finanzierbar, eine von Jahr zu Jahr steigende Summe würde hingegen erst in Jahrzehnten Wirkung entfalten, und in jedem Fall würde der Generationenkonflikt durch ein solches Instrument wohl kaum besänftigt werden.

Ebenfalls gegen ein Grunderbe spricht die Unklarheit, ob das Geld zur Anlage oder Verausgabung verwendet werden soll. Im 50. DIW Wochenbericht aus 2021 argumentiert Stefan Bach einerseits für ein Grunderbe als Startkapital zur Vermögensbildung, etwa zur Altersvorsorge, zeitgleich solle es aber auch zur Ausbildungsfinanzierung oder als Ausgleich für Arbeitslosigkeit, Krankheit oder Pflegearbeit verausgabt werden (Bach 2021, S. 812, 815). Die Logik dieser Zweigleisigkeit ist fatal: Wer bereits Zugang zu guter Bildung hat und finanziell gut genug steht, um 20.000 Euro Grunderbe zur privaten Vorsorge anlegen zu können, wird mit Kapitalerträgen reich belohnt, während diejenigen, die finanziell von wichtigen Lebensoptionen ausgeschlossen sind und besonders geringe Chancen haben, jemals privates Vermögen zu bilden, das Grunderbe schon in jungen Jahren für ihre Bildung oder gar Gesundheit verausgaben müssen; Kapitalerträge bleiben für diese Menschen in weiter Ferne. Die im Subtext von Bach beschriebene – und herbeigewünschte – teilweise Privatisierung bisher staatlicher Sozialsicherungssysteme wäre bei Einführung eines Grunderbes tatsächlich zu befürchten; eine Gesellschaft, der die private Vorsorge für Krankheit und Alter mit einer beachtlichen Geldspritze bei Volljährigkeit ermöglicht würde, hätte ein folglich verringertes Interesse, hohe Einkommensabgaben für staatliche Sozialsicherungssysteme fortzuführen (ebd., S. 809, 815). Leidtragende wären eben jene Bevölkerungsgruppen, welche aus struktureller Benachteiligung besonders auf solche staatlichen Absicherungen angewiesen sind. Vor diesem Hintergrund ist dann auch Bachs Berechnung, dass die Einführung des Grunderbes die Ungleichheit stark reduzieren würde, fraglich; der allgemeine Anspruch an soziale Sicherungssysteme stärkt die soziale Gleichheit mehr als die Einführung des Grunderbes das – laut Bachs eigenen Berechnungen – könnte (ebd., S. 808). Falls das Grunderbe also eine wesentliche Schwächung der bestehenden Sozialsicherungssysteme zugunsten der privaten Vorsorge zur Folge hätte, dürfte die Bilanz unterm Strich wohl kaum mehr positiv ausfallen. Auf den kardinalen Fehler des Konzepts »Grunderbe als Mittel zur breiten Vermögensbildung« stößt man aber erst, wenn man der Frage nachgeht, wie sich Vermögen durch Kapitalerträge mehrt.

Arbeiten und arbeiten lassen

Vermögen bildet sich aus Einkommen. Es gibt im Wesentlichen zwei Arten des Einkommens: Lohngehälter und Kapitalerträge (Bregmann 2017). Lohngehälter werden durch Arbeit erwirtschaftet; eine Dienstleistung oder Warenproduktion schafft einen qualitativen Wert, der mit Geld entlohnt wird. Arbeit ist Wertschöpfung. Kapitalerträge hingegen stellen in sich keine Wertschöpfung dar, sondern lediglich eine Anteilnahme an dieser (ebd.). Es wird etwa ein Kredit ausgegeben, der verzinst zurückgezahlt wird. Oder durch einen Aktienkauf wird einem Unternehmen Geld verfügbar gemacht, und für die Dauer dessen ein Anteil des betrieblichen Gewinns ausgezahlt. Oder ein Haus wird erworben, welches eine Wertsteigerung erfährt und zu höherem Preis wieder veräußert werden kann (Hüsing k. D.). Der Arbeit als Wortschöpfung ist der Kapitalertrag als Wertabschöpfung entgegenzustellen. Unbestreitbar bleibt hingegen, dass die bedarfsdeckende Bereitstellung von Geldern für die Arbeitsleistung einer Wirtschaft unabdingbar und wesentlicher Faktor ihrer Produktivität ist (Blanchard 2020, S. 88–91). Außerdem sind Investitionen ungewiss und der Kapitalertrag somit eine Entlohnung für das Risiko eines Zahlungsausfalls (ebd., S. 132 f.). Wieso also sollten Einnahmen aus Kapitalerträgen ein Problem darstellen? Weil sie in eine Profitlogik führen, welche unnachhaltiges Mengenwachstum ebenso zur Voraussetzung wie zum Ergebnis hat.

Geld vs. Kapital

Kern dieser Dynamik ist, dass Geld in Finanzgeschäften die Tendenz hat, seinen qualitativen Wert als Mittel zu verlieren und zum Selbstzweck zu werden. Eindrücklich wird dies von Karl Marx erläutert, der Kapitalwirtschaft als G-W-

G‘ beschreibt (Marx 1962, S. 163–165). Hier wird eine bestimmte Geldmenge (G) in ein Unterfangen von Wertschöpfung investiert (W), welches nach einer gewissen Zeit die ursprüngliche Geldmenge (G) plus einen Zuwachs (‘) abwirft. Da Geld keinen qualitativen Wertunterschied aufweist, ist der Wertzuwachs dieser Transaktion zwingend quantitativer Natur, und die Wertschöpfung wird zum Mittel des Profits (ebd.). Während es in der Realwirtschaft um einen qualitativen Wertzuwachs geht, liegt das Ziel von Kapital- bzw. Finanzwirtschaft in einer Vermehrung der Geldmenge. Zwar sind Investorinnen und Investoren moralische Subjekte, die willentlich handeln und ihre Gelder sehr wohl als Mittel für gute Zwecke einsetzen und dafür einen geringeren Profit in Kauf nehmen können, doch in einer deregulierten Marktwirtschaft neigt sich das finanzielle Kräfteverhältnis stets dem stärksten Profitdenken zu (Ulrich 2001, S. 125, 161). Jemand, der:die das eigene Einkommen aus Kapitalerträgen speist, ist also stark darin eingeschränkt, gesellschaftlich und qualitativ statt nur individuell und monetär gewinnbringend zu investieren.

Kapital kennt keine Grenzen ...

Das Volumen von Kapitalerträgen ist nur durch das zur Verfügung stehende Vermögen limitiert. Während sich für Arbeiter:innen aus den persönlichen Belastungsgrenzen ein Limit für die Arbeitsleistung und folglich das eigene Lohngehalt ergibt, besteht eine solche harte Einkommensobergrenze für Investorinnen und Investoren nicht (Piketty 2014, S. 571). Noch schwerwiegender: Kapitalerträge werden geringer besteuert als Lohneinkommen (ebd.), wodurch der Einkommensvorsprung für vermögende Investorinnen und Investoren stetig zunimmt (Bach 2021, S. 809). Da Investierende, Unternehmen und Finanzintermediäre danach streben, möglichst viel Vermögen aktiv zu investieren, anstatt große Sicherheitsrücklagen zu bilden (Aspinall et al. 2018, S. 7), fließt Lohneinkommen letztlich auch über staatliche Rettungsprogramme einseitig der Finanzwirtschaft zu; im Finanzsektor werden Gewinne weitestgehend privat einbehalten, während kritische Verluste gesellschaftlich aufgefangen werden (Farley et al. 2013, S. 2803; Dixson-Declève et al. 2022, S. 106f.). Als Folge aus den genannten Faktoren ist eine Gesellschaftsklasse der Rentiers (wieder-) entstanden, also von Menschen, die ihre gesamten Ausgaben aus Kapitalerträgen decken können, welche sie aus der Verpachtung von Vermögenswerten beziehen (Forrester 2016; Piketty 2014, S. 571; Bregman 2017).

… der Planet hingegen schon

Kapitalerträge sind aber nicht nur wirtschaftlich und sozial unnachhaltig, sondern induzieren einen Wachstumsimperativ, der mit den planetaren Grenzen unvereinbar und demnach auch ökologisch unnachhaltig ist. Kapitalerträge für alle können nämlich nur entstehen, wenn es ein globales Wirtschaftswachstum gibt; zwar werfen einzelne Investments auch in Zeiten der Rezession Gewinne ab, jedoch ist das erklärte Ziel ja ein auf Kapitalerträgen basierter Vermögenszuwachs in der Breite der Gesellschaft, und dieser ist abhängig von einer insgesamt wachsenden Wirtschaft im Sinne des BIP (Blanchard 2020, S. 219–234). Diese Abhängigkeit führt wiederum dazu, dass politische Programme, die auf einen koordinierten Rückgang der Produktivität, also auf eine Schrumpfung der Wirtschaft abzielen, kaum durchsetzbar sind und Regierungen das Ziel des BIP-Wachstums kaum aufgeben können. Aspinall et al. (2018) stellen in einer Analyse von 355.000 Artikeln aus den 125 höchstbewerteten wissenschaftlichen Journals jedoch fest, dass unter den Autorinnen und Autoren, welche zu dem Themenschnittpunkt Nachhaltigkeit und Finanzen publiziert haben, ein Konsens darüber besteht, dass nachhaltige Entwicklung nur erreicht werden kann, wenn sich von der BIP-Wachstumsagenda abgewandt wird und das BIP durch Indikatoren zur Bewertung der Lebensqualität abgelöst wird (Aspinall et al. 2018, S. 8). Das Grunderbe als Mittel zur breiten Vermögensbildung durch Wertabschöpfung in Form von Kapitalerträgen fußt auf Bedingungen, die mit einem nachhaltigen Wirtschafts- und Gesellschaftsmodell nicht vereinbar sind.

Es ist die wesentliche Schwäche des Grunderbes, unnachhaltige Dynamiken der Vermögensakkumulation nicht auflösen, sondern lediglich mehr Menschen zugänglich machen zu wollen. Diese Schwäche kann auch eine erhöhte Vermögens- und Erbschaftssteuer nicht auflösen. Ein Bild von Donella Meadows zum richtigen Umgang mit schädlichen selbstverstärkenden Dynamiken bringt die Absurdität dieses Ansatzes gut zum Ausdruck: Wer in einem Auto sitzt, das zu schnell fährt, sollte nicht nur die Bremse treten, sondern vor allem vom Gaspedal gehen (Meadows 1999, S. 11 f.).

Das Grunderbe kann wirtschaftliche Ungleichheit effektiv verringern

VON ANNA ZIMMERER

In *Earth for All* werden drei grundsätzliche Hebel der Ungleichheitskehrtwende beschrieben: eine progressive Besteuerung, die Stärkung von Arbeitnehmer:innenrechten und Gewerkschaften sowie »Sicherheits- und Innovationsnetze« als Absicherung und Mittel zur gleichmäßigeren Verteilung von Wohlstand (Dixson-Declève et al. 2022, S. 101–102). Im Folgenden soll argumentiert werden, wieso sich ein staatliches Grunderbe als Instrument zur Reduzierung von wirtschaftlicher Ungleichheit zur Erschaffung von solchen »Sicherheits- und Innovationsnetzen« eignet. Dazu wird zunächst das grundsätzliche Potenzial des Grunderbes zur Umverteilung diskutiert, um anschließend detaillierter die Vorteile des Instruments in Form eines einmaligen Erbes sowie dessen Zeitpunkt zu Beginn des Erwachsenenalters darzulegen.

Das Grunderbe kann Dynamiken von wirtschaftlicher Ungleichheit entgegenwirken

Steigende wirtschaftliche Ungleichheit hat vielfältige Ursachen, die sich gegenseitig beeinflussen können und individuell für einzelne Länder wirken. Es können grundlegende Dynamiken identifiziert werden, denen ein Grunderbe potenziell entgegenwirken könnte. Hier kann zwischen Dynamiken zu steigender Einkommens- sowie steigender Vermögensungleichheit unterschieden werden: Vermögen repräsentiert den Bestand der zur Verfügung stehenden monetären Ressourcen, während das Einkommen, ob aus Arbeit oder Kapitalvermögen, den Zufluss darstellt (Grötzinger et al. 2006, S. 74). In Deutschland ist das Vermögen dabei deutlich ungleicher verteilt als das Einkommen (Niehues und Stockhausen 2020, S. 1). Dixson-Declève et al. (2022, S. 115) argumentieren, dass die Einkommensungleichheit immer weiterwachse, solange die Rate der Vermögensakkumulation höher sei als die der Einkommenssteigerung (ebd., S. 115). In Deutschland spiegelt sich diese Dynamik in der Tatsache wider, dass Kapitalerträge die wichtigste Einkommensart zur Erklärung der gestiegenen Einkommensungleichheit sind. Dieser Anstieg wiederum stellt einen Grund für das hohe Niveau der Vermögensungleichheit dar (Bach 2021, S. 809). Kapitaleinkommen und Vermögensungleichheit sind also eng verbunden: Eine kontinuierliche Verringerung des Anteils der Arbeitnehmer:innenentgelte am Volkseinkommen im Vergleich zum Anteil des Kapitals sowie die hohe Konzentration dieses Kapitaleinkommens führen dazu, dass Vermögen immer ungleicher verteilt ist (Lansley 2017, S. 139). Das Konzept des Grunderbes hat das Potenzial, diesen Dynamiken durch die Förderung einer breiteren Vermögensbildung in allen Einkommensschichten entgegenzuwirken und so sowohl die Vermögens- als auch die Einkommensungleichheit zu verringern. In den Berechnungen des DIW (Bach 2021) wird ein Grunderbe von bis zu 20.000 Euro simuliert, das seit 30 Jahren an alle 18-Jährigen ausgezahlt wird, finanziert durch höhere Vermögensabgaben. Diese Simulationen ergeben eine Reduzierung des Gini-Koeffizienten, einem häufig genutzten Maß für Ungleichverteilungen, in Bezug auf die Vermögensverteilung privater Haushalte um fünf bis sieben Prozent. Eine Abschaffung von bereits bestehenden Sozialsicherungssystemen ist dabei nicht unbedingt gegeben – vielmehr kann das Grunderbe als eigenes Instrument komplementär eingesetzt werden. Die Vermögensungleichheit könnte durch das Grunderbe also direkt adressiert werden, insbesondere in Verbindung mit der Finanzierung durch die Besteuerung von hohen Vermögen und Erbschaften. Gleichzeitig könnte das Grunderbe langfristig auch die Einkommensungleichheit reduzieren, indem mehr Menschen Kapitaleinkünfte, z.B. in Form von Zinsen und Dividenden, erzielen könnten. Zudem könnte ein Grunderbe auch Einkommen aus Erwerbstätigkeit beeinflussen, wenn es zum Beispiel dazu führen würde, dass Menschen andere Ausbildungen ergreifen, Weiterbildungen finanzieren oder eigene Unternehmen gründen können.

Vorteile einer einmaligen Auszahlung

Da in der öffentlichen Debatte der vergangenen Jahre vor allem das bedingungslose Grundeinkommen intensiv diskutiert wurde, soll kurz erläutert werden, welche Vorteile ein einmaliges Erbe im Vergleich zu einer regelmäßigen Auszahlung haben kann. Grundsätzlich müssen sich aber ein Grunderbe und ein bedingungslosen Grundeinkommen nicht unbedingt ausschließen, sondern können auch als komplementäre Instrumente implementiert werden (Atkinson 2015, S. 37). Die beiden Konzepte haben im Kern bereits verschiedene Ansatzpunkte: Während das Grunderbe der Vermögensbildung dienen soll, soll das bedingungslose Grundeinkommen das soziokulturelle Existenzminimum sichern (Wissenschaftlicher Beirat beim Bundesministerium der Finanzen 2021, S. 9). Durch das bedingungslose Grundeinkommen könnten, zumindest so die Hoffnung, verschiedene Sozialleistungen wie Arbeitslosen- und Kindergeld ersetzt werden (ebd., S. 39). Das ist jedoch nicht Ziel des Grunderbes, sondern eine Umverteilung von Vermögen, was wiederum direkten Einfluss auf wirtschaftliche Ungleichheit hat. Prüm (2012) beschreibt einen weiteren Unterschied wie folgt: Das Grundeinkommen ziele auf einen Anteil an der laufenden Wirtschaftsleistung des Landes ab und das Grunderbe direkt auf einen Anteil an den natürlichen Ressourcen. Das Grunderbe könnte außerdem bezüglich der Finanzierung und damit auch der öffentlichen Akzeptanz einen Vorteil bieten. Nach den Berechnungen des DIW würde ein Grunderbe von 20.000 Euro pro Person bei den geschätzt 750.000 Personen pro Geburtenjahrgang ungefähr 15 Milliarden Euro pro Jahr kosten. Im Vergleich dazu hätte ein bedingungsloses Grundeinkommen in Höhe von 1.000 Euro pro Monat nach einer Überschlagsrechnung einen jährlichen Finanzierungsbedarf von 998 Milliarden Euro (Wissenschaftlicher Beirat beim Bundesministerium der Finanzen 2021, S. 9).

Erbschaften werden für alle Menschen zugänglich

Erbschaften spielen eine große Rolle für die Vermögensübertragung zwischen Generationen (Adermon et al. 2018, S. 507). Atkinson (2015, S. 632) argumentiert, dass Erbschaften per se kein Problem darstellen, sehr wohl aber deren ungleiche Verteilung. Wie sind Erbschaften also aktuell in Deutschland verteilt? Historisch bedingt gibt es bedeutende regionale Unterschiede: Eine Erbschaft in Ostdeutschland ist im Durchschnitt weniger als halb so hoch wie eine Erbschaft in Westdeutschland (Corneo 2021, S. 410). Insgesamt erhielten im Zeitraum von 2002 bis 2017 nur rund zehn Prozent der Erwachsenen in Deutschland eine Erbschaft oder größere Schenkung – die Hälfte der Erbschafts- und Schenkungssummen erhielten dabei die reichsten zehn Prozent der Empfänger:innen und damit ein Prozent aller Erwachsenen (Baresel et al. 2021, S. 64). Der Effekt, dass vor allem Menschen mit bereits hohem Vermögen hohe Summen erben und die Vermögensungleichheit dadurch weiter steigt, könnte durch ein allgemeines Grunderbe abgemildert werden, vor allem gemeinsam mit einer Reform der Erbschaftsbesteuerung. Denn auch wenn diese Einmalzahlung nicht nur an Menschen ausgezahlt würde, die sonst kein Erbe erhalten würden, könnte es dennoch vor allem für diese Menschen einen bedeutenden Teil des Vermögens ausmachen. Nach Angaben des DIW lag 2017 der Median des individuellen Nettovermögens in Deutschland beispielsweise bei rund 26.000 Euro (Grabka und Halbmeier 2019, S. 738). Ein Grunderbe in Höhe von 20.000 Euro würde somit für fast die Hälfte der Bevölkerung mindestens die Verdoppelung des eigenen Vermögens bedeuten. Der Vorteil einer Erbschaft, auf ein Vermögen zurückgreifen zu können, das nicht durch eigenes Einkommen aufgebaut wurde, würde so für alle Menschen im gleichen Alter zugänglich. Somit könnte das Grunderbe innerhalb eines Landes zur intragenerationellen Gerechtigkeit, der Gerechtigkeit innerhalb einer Generation, beitragen.

Eine Vermögensumverteilung zwischen Generationen

Zusätzlich adressiert das Grunderbe durch die Auszahlung an junge Menschen auch die Gerechtigkeit zwischen Generationen, die intergenerationelle Gerechtigkeit. Fratzscher (2022) argumentiert, dass das Grunderbe keine Verteilung nach dem Gießkannenprinzip sei, sondern eine gezielte Umverteilung von alten zu jungen Menschen. Dass diese Umverteilung von Älteren zu Jüngeren durch ein Grunderbe in Kombination mit einer Steuerreform bei hohen Vermögen sinnvoll ist, zeigen die folgenden Daten: In Deutschland haben die Haushalte, bei denen der:die Haupteinkommensbezieher:in unter 30 Jahre alt ist, ein deutlich geringeres durchschnittliches Vermögen als in älteren Gruppen (Niehues und Stockhausen 2020, S. 2). Die Gruppe der jungen Erwachsenen von 18 bis unter 25 Jahren ist zudem die Altersgruppe in Deutschland mit dem höchsten Armutsrisiko (Funcke und Menne 2023, S. 3). Es muss natürlich beachtet werden, dass diese Daten nur die durchschnittliche Verteilung darlegen. Viele Menschen mit höherem Alter sind ebenfalls armutsgefährdet und es gibt auch junge Menschen mit hohem Vermögen. Für Ersteres ist die Finanzierung besonders relevant, sodass tatsächlich nur eine Umverteilung von vermögenden Älteren zu jüngeren Generationen stattfindet. Für Zweiteres, ergo die Begründung, warum alle junge Menschen unabhängig ihres Vermögens und ohne Bedarfsprüfung das Grunderbe bekommen sollten, soll zudem die Beantragung der Ausbildungsförderung (»Bafög«) als praktisches Beispiel dienen. Das Zusammenstellen und Prüfen der erforderlichen Einkommens- und Vermögensnachweise sind hier mit einem hohen Aufwand verbunden, der dazu führen kann, dass Berechtigte die Förderung entweder mit großer Verzögerung erhalten oder sogar gar nicht erst beantragen (Kurt 2019). Um das Grunderbe möglichst unbürokratisch, zugänglich und gerecht zu gestalten, ist es daher sinnvoll, auf ähnliche Prozesse zu verzichten und die Auszahlung bedarfsunabhängig zu gestalten.

Mehr Chancengleichheit zu Beginn des Erwachsenenlebens

Das Grunderbe könnte dann in der Praxis eine sehr wichtige Funktion haben, und zwar als Startkapital junger Menschen für mehr Chancengleichheit (Bach 2021, S. 811). Chancengleichheit kann verstanden werden als Zustand, in dem alle Menschen, unabhängig von äußeren Umständen, die gleichen Chancen und den gleichen Zugang zu allen Bereichen des gesellschaftlichen Lebens haben (Hopf und Edelstein 2018). Dass wir in Deutschland, und auch weltweit, noch weit entfernt sind von diesem Zielbild, ist offensichtlich. Der sozialökonomische Hintergrund als einer dieser wichtigsten äußeren Umstände kann die Chancen von Individuen dabei nicht nur während der frühen Kindheit und der Schulzeit beeinflussen, sondern auch noch im Erwachsenenleben (Narayan et al. 2018, S. 155–156). Das Grunderbe könnte zumindest zum Start in diese Lebensphase zu mehr Chancengleichheit beitragen. Besonders in Bezug auf Ausbildung und Beruf ist die Phase zu Beginn der Volljährigkeit von vielen Entscheidungen geprägt; die Entscheidungsfreiheit der Einzelnen ist dabei aber häufig begrenzt durch die finanzielle Situation. Ein Beispiel ist hier die Studienwahl. Während in Deutschland zwar an staatlichen Hochschulen keine allgemeinen Studiengebühren für reguläre Bachelor- und Masterstudiengänge erhoben werden (Deutsches Studierendenwerk 2022), können die zur Verfügung stehenden finanziellen Mittel dennoch in verschiedenen Fällen entscheidend für die Wahl sein. Dazu gehört unter anderem ein mögliches Studium im Ausland oder an einer privaten Hochschule. Beispielsweise studieren fast zehn Prozent der deutschen Medizinstudent:innen im Ausland, wobei die Studiengebühren häufig hoch sind (Federkeil et al. 2022, S. 54). In vielen Studienordnungen anderer Studienrichtungen sind zudem Vor- oder Zwischenpraktika Pflicht. Diese werden allerdings zum Teil gar nicht oder nur schlecht bezahlt (Meyer zu Eppendorf 2023, S. 72). Eine Kapitalausstattung durch das Grunderbe könnte hier für viele Menschen mehr Entscheidungsmöglichkeiten bieten. Aber auch nach abgeschlossenem Studium oder Ausbildung könnte ein Grunderbe zu diverseren Karrierewegen beitragen, vor allem durch die größere Freiheit, Risiken einzugehen, zum Beispiel im Rahmen einer Unternehmensgründung (Fratzscher 2022). Alternativ könnte das Grunderbe aber auch wie zuvor beschrieben zum eigenen Vermögensaufbau dienen, durch Investitionen oder als Teil des Eigenkapitals für die Finanzierung von Wohnraum.

Was also könnte ein Grunderbe für die:den einzelne:n Empfänger:in bedeuten? Es könnte mehr Chancen und Unabhängigkeit bedeuten, mehr Raum für Experimente und mehr Freiheit, eigene Entscheidungen zu treffen. Oder wie in *Earth for All* gefordert: Es könnte ein Sicherheits- und Innovationsnetz darstellen in Zeiten, die geprägt sind von tiefgehendem Wandel (Dixson-Declève 2022, S. 102).

Fazit und Ausblick

Geeintes »Ja!« fürs Grunderbe

Dass hohe Vermögenswerte mit progressiv hohen Steuersätzen abgeschöpft und umverteilt werden müssen, ist ein zentraler Punkt, in dem beide Seiten übereinstimmen und der sich als erstes Fazit der Diskussion ziehen lässt. Ein entscheidender Schritt wird sein, politische Mehrheiten zu bilden, welche gewillt und fähig sind, diese Steuerpolitik trotz mächtiger Widerstände durchzusetzen.

In der Frage nach der Bestimmung und Verwendung des Grunderbes scheinen sich unsere Positionen gegenüberzustehen, können jedoch in eine stimmige Synthese überführt werden. Grundlegend in der Kontra-Position ist die Kritik, mit dem Grunderbe auf dem Prinzip des Kapitalertrags aufzubauen, der seinerseits die Vermögensanhäufung antreibt. Das eigentliche Ziel der Wirtschaft, nämlich eine qualitative Verbesserung der Lebensverhältnisse, gerät hinter der einhergehenden eindimensionalen Fokussierung auf Wachstum aus den Augen. Aus dieser Sicht würde eine unnachhaltige Logik mit dem Grunderbe nur breiter in die Gesellschaft getragen. Die Pro-Argumente sind hingegen, dass ein Grunderbe durch Investitionen in Bildung, Unternehmensgründung, aber auch Vermögenswerte wie etwa eine eigene Wohnung die Lebensverhältnisse langfristig und qualitativ verbessern würde. Diese beiden Seiten erscheinen zwar gegenteilig, sind tatsächlich aber komplementär – weshalb wir letztlich in der Ansicht übereinkommen, dass ein Grunderbe der Ungleichheit entgegenwirken und die Ziele der Nachhaltigkeit stärken würde.

Dank des Grunderbes wird Geld wieder zum Mittel

Alois Schumpeter schreibt, in Bezugnahme auf Aktionäre und immer häufiger wechselnde Unternehmensführungen: »Ein Eigentum, das von Person und Materie gelöst und ohne Funktion ist, macht keinen Eindruck und erzeugt keine moralische Treupflicht, wie es die lebenskräftige Form des Eigentums einst tat« (Schumpeter 1980, S. 230). Rein profitgetriebenes, unnachhaltiges Wirtschaften entsteht demnach aus einem Mangel an persönlichem Bezug zur eigenen Investition, wie es etwa bei spekulativen Immobilienkäufen oder Anlagen in Fonds der Fall ist. Indem mit einem Grunderbe wenige akkumulierte Spitzenvermögen zu vielen kleinen Vermögen zersplittert werden, ändern sich nicht nur die Eigentümer:innen und einhergehend das bestimmende soziokulturelle Verhältnis zu Finanzen, sondern auch die Qualität des Vermögens. In seiner Zerstreuung wird Geld vom Selbstzweck zum Mittel, oder, um es mit Schumpeter zu sagen, das Vermögen wird lebenskräftig. Ursächlich hierfür ist, dass verfügbares Einkommen und Wohlergehen nicht linear zusammenhängen (Abdallah et al. 2009, S. 23). Erhält eine Person an der Armutsgrenze 1.000 Euro geschenkt, wird sie aus der Verausgabung dieses Geldes deutlich mehr Lebensqualität ziehen können als ein Millionär, der finanziell weitestgehend gesättigt ist (ebd.; Daly 2015, S. 5 f.). Zudem zeigt sich in Erhebungen unter jungen Menschen, dass zwar ein großes Bedürfnis nach finanzieller Sicherheit besteht, jedoch eine Verschiebung von materialistischen hin zu idealistischen Werten zu beobachten ist, in der das Sozialleben und Solidarität im Mittelpunkt stehen (Albert 2019). All dies nimmt den Argumenten der Kontra-Position den Wind aus den Segeln und führt mich, Jasper, zu der Erwartung, dass durch die breite Vermögensstreuung des Grunderbes qualitative Werte – materiell und normativ – befördert würden. Die Kapitallogik würde durch dieses Instrument zurückgedrängt. Der Effekt gilt insbesondere, aber nicht nur für junge Generationen, deren Wohlergehen bedeutend zunehmen würde, ohne den qualitativen Wohlstand der Besteuerten nennenswert zu senken.

Das Grunderbe – insgesamt ein Gewinn

Das Grunderbe ist eine Investition in die Fähigkeit zur Transformation einer Gesellschaft. Für eine Kehrtwende, wie in *Earth for All* gefordert, sind neue Ansätze, Unternehmer:innengeist und Kreativität grundlegend für den Erfolg des Wandels (Dixson-Declève 2022, S. 105). Jungen Menschen die Möglichkeit zu geben, dank finanzieller Absicherung mutige Entscheidungen zu treffen und sich Raum für neue Ideen und Wege zu nehmen, ist eines der wesentlichen Potenziale des Grunderbes (Fratzscher 2022). Aus diesem Grunde bin ich, Anna, weiterhin überzeugt vom Potenzial des bedingungslosen Grunderbes.

Nichtsdestotrotz sehen wir beide auch Schwierigkeiten in der Idee des Grunderbes. Ein Grunderbe muss auf eine Weise implementiert werden, welche sozialem Unfrieden vorbeugt, was sich für den Gesetzgeber als schwierig erweisen dürfte. Zudem wäre ein Grunderbe dann kein Gewinn mehr, wenn es Sozialsicherungssysteme und kostenlose Bildung ablösen würde statt sie zu ergänzen. Der Staat muss die Absicherung seiner Bürger:innen vor sozialen Härten weiterhin gewährleisten und die Mittel dazu in eigener Hand behalten, um letztlich nicht doch zu mehr Ungleichheit zu führen.

Abschließend können wir festhalten, dass wir in der Forderung nach einem Grunderbe übereinkommen, eben aus dem Grund, dass es erwartbar nicht der unnachhaltigen Profitlogik eines primär geldlichen Vermögensaufbaus folgen würde, sondern qualitativ gewinnbringend verausgabt würde. Langfristig fußt Wohlstand immer auf Humankapital, und in Notwendigkeit tiefgreifender Transformationen für eine nachhaltige Zukunft ganz besonders auch auf Innovationen und Kreativität (Blanchard 2020, S. 268–272). Das Grunderbe stellt dabei zwar kein Allheilmittel gegen Vermögensungleichheit dar, denn der Kapitalgewinn als Motor der Vermögensakkumulation wird durch das Grunderbe nicht ausgehebelt, doch würde es ein bedeutsames Innovationsnetz aufspannen und der jungen Generation ihre gerechte Teilhabe an der Gestaltung der eigenen Zukunft ermöglichen.

QUELLEN

Abdallah, Saamah, Sam Thompson, Juliet Michaelson, Nic Marks, Nicola Steuer. 2009. *The Happy Planet Index 2.0: Why Good Lives Don't Have to Cost the Earth.* The New Economics Foundation. https://base.socioeco.org/docs/the_happy_planet_index_2.0_1.pdf. Aufgerufen am 15. März 2023.

Ackerman, Bruce und Anne Alstott. 1999. *The Stakeholder Society.* New Haven: Yale University.

Adermon, Adrian, Mikael Lindahl und Daniel Waldenström. 2018. Intergenerational Wealth Mobility and the Role of Inheritance: Evidence from Multiple Generations. *The Economic Journal* 128(612):482–513. https://doi.org/10.1111/ecoj.12535.

Albert, M., G. Quenzel, K. Hurrelmann, P. Kantar. 2019. Jugend 2019. *Eine Generation meldet sich zu Wort. 18. Shell Jugendstudie.* Weinheim: Beltz.

Aspinall, N. G., S. R. Jones, E. H. McNeill, R. A. Werner und T. Zalk. 2018. Sustainability and the financial system – Review of literature 2015. *British Actuarial Journal*, 23(E10):1–21.

Atkinson, Anthony B. 2014. After Piketty? *The British Journal of Sociology* 65(4):619–638. https://doi.org/10.1111/1468-4446.12105.

Atkinson, Anthony B. 2015. What can be done about inequality? *Juncture* 22:32–41. https://doi.org/10.1111/j.2050-5876.2015.00834.x.

Bach, Stefan. 2021. Grunderbe und Vermögensteuern können die Vermögensungleichheit verringern. *DIW Wochenbericht* 50:807–815. https://doi.org/10.18723/diw_wb:2021-50-1.

Baresel, Kira, Heike Eulitz, Uwe Fachinger, Markus Grabka, Christoph Halbmeier, Harald Künemund, Alberto Lozano Alcántara und Claudia Vogel. Hälfte aller Erbschaften und Schenkungen geht an die reichsten zehn Prozent aller Begünstigten. *DIW Wochenbericht* 5:63–71. https://doi.org/10.18723/diw_wb:2021-5-1.

Blanchard, Olivier. 2020. *Macroeconomics – Global Edition* (8th ed.). Harlow: Pearson International.

Bregman, Rutger. 2017. No, wealth isn't created at the top. It is merely devoured there. *The Guardian*, March 13.

Chancel, Lucas, Thomas Piketty, Emmanuel Saez und Gabriel Zucman. 2022. *World Inequality Report 2022.* https://wir2022.wid.world/. Aufgerufen am 22. Februar 2023.

Corneo, Giacomo. 2021. Erbschaftssteuer: Chancengerechtigkeit erhöhen. Wirtschaftsdienst 101(6): 410. https://doi.org/10.1007/s10273-021-2930-5.

Daly, Herman. 2015. Economics for a Full World. Great Transition Initiative. https://greattransition.org/images/Daly-Economics-Full-World.pdf. Aufgerufen am 15. März 2023.

Deutsches Studierendenwerk. 2022. Übersicht: Studiengebühren in den 16 Bundesländern. https://www.studentenwerke.de/sites/default/files/uebersicht_studiengebuehren_2022_1.pdf. Aufgerufen am 1. März 2023.

Dixson-Declève, Sandrine, Owen Gaffney, Jayati Ghosh, Jorgen Randers, Johan Rockström und Per Espen Stoknes. 2022. *Earth for All: Ein Survivalguide für unseren Planeten. Der neue Bericht an den Club of Rome, 50 Jahre nach »Die Grenzen des Wachstums«.* München: oekom verlag.

Dörner, Jan und Jochen Gaugele. 2022. Ostbeauftragter schlägt »Grunderbe« für alle vom Staat vor. *Westdeutsche Allgemeine Zeitung*, Mai 11.

Farley, Joshua, Matthew Burke, Gary Flomenhoft, Brian Kelly, D. Forrest Murray, Stephen Posner, Matthew Putnam, Adam Scanlan und Aaron Witham. 2013. Monetary and Fiscal Policies for a Finite Planet. *Sustainability* 5: 2802–2826.

Federkeil, Gero, Jelena Hohlweg und Kathrin Müller. DUZ Spotlight – Gute Praxis International: Medizinstudierende – letzter Ausweg Ausland. Centrum für Hochschulentwicklung. https://www.che.de/download/medizinstudium-ausland/. Aufgerufen am 5. März 2023.

Forrester, Katrina. 2016. The Corruption of Capitalism by Guy Standing review – work matters less than what you own. *The Guardian*, October 26.

Fratzscher, Marcel. 2022. 20.000 Euro für mehr Eigenverantwortung. *Zeit Online*, Mai 22.

Funcke, Antje und Sarah Menne. 2023. Kinder- und Jugendarmut in Deutschland. Factsheet. Bertelsmann Stiftung. https://www.bertelsmann stiftung.de/de/publikationen/publikation/did/factsheet-kinder-und-jugendarmut-in-deutschland. Aufgerufen am 5. März 2023.

Grabka, Markus und Christoph Halbmeier. 2019. Vermögensungleichheit in Deutschland bleibt trotz deutlich steigender Nettovermögen anhaltend hoch. *DIW Wochenbericht* 40:735–745. https://doi.org/10.18723/diw_wb:2019-40-1.

Grötzinger, Gerd, Michael Maschke und Claus Offe. 2006. *Die Teilhabegesellschaft. Modell eines neuen Wohlfahrtsstaates.* Frankfurt am Main: Campus Frankfurt / New York.

Hopf, Wulf und Benjamin Edelstein. 2018. Chancengleichheit zwischen Anspruch und Wirklichkeit. Bundeszentrale für politische Bildung. https://www.bpb.de/themen/bildung/dossier-bildung/174634/chancengleichheit-zwischen-anspruch-und-wirklichkeit/. Aufgerufen am 6. März 2023.

Hüsing, Silke (k. D.). Kapitalerträge. *Gabler Banklexikon.* https://www.gabler-banklexikon.de/definition/kapitalertraege-59109. Aufgerufen am 13. März 2023.

Kurt, Şeida. 2019. BaföG: Mehr Kohle ist gut, aber wie wär's mit weniger Bürokratie? *Ze.tt*, Januar 18.

Lansley, Steward. 2017. Reversing the inequality spiral: Citizen's wealth funds. *IPPR Progressive Review* 24(2):137–146. https://doi.org/10.1111/newe.12050.

Marx, Karl. 1962. *Das Kapital – Kritik der politischen Ökonomie.* Hrsg. Institut für Marxismus-Leninismus beim ZK der SED, Bd. 23. Berlin: Dietz.

Meadows, Donella H. 1999. *Leverage Points: Places to Intervene in a System.* The Sustainability Institute.

Merkel, Wolfgang. 2015. Ist die Krise der Demokratie eine Erfindung? In *Demokratie und Krise: zum schwierigen Verhältnis von Theorie und Empirie*, Hrsg. Wolfgang Merkel, S. 473–498. Wiesbaden: Springer Fachmedien.

Meyer zu Eppendorf, Katharina. 2023. Danke für nichts. Warum gibt es eigentlich immer noch unbezahlte Praktika? Und wer versucht daran etwas zu ändern? *Zeit Campus*, Februar 20.

Narayan, Amber, Roy Van der Weide, Alexandru Cojocaru, Christoph Lakner, Silvia Redaelli, Daniel Gerszon Mahler, Rakesh Gupta N. Ramasubbaiah und Stefan Thewissen. 2018. Fair Progress? Economic Mobility across Generations around the World. World Bank Group. https://openknowledge.worldbank.org/handle/10986/28428. Aufgerufen am 2. März 2023.

Niehues, Judith und Maximilian Stockhausen. 2020. Vermögensgrenzen: große gruppenspezifische Unterschiede. IW-Kurzbericht 105/2020. https://www.iwkoeln.de/presse/pressemitteilungen/judith-niehues-maximilian-stockhausen-wer-in-deutschland-vermoegend-ist.html. Aufgerufen am 5. März 2023.

Piketty, Thomas. 2014. *Capital in the Twenty-First Century.* Cambridge: Belknap.

Piketty, Thomas. 2020. *Kapital und Ideologie.* München: C. H. Beck.

Prüm, Christoph. 2012. Grunderbe oder Grundeinkommen? Ein Erbe für jeden. Stiftung für Chancengleichheit. https://ein-erbe-fuer-jeden.de/blog/grunderbe-oder-grundeinkommen. Aufgerufen am 4. März 2023.

Schumpeter, Joseph Alois. 1980. *Kapitalismus, Sozialismus und Demokratie.* München: Francke.

Ulrich, Peter. 2001. *Integrative Wirtschaftsethik. Grundlagen einer lebensdienlichen Ökonomie.* Bern: Haupt.

Vereinte Nationen. 2015. Transforming our world: the 2030 Agenda for Sustainable Development. https://sdgs.un.org/2030agenda. Abgerufen am 23. Februar 2023.

Wissenschaftlicher Beirat beim Bundesministerium der Finanzen. 2021. Bedingungsloses Grundeinkommen. Gutachten 02/2021. https://www.bundesfinanzministerium.de/Content/DE/Downloads/Ministerium/Wissenschaftlicher-Beirat/Gutachten/bedingungsloses-grundeinkommen.html. Aufgerufen am 1. März 2023.

3.2 Kann Vergesellschaftung dazu beitragen, mehr finanzielle und soziale Gleichheit in der Gesellschaft zu erreichen?

VON KATHARINA BUSE UND EILEEN BAUER

Einleitung

Zu wohnen ist in Deutschland mehr als ein Dach über dem Kopf zu haben, es ist eine Frage der Gerechtigkeit, der (Un-)Gleichheit und der sozialen Teilhabe, denn individuelle Lebensbedingungen und soziale Ungleichheit wirken wechselseitig miteinander. Menschen in sozial schwacher Lage ist es meist nicht möglich, sich ein Leben in guten Wohnverhältnissen zu leisten; sie investieren einen beträchtlichen Anteil ihres Gehalts in die Miete (mehr als 30 Prozent) und leben auf zu engem Wohnraum häufig in Häusern in schlechtem, baulichem Zustand (Holm 2021a). Gleichzeitig führen räumlich ähnliche Strukturen in einer Umgebung dazu, dass einzelne Bevölkerungsschichten häufig relativ homogen und abgegrenzt zu anderen Schichten leben. Für den sozial schwachen Teil der Bevölkerung bedeutet dies Ausgrenzung und verringert die Chance auf soziale Teilhabe und eine Verbesserung der Lebensbedingungen. Gleichzeitig findet auch in sozial höheren Schichten eine räumliche Abkapselung in bestimmte Viertel statt, ein Phänomen, das die »soziale Schere« immer weiter öffnet und Ungleichheiten in der Gesellschaft verstärkt (Huber 2013).

Der Club of Rome sieht in der Ungleichheit einen elementaren Ansatzpunkt für die sozial-ökologische Transformation. In *Earth for All* beschreibt er die Ungleichheitskehrtwende als eine der fünf notwendigen Kehrtwenden für die sozial-ökologische Transformation und fordert mehr Gleichheit als »Königsweg« zum langfristigen Schutz unserer Zivilisation (Dixson-Declève et al.). Als ein mögliches Instrument für die Ungleichheitskehrtwende im

Bereich Wohnen und Lebensbedingungen sorgt »Vergesellschaftung« in den letzten Jahren deutschlandweit, aber auch international für Aufsehen. Tügel und Arps (2022) bezeichnen Vergesellschaftung (oder auch Sozialisierung) als »Überführung von privatem Eigentum in Gemeineigentum und Gemeinwirtschaft«. Besonders aktuell ist diese Debatte in Deutschland seit 2019, der Trend hat sich allerdings schon vorher angedeutet, denn die Wohnungsfrage ist politisch und wirtschaftlich seit über einem Jahrzehnt eine große Herausforderung (Dullien 2021).

Dieser Essay wird die Idee der Vergesellschaftung von Wohnraum in Deutschland als Mittel gegen soziale Ungleichheit und für die Ungleichheitskehrtwende näher beleuchten, politische Rahmenbedingungen erläutern, sowie Argumente darlegen, die für und die gegen diesen Vorgang als effektive Maßnahme für mehr Gleichheit sprechen.

Wohnen, sowie adäquater Wohnraum, ist ein international anerkanntes Menschenrecht, welches in der UN-Menschenrechtsdeklaration von 1948 festgeschrieben wurde (Bukowski 2019). Jedoch hat sich im letzten Jahrzehnt in vielen deutschen Städten ein Versorgungsdefizit herausgebildet, sodass z.B. in Hamburg, München und Berlin 1,5 Millionen Wohnungen fehlen (Holm et al. 2021b). Außerdem gab es einen Anstieg der Mieten von bis zu 200 Prozent, in Berlin haben sie sich beispielsweise in den letzten 10 Jahren verdoppelt (Tügel und Arps 2022). Die dadurch entstehende Wohnungsnot betrifft vor allem Menschen mit geringem Einkommen, bzw. Menschen, die auf der Suche nach Wohnungen im unteren Preissegment sind (Holm et al. 2021b). Auf die gesamte Bevölkerung gesehen betrifft Wohnungsnot in deutschen Großstädten bis zu 18 Prozent der Bevölkerung (Holm et al. 2021b).

Doch woran liegt es, dass es in Deutschland an bezahlbarem Wohnraum so sehr mangelt, obwohl dieses Problem politisch und gesellschaftlich seit Langem erkannt ist? In der momentanen wirtschaftspolitischen Ordnung haben private Wohnungsunternehmen keinen Anreiz, für günstigen Wohnraum zu sorgen, da sie das Kapital, welches sie investiert haben, vermehren möchten (Lemmerich 2022). Dies führt zu zunehmender Gentrifizierung und lässt die Erfolgserzählung der sozialen Marktwirtschaft ins Wanken geraten. Die Unantastbarkeit von Privateigentum wird nun mit der Vergesellschaftungsfrage von einem bemerkenswerten Teil der Bevölkerung in Frage gestellt (Lemmerich 2022).

Dieser versuchte Paradigmenwechsel wurde in Deutschland seit 2019 besonders von einer Initiative namens »Deutsche Wohnen & Co enteignen«, nachfolgend DWE genannt, vorangetrieben. Die Initiative wirkt ausschließlich in Berlin und zielt auf private Wohnungsunternehmen ab, die mehr als 3.000 Wohnungen besitzen, wobei Genossenschaften explizit ausgenommen sind (Drohsel 2020). DWE möchte diesen Unternehmen die Möglichkeit, gewinnbringend zu wirtschaften, auf demokratische Weise entziehen und sie ins Gemeineigentum überführen (DWE 2023b). Diesem Vorhaben legen sie seit dem Beginn ihrer Kampagne den Artikel 15 des Grundgesetzes zugrunde. Er lautet: »Grund und Boden, Naturschätze und Produktionsmittel können zum Zwecke der Vergesellschaftung durch ein Gesetz, das Art und Ausmaß der Entschädigung regelt, in Gemeineigentum oder in andere Formen der Gemeinwirtschaft überführt werden. Für die Entschädigung gilt Artikel 14 Abs. 3 Satz 3 und 4 entsprechend« (Bundesamt für Justiz 2023). Dieser Artikel wurde seit dem Bestehen des Grundgesetzes noch nie angewendet, doch DWE sieht darin eine erfolgversprechende Chance, für ein »bezahlbares und lebenswertes Berlin« zu kämpfen (DWEa 2023). Alle privaten Wohnungsunternehmen, welche mehr als 3.000 Wohnungen besitzen, sollten laut der Initiative vergesellschaftet werden, es wären somit ca. 270.000 Wohnungen in Berlin betroffen (Tügel und Arps 2022). Die Kampagne lief auf einen Volksentscheid am 26.09.2021 hinaus, bei dem über eine Millionen Berliner:innen (59,1 Prozent der Stadtbevölkerung) für die Vergesellschaftung zuvor genannter Wohnungsunternehmen stimmten (DWE 2023a). DWE möchte diese Wohnungsunternehmen in Anstalten öffentlichen Rechts (AöR) umwandeln und so demokratisch verwalteten Wohnraum schaffen. Außerdem würden auch die Entschädigungssummen für sämtliche Wohnungsunternehmen aus dieser AöR hervorgehen (Tügel und Arps 2022). Vergesellschaftung ist konzeptionell weder mit Enteignung, noch mit Verstaatlichung gleichzusetzen. Biatel (2019) bezeichnet es als »eigenes Rechtsinstitut« und betont, dass sich Vergesellschaftung vor allem in der Zielsetzung von Enteignung unterscheidet. Enteignet werden meistens einzelne Vermögen und Vermögensbestandteile, Vergesellschaftung allerdings möchte »ganze Unternehmen und Wirtschaftszweige in Gemeinwirtschaft überführen« (Biatel 2019). Außerdem soll bei der Vergesellschaftung vor allem der Unternehmenszweck verändert werden (Lemmerich 2022). Verstaatlichung bezeichnet die Überführung von Privateigentum in Staatseigentum, DWE möchte allerdings bürger:innen-verwaltete Unternehmen schaffen.

Dieser Essay diskutiert Vergesellschaftung im Kontext sozialer Ungleichheit. Eine Methode, um Ungleichheit zu messen, ist der Palma-Index. Dieser dividiert das Einkommen der reichsten 10 Prozent durch den Anteil, den die ärmsten 40 Prozent einnehmen (Dixson-Declève et al.). Ein Palma-Index von eins würde somit bedeuten, dass die oberen 10 Prozent der Bevölkerung über die gleiche Einkommenshöhe wie die ärmsten 40 Prozent verfügen, sie haben somit das vierfache Pro-Kopf-Einkommen. Eine solche Einkommensverteilung ist nach Auffassung der *Earth for All*-Autorinnen und -Autoren (Dixson-Decleve et al.) eine Grundlage für einen langfristigen starken sozialen Zusammenhalt und hohen Wohlstand einer Gesellschaft. In Deutschland liegt der Palma-Index bei 1,06 (Arbeitswelt Portal 2022), die Einkommenssumme der obersten 10 Prozent der Bevölkerung liegt also über dem Einkommen der unteren 40 Prozent.

Auch in Bezug auf nachhaltige Entwicklung, z. B. zur Erreichung der Sustainable Development Goals 1 und 10, ist die Verbindung zwischen den Themen Armut, Ungleichheit und Wohnen von großer Relevanz (Bukowski 2019). Inhalte des Buches *Earth for All* machen ebenfalls deutlich, dass mehr Gleichheit zu mehr sozialem Zusammenhalt und gesellschaftlicher Resilienz führt, was wiederum für die derzeitigen globalen Herausforderungen wie Klimawandel und Krieg von enormer Bedeutung ist. Gleichheit fördert außerdem kollektives Handeln und baut das Maß an Vertrauen auf, das für einen Wandel in Richtung Nachhaltigkeit notwendig ist. Unsere Frage ist deshalb: Kann Vergesellschaftung dazu beitragen, mehr soziale sowie ökonomische Gleichheit in der Gesellschaft zu erreichen?

Kontra-Argumentation: gegen Vergesellschaftung von Wohnraum als wirksames Mittel gegen Ungleichheit

VON KATHARINA BUSE

In Deutschland besteht eine Realversorgungslücke von Wohnraum für über 4,4 Millionen Haushalte. Maßgeblich von dieser Versorgungslücke betroffen sind Haushalte mit unterdurchschnittlichem Einkommen, die auf bezahlbaren

Wohnraum angewiesen sind (Holm 2021a). Wohnungsknappheit und anhaltend hohe Mietkosten bewegen in den letzten Jahren immer mehr Menschen zum Fortzug aus deutschen Großstädten (BiB 2022), da sie sich die Miete nicht mehr leisten können. Die Hälfte aller Haushalte in Deutschland muss mehr als 30 Prozent ihres Einkommens für Miete aufwenden (Holm 2021a). Ihnen bezahlbaren Wohnraum zur Verfügung zu stellen, steht weit oben auf der politischen Agenda der Städte und Kommunen und ist eine der großen städteplanerischen Herausforderungen. Auch über die Grenzen der Städte hinaus ist die Aufgabe bedeutungsschwer; bezahlbarer und ausreichend verfügbarer Wohnraum sichert den sozialen Frieden, Gleichheit und Zusammenhalt in der Gesellschaft und schafft damit die Voraussetzungen für eine sozial-ökologische Transformation. Diese Aufgabe muss solidarisch und im Einklang mit der sozialen Marktwirtschaft erfolgen – eine interventionistische Wohnungspolitik mit Instrumenten wie der Vergesellschaftung ist dafür nicht zielführend.

Die hohen Preise auf dem Wohnungs- und Mietmarkt der deutschen Großstädte entstehen in erster Linie durch ein knappes Angebot an Wohnungen, dem nur mit großangelegten Neubauprojekten entgegengewirkt werden kann. Die Stadt Berlin plant aus diesem Grund beispielsweise 16 neue Stadtquartiere mit insgesamt ca. 52.000 Wohnungen bis 2030 zu entwickeln. Diese Wohnungen sollen Raum für mehr als 100.000 Menschen bieten. Mit einem Anteil von 50 Prozent Sozialwohnungsbau bei landeseigenen Projekten setzt sich die Stadt Berlin dabei eine »stabile Sozialstruktur« als Ziel der Neubauprojekte und ermöglicht bezahlbares Wohnen auch für einkommensschwächere Haushalte – der Ungleichheit auf dem Wohnungsmarkt wird mit jeder neuen Wohnung damit aktiv entgegengewirkt (Senatsverwaltung für Stadtentwicklung, Bauen und Wohnen 2017). Vergesellschaftung ändert jedoch nur die Eigentümerstruktur von bereits bestehendem Wohnraum, es schafft keine neuen Wohnungen, für diese braucht es private Investorinnen und Investoren und Wohnungskonzerne, die im großen Stil in neuen Wohnraum investieren (Tügel und Arps 2022).

Interventionistische Politikinstrumente wie Vergesellschaftungen oder Enteignungen steigern die Unsicherheiten auf dem Immobilienmarkt. Investitionen in den Wohnungsmarkt sind groß angelegte und finanzintensive Projekte, die eine langfristige Planbarkeit erfordern. Politische Interventionen unterwandern diese Planbarkeit und machen Investitionen weniger attraktiv.

Der fehlende Investitionsanreiz wirkt sich negativ auf den dringend benötigten Neubau aus und senkt das Angebot an verfügbarem Wohnraum bzw. lässt es zumindest stagnieren (Schnellenbach 2021). Weniger private Investitionen würden in Berlin zu einer weiteren Verschärfung des Mangels an erschwinglichem Wohnraum führen. Die Stadt schreibt auch privaten Bauherren einen Anteil von etwa 3.016 neuen Stadtquartieren mit insgesamt ca. 52.000 Sozialwohnungen in den neu geplanten Stadtvierteln vor (Senatsverwaltung für Stadtentwicklung, Bauen und Wohnen 2017). Bei wegbrechenden Investitionen durch »das Damoklesschwert der Vergesellschaftung« wären diese nicht verfügbar und der Wohnungsmarkt und die Ungleichheit würden sich weiter verschärfen.

Da Artikel 15 bislang in Deutschland noch nicht in Kraft getreten ist, herrscht bei einer möglichen Vergesellschaftung viel Rechtsunsicherheit, es gibt keine ausgereiften Strukturen und Erfahrungen, wie die Vergesellschaftung genau ablaufen kann und langfristige Konsequenzen sind schwer abzuschätzen. Die mangelnde Investitionssicherheit und rechtliche Unsicherheiten bringen die soziale Marktwirtschaft ins Wanken und gefährden die unternehmerische Freiheit. Vergesellschaftung als staatlicher Hoheitsakt ersetzt zwangsweise die freie wirtschaftliche Entscheidung, betroffenen Unternehmen ist es dann nicht mehr möglich, ihre wirtschaftlichen Tätigkeiten frei auszuüben. Privates und unternehmerisches Eigentum, erwirtschaftet in der sozialen Marktwirtschaft, ist eine wesentliche Säule des Wohlstands in Deutschland. Über den Grundsatz »Eigentum verpflichtet« beteiligt sich dieses Eigentum über Besteuerungen und Abgaben wie beispielsweise die Vermögenssteuer am Gemeinwohl (Deloitte 2019; Lemmerich 2022). Eine Vergesellschaftung, die dazu führt, dass dieses Eigentum an den Staat übergeht, beschneidet das Recht auf privates Eigentum und Autonomie und würde viel Wert und Wohlstand in der Gesellschaft zerstören.

Die Überführung von Eigentum in vergesellschaftete, kollektiv verwaltete Besitztümer und die Aussetzung des Grundsatzes »Eigentum verpflichtet« birgt die Gefahr der »Tragedy of the commons«. Niedrige Mieten in den vergesellschafteten Wohneinheiten bieten weniger Anreiz, aufwendige Sanierungen und Instandhaltungs- und Modernisierungsmaßnahmen durchzuführen. Die Wohnungen fallen in ihrer Qualität damit relativ zum Wohnungsbestand im unregulierten Sektor zurück (Schnellenbach 2021). Die kollektive Selbstverwaltung der Wohnräume kann damit auch zu einem weniger lebenswerten Wohnumfeld führen.

Zusätzlich zum fehlenden Investitionsanreiz durch Vergesellschaftung müssen auch die massiven Ausgaben aus öffentlicher Hand im Falle einer Vergesellschaftung und ihre Konsequenzen betrachtet werden. Im Falle von Berlin schätzt der Senat, dass Wohnungskonzerne mit bis zu 36 Milliarden Euro entschädigt werden müssten, sollten sie in eine Anstalt des öffentlichen Rechts überführt werden. Geld, das ohnehin in den Wohnungsmarkt investiert werden muss. Wenn dieses Geld aber für den öffentlichen Wohnungsbau fehlt, bricht die öffentliche Hand als Stabilisator für den Wohnungsmarkt weg, die eine wichtige Rolle beispielsweise durch Skaleneffekte aus seriellem Bauen darstellt und Mitpreiseffekte abfedert (Dullien 2021).

Zusätzlich würde das Geld über Jahrzehnte für zukunftssichere Investitionen in Bildung, Infrastruktur oder Klimaschutz fehlen (IHK Berlin 2021). Es wird somit nicht nur im Bereich des Wohnens erschwert, der Ungleichheit entgegenzuwirken, sondern auch für andere förderungsbedürftigen Bereiche des öffentlichen Lebens wie Betreuungs- und Förderprogramme für sozial benachteiligte Kinder- und Jugendliche stehen dann weniger Gelder zur Verfügung.

Doch nicht nur auf neu zu bauenden Wohnraum hat die Vergesellschaftung einen nachteiligen Effekt. Wie bereits erklärt, ändert sich bei einer Vergesellschaftung die Eigentümerstruktur von bestehenden Wohnungen, was sich positiv für die dort lebenden Mieter:innen auswirkt. Im regulierten (vergesellschafteten) Sektor erhalten diese eine privilegierte Stellung, da ihre Mieten sinken und demokratisch verwaltet werden. Diese Privilegien entstehen jedoch auf Kosten all jener, die aufgrund eines Wohnortwechsels neu auf den Wohnungsmarkt kommen und sich auf Wohnungssuche befinden. Sie müssen sich im unregulierten Sektor auf noch schneller steigende Mieten oder auf längere Such- und Wartezeiten einstellen. Folglich verschärfen sich durch fehlenden Neubau bei gleichzeitig steigender Nachfrage nach Wohnraum die Bedingungen und eine Ungleichheitsschere zwischen denjenigen, die in vergesellschafteten Wohnungen leben und denjenigen auf dem »freien Markt« öffnet sich. Verschärft wird diese Situation zusätzlich, da eine Begrenzung der Mieten zu einer übermäßigen Nachfrage an Wohnraum durch zusätzlichen Zuzug aufgrund von vermeintlich attraktiven Bedingungen führt, was den Wohnungsmangel weiter verschärft (Dullien 2021).

Diese Effekte einer staatlichen Intervention in den Wohnungssektor konnten in Berlin am Mietendeckel beobachtet werden, dessen Konsequenzen exemplarisch für Auswirkungen einer Vergesellschaftung gesehen werden können. Der Berliner Mietendeckel trat im Februar 2020 in Kraft und wurde nach nur einem Jahr Laufzeit für rechtswidrig erklärt. Trotz dieser kurzen aktiven Zeit ließ sich jedoch eine Zweiteilung des Immobilienmarktes beobachten. Im Vergleich zu einer Kontrollgruppe aus allen weiteren deutschen Großstädten mit über 500.000 Einwohner:innen stiegen die Berliner Miet- und Kaufpreise im regulierten Segment schwächer. Auf dem freien Markt hingegen stiegen die Preise stärker an als in der Kontrollgruppe und zusätzlich reduzierte sich das Angebot an verfügbaren Mietwohnungen, was durch einen Rückgang in der Anzahl der Mietannoncen im regulierten Segment quantifiziert werden konnte (Dolls et al. 2021). Außerdem zeigt sich an der richterlichen Kippung des Mietendeckels, dass die Umsetzung von rechtlich unsicheren Maßnahmen, wie auch die Vergesellschaftung eine ist, viele wirtschaftliche und politische Ressourcen bindet, jedoch keine Verbesserungen auf dem Wohnungsmarkt garantiert.

Laut Artikel 14 und 15 GG müssen interventionistische Maßnahmen wie Enteignung und Vergesellschaftung dem Grundsatz der Verhältnismäßigkeit entsprechen, wobei keine milderen Mittel zur Verfügung stehen dürfen, die in gleicher Weise geeignet sind, den angestrebten Zweck zu erreichen (Biatel 2019). Im Falle der Vergesellschaftung von Wohnraum hat sich in der vorliegenden Argumentation gezeigt, dass die Neuschaffung von Wohnraum ein unumgängliches Mittel ist, um Ungleichheiten auf dem Wohnungsmarkt und in der Gesellschaft abzubauen und geeigneten Wohnraum für die 4,4 Millionen Haushalte in der Versorgungslücke bereitzustellen. Dabei sind weder rechtliche Unsicherheiten noch massive Eigentumsverluste und horrende Entschädigungssummen in Kauf zu nehmen, wodurch ein milderes Mittel als die Vergesellschaftung klar gegeben ist – auch, um sozial-ökologische Transformation möglichst schnell und effektiv voranzubringen.

Pro-Argumentation: für die Vergesellschaftung von Wohnraum als wirksames Mittel gegen Ungleichheit

VON EILEEN BAUER

Dieses Kapitel wird zeigen, warum die heiß diskutierte Forderung nach Vergesellschaftung von Wohnraum nicht nur ein legitimes Mittel zur Reduzierung gesellschaftlicher Ungleichheit darstellt, sondern warum sie sogar notwendig ist, um soziale Spannungen zu vermindern und gesellschaftlichen Zusammenhalt zu stärken. Gerade diese Stärkung des Zusammenhaltes brauchen wir als Gesellschaft in diesen Zeiten besonders, um die nächsten mutigen Schritte in Richtung sozial-ökologischer Transformation zu gehen.

Alle deutschen Staatsbürger:innen haben ein in der UN Menschenrechtsdeklaration (1948) festgeschriebenes Recht auf adäquaten Wohnraum. Die Möglichkeit der Vergesellschaftung von Privateigentum und Überführung in Gemeinwirtschaft ist im Artikel 15 des deutschen Grundgesetzes festgeschrieben (Biatel 2019). Wie genau die Vergesellschaftung umgesetzt werden kann, ist dort nicht verankert. Sie kann somit, alle verschiedenen Interessengruppen inkludierend, gestaltet werden. Fest steht: Vergesellschaftung ist ein legitimes Mittel zur Reduzierung von Ungleichheit.

Doch warum ist Vergesellschaftung ein so wirksames Mittel gegen Ungleichheit in der Gesellschaft? Diese Frage ist leicht zu beantworten, denn Sozialisierung von Wohnraum fördert finanzielle und soziale Gleichheit durch verschiedene Prozesse, die im folgenden Abschnitt genauer erläutert werden. Außerdem wird die Verwaltung von Wohnraum demokratisiert und psychische Belastungen durch Existenzangst vermindert, was sich wiederum positiv auf die Zufriedenheit der Bewohner:innen auswirkt und individuelle Chancen auf Glücksempfindungen im Leben für mehr Menschen möglich macht. Ein beispielhafter Blick auf die Mietpreise in Berlin zeigt: Die Mietpreise sind in den letzten 10 Jahren so stark angestiegen, dass ca. die Hälfte aller Haushalte dort mehr als 30 Prozent ihres Einkommens für die Miete ausgeben müssen (Holm et al. 2021b). Lemmerich (2022) zeigt auf, dass die Preise für Neuvermietungen zwischen 2015 und 2020 um ganze 44 Prozent gestiegen sind!

Vergesellschaftung bewirkt mehr finanzielle Gleichheit in der Gesellschaft, da der Anstieg von Mieten gestoppt wird (Tügel und Arps 2022). Mietpreiserhöhungen entstehen vor allem dadurch, dass private Wohnungsunternehmen

Wohnungen günstig kaufen und anschließend die Mieten erhöhen, damit sie gewinnbringend wirtschaften können. Wichtig ist hierbei: Diese Unternehmen sind nicht ihren Mieter:innen verpflichtet, sondern den Aktionärinnen und Aktionären, welche in erster Linie an einer möglichst hohen Gewinnmarge interessiert sind (Butterwegge 2021). Würde in Berlin der Volksentscheid zur Vergesellschaftung großer Wohnunternehmen in die Tat umgesetzt, könnten bis zu 270.000 Wohnungen dem freien kapitalistischen Markt entzogen und bedürfnisorientiert verwaltet werden (Tügel und Arps 2022). Einige Wissenschaftler:innen vertreten außerdem die Meinung, dass der Mietspiegel sinken würde, sodass gerade einkommensschwache Haushalte deutlich entlastet würden (Kiesel 2023).

Die Angleichung finanzieller Möglichkeiten innerhalb einer Gesellschaft ist ein wichtiger Pfeiler in der Entwicklung zu mehr Resilienz und Frieden und schafft Potential für eine sozial-ökologische Transformation. Außerdem ist finanzielle Ungleichheit eng mit sozialer Ungleichheit gekoppelt (Allmendinger 2015). Es liegt ein sich selbst verstärkender Teufelskreis vor, da Menschen mit niedrigerem Einkommen prozentual mehr Geld für Wohnen aufwenden müssen, welches dann an anderer Stelle fehlt (Butterwegge 2021). So sind besagte Menschen z. B. in ihrer Mobilität eingeschränkt und haben deshalb einen erschwerten Zugang zu sozialer Teilhabe (Häußermann und Siebel 1996). Dies kann auch als Freiheitseinschränkung jener Menschen gewertet werden, die ein geringeres Einkommen haben oder unter der Armutsgrenze leben.

Die Arbeit an der Schaffung von mehr sozialer Gleichheit in einer Gesellschaft ist aus mehreren Gründen wichtig: Stärkere Ungleichverteilung von materiellen und immateriellen Gütern führt zu gesellschaftlichem Unfrieden und erhöht das Potential für politische Polarisierung und Populismus. Auf der anderen Seite kann mehr soziale Gleichheit erst die Voraussetzung für langfristige, kollektive und nachhaltige Entscheidungen schaffen (Dixson-Declève et al. 2022). Dieses wirksame kollektive Handeln brauchen wir in unserer momentan globalen Lage mehr als dringend, wenn es darum geht, gerechte Lösungen und Ansätze zur Transformation im Kampf gegen den Klimawandel zu finden. Fest steht: *Vergesellschaftung stärkt den gesellschaftlichen Zusammenhalt, indem sie soziale Ungleichheit vermindert.* Mehr soziale Gleichheit durch Vergesellschaftung entsteht aber keineswegs nur durch finanzielle Angleichung der Haushalte. Ganze Stadtteile können durch Vergesellschaftung diverser werden, da dann nicht mehr die Einkommensklassen gänzlich unter sich bleiben würden. Dies führt zu mehr Vermischung in der Gesellschaft und es werden sich weniger soziale Brennpunkte bilden (Kiesel 2023). Da vergesellschaftete Wohngebäude und die dazugehörigen Grundstücke kollektiv und bedürfnisorientiert verwaltet werden, wird sich auch die Stadtstruktur verändern. Wohnblöcke könnten so z. B. mehr gemeinsam genutzte Räume und Flächen enthalten, wodurch Begegnungsorte entstehen, die dann wieder fruchtvoll für verschiedenste andere Ziele wirken. Es gäbe außerdem weniger Gentrifizierung in den Städten, wodurch kulturelle und weniger konsumorientierte Orte erhalten bleiben könnten.

Auch wohnungslose Menschen profitieren stark von einer Vergesellschaftung großer Wohnunternehmen, da ihre Chance steigt, eine Wohnung zu bekommen. In sozialisierten und gemeinsam verwalteten Wohnhäusern wäre nicht allein das Kapital der Bewerber:innen ausschlaggebend, sondern es könnten Quoten eingerichtet werden, die festlegen, wie viele Wohnungen an zuvor wohnungslose Menschen vermietet werden. Dass dies mehr als notwendig ist, belegen besorgniserregende Statistiken, nach denen die Obdachlosenrate (mit Ausnahme von Finnland) in ganz Europa im Zeitraum 2016/2017 um 32 Prozent gestiegen ist (Abbé Pierre Foundation 2018).

Vergesellschaftete Unternehmen werden kollektiv verwaltet und somit die Strukturen demokratisiert (Tügel und Arps 2022). Dies führt dazu, dass Betroffene, nämlich die Mieter:innen selbst, mitbestimmen, welche Entwicklung das Unternehmen macht. Der Profit wird ab diesem Moment nicht mehr über dem Gemeinwohl stehen, da die Mieter:innen ein persönliches Interesse haben, in menschenfreundlichen Strukturen zu wohnen. Diese eben beschriebene demokratische Beteiligung ebnet Machtgefälle und erhöht somit auch die soziale Gleichheit in der Gesellschaft (Stoll 2022). Außerdem erhöht mehr Mitspracherecht im Allgemeinen das Selbstwirksamkeitsgefühl und auch die Zufriedenheit von Menschen (Riede et al. 2020).

Die Resilienz eines Kollektivs an Menschen setzt voraus, dass die Individuen ebenfalls Stabilität und Vertrauen in ihrem Leben erfahren. Durch Vergesellschaftung wird die psychische Gesundheit von Individuen verbessert, da z. B. die Existenzangst von Menschen mit geringem Einkommen vermindert wird. Als Gegenbewegung zu einem immer kleiner werdenden Sicherheitsnetz (Dixson-Declève et al. 2022), welches durch gestiegene Lebenshaltungskosten und Inflation entsteht, wird Vergesellschaftung Sicherheit schaffen. Je weniger Existenzangst in der Gesellschaft herrscht, desto mehr gemeinschaftlicher Zusammenhalt wird möglich (Allmendinger 2015).

Im folgenden Abschnitt wird Argumenten, die gegen Vergesellschaftung sprechen, argumentativ begegnet: »Vergesellschaftung von großen Wohnunternehmen beschneidet die unternehmerische Freiheit.« Der hier beschriebene Freiheitsverlust von Unternehmer:innen ist geringer als der Freiheitsverlust der Mieter:innen in überteuerten Wohnungen, die einen größeren Teil ihres Gehaltes für die Miete aufbringen müssen und deshalb in der Gestaltung anderer Lebensbereiche stärker eingeschränkt sind (James et al. 2021).

»Neubau ist doch effektiver.« Durch Neubau kann die Wohnungsnot nicht automatisch gelindert werden (Tügel und Arps 2022). Neubau, der von privaten Unternehmen ausgeht, ist auf Gewinnmaximierung ausgelegt. Deshalb werden vor allem hochpreisige Wohnungen gebaut, die wiederum zu stärkerer räumlicher Segregation innerhalb der Stadt führen und fast ausschließlich Menschen zugutekommen, die mehr Kapital besitzen als der Durchschnitt der Bevölkerung. Der städtische Wohnungsbau müsste zwar nicht per se an Profitmaximierung geknüpft sein, doch die soziale Wohnungspolitik der letzten Jahre war einem Sparkurs unterlegen, der die soziale Ungleichheit erhöht hat und nicht ihrer Verpflichtung gegenüber den Bürger:innen nachgekommen ist (Tügel und Arps 2022). Somit kann sozialer Wohnungsbau auch nicht als das »mildere Mittel« dargestellt werden, das im Gesetz festgeschrieben ist, denn wäre sozialer Wohnungsbau erfolgreich, dann würden wir die Debatte über Vergesellschaftung nicht führen, da dann die Ausgangsbedingungen besser wären. Weitere mildere Mittel, wie z. B. der im Jahr 2020 in Berlin eingeführte »Mietendeckel«, wurden für verfassungswidrig und das zugehörige Gesetz für nichtig erklärt. Das Land Berlin ist, wie jedes andere Bundesland, gesetzlich dazu verpflichtet, angemessenen Wohnraum zu schaffen, um soziale Gleichheit zu fördern. Vergesellschaftung ist ein geeignetes Mittel dafür, allein schon, weil mildere Mittel bisher nicht wirksam genug waren, der Handlungsbedarf aber sehr dringend ist und mit jedem Jahr dringender wird.

»Die Entschädigung für die Wohnunternehmen wird so hoch ausfallen, dass sich die Stadt hoch verschulden wird und dann das Geld für andere Projekte der öffentlichen Daseinsvorsorge fehlen wird.« Der Senat schätzt, dass sich die Höhe der Entschädigungszahlungen auf ca. 36 Milliarden Euro belaufen wird. Wichtig ist hierbei: Die Höhe der Entschädigung ist nicht im Gesetz festgeschrieben und muss demnach nicht so hoch ausfallen (Tügel und Arps 2022). Die Entschädigungszahlungen müssen ebenfalls nicht dem Wert der vergesellschafteten Güter entsprechen, da dies einem höheren Zweck, dem Allgemeinwohl, dient. Außerdem, selbst wenn die Entschädigungssumme dementsprechend hoch ausfallen sollte, soziale Wohnungspolitik darf ihren Preis haben und gegenteilig gefährdet eher ein Sparkurs die öffentliche Daseinsvorsorge, als diese erhöhte Summe (Tügel und Arps 2022).

Wie der Club of Rome im jüngst veröffentlichten Buch *Earth for All* erkennt, kann es ohne eine Verringerung der sozialen Ungleichheit keine signifikante Transformation in Richtung Nachhaltigkeit geben. Soziale Gleichheit ist eine wichtige Säule auf dem Weg dahin und der daraus entstehende gesellschaftliche Zusammenhalt eine notwendige Bedingung. Vergesellschaftung von großen Wohnunternehmen dient diesbezüglich als ideales Instrument, welches auch die notwendige Radikalität innehat, um im Kollektiv für eine sozial-ökologische Transformation zu wirken (Dixson-Declève et al. 2022).

Zusammenfassend kann somit festgehalten werden: Vergesellschaftung von Wohnraum sorgt auf eine sehr vielfältige Weise für mehr finanzielle und soziale Gleichheit in der Gesellschaft und ist ein notwendiges Mittel, um die Wohnungsnot drastisch zu vermindern, individuelle Freiheit zu erhöhen und kollektives, nachhaltiges Handeln damit erst zu ermöglichen.

Fazit

In Berlin wird die Umsetzung des Volksentscheids »Deutsche Wohnen und Co enteignen« die Stadtbevölkerung und sowohl die Wirtschaft, als auch die Politik und die Gerichte noch über Jahre beschäftigen. Da Artikel 15 des deutschen Grundgesetzes noch nie eingesetzt wurde, sind viele Fragen unklar: Werden Immobilien tatsächlich vergesellschaftet? Ist das Verfahren verfassungsrechtlich sicher? Wer trägt die Verantwortung für mögliche Konsequenzen? Trotz aller Unsicherheiten hat die Initiative aber schon jetzt einen Vorbildcharakter und erregt auch international viel Aufsehen (vgl. bspw. Vasudevan 2021).

Die Notwendigkeit einer Veränderung auf dem Wohnungsmarkt ist zweifelsohne gegeben und Vergesellschaftung zeigt hier trotz offener Fragen einen spannenden Weg zu mehr Gleichheit auf. In den vergangenen Jahrzehnten hat die neoliberale Politik in vielen Städten zu massiven Ungleichheiten auf dem Wohnungsmarkt geführt, sie zwingt Menschen dazu, erhebliche Anteile ihres Einkommens für die Mieten aufzuwenden und ermöglicht Investorinnen und Investoren Milliardengewinne. Die Vergesellschaftung von Wohnraum öffnet nun eine vielversprechende Perspektive auf den Ausstieg aus dem Teufelskreis immer weiter steigender Mieten und sozialer Verwerfungen. Die Debatte um den Volksentscheid und seine Forderungen zeigt den Mieterinnen und Mietern ihre demokratische Mitbestimmungs- und Handlungsmacht auf und schafft die »reale Utopie« eines fairen, demokratischen und gleichen Wohnungsmarkts (Stoll 2022). Ein solcher Wohnungsmarkt ist als Teil der Ungleichheitskehrtwende ein entscheidender Knoten des von den *Earth for All*-Verfasser:innen postulierten »Sicherheitsnetzes«, das die Grundlage für transformative Bewegungen schafft (Dixson-Declève et al.).

Die Vergesellschaftung nach Artikel 15 GG verdeutlicht die wirtschaftspolitische Neutralität des Grundgesetzes und zeigt auf, dass die soziale Marktwirtschaft nicht explizit gesetzlich vorgegeben ist und Alternativen bestehen (Deloitte 2019), die genutzt werden sollten. Die Vergesellschaftung von Wohnraum öffnet den Raum für mehr demokratische Teilhabe der breiten Masse am Wohnungsmarkt, für fairere Mieten, für transformative Begegnungsorte und neue Formen des Wirtschaftens und Zusammenlebens. Der heutige Mietmarkt manifestiert strukturelle Benachteiligung von Menschen mit geringerem Einkommen und lässt die Schere zwischen Arm und Reich weiter aufgehen und untergräbt damit wichtige Transformationsprozesse. Die Überführung von privatem und unternehmerischem Wohneigentum in öffentliches Eigentum und gemeinschaftliche Verwaltung bietet hier einen wirksamen Hebel zur Transformation. Viele Unsicherheiten für die Umsetzung in der Praxis müssen noch geklärt werden und auch wie mit möglicherweise sehr hohen Kosten für die öffentliche Hand umgegangen wird. Auch löst es (zunächst) keine Probleme von Wohnraumknappheit in wachsenden Städten und hebelt Investitionsmechanismen der sozialen Marktwirtschaft aus.

Die existenzielle Bedeutung von Wohnraum für Individuen, Gesellschaften und den sozialen Zusammenhalt erfordern aber in jedem Fall eine fundierte Diskussion aller Gestaltungsmöglichkeiten des Wohnungsmarkts, denn, um es mit den Worten von DWE-Aktivistinnen und -Aktivisten (DWE 2021) zu sagen: »Es geht ums Ganze.«

QUELLEN

Abbé Pierre Foundation. 2018. Third Overview of Housing Exclusion in Europe. Brüssel und Paris: Abbé-Pierre Foundation und Feantsa.

Allmendinger, Jutta. 2015. Soziale Ungleichheit, Diversität und soziale Kohäsion als gesellschaftliche Herausforderung. vhw-Fachkolloquium. Forum Wohnen und Stadtentwicklung 3, 127–131.

Arbeitswelt Portal. 2022. Soziale Ungleichheit messen: Das sagen Gini und Palma. https://www.arbeitswelt-portal.de/lohnentwicklung/artikel/soziale-ungleichheit-messen-das-sagen-gini-und-palma. Aufgerufen am 27.02.2023.

Biatel, Marie Stella. 2019. Aktueller Begriff. Die Enteignung nach Art. 14 BÁbs. 3 GG und die Vergesellschaftung nach Art. 15 GG. Deutscher Bundestag Wissenschaftliche Dienste Nr. 05/19.

BiB (Bundesinstitut für Bevölkerungsforschung). 2022. Wanderungsverluste der Städte erreichen das hohe Niveau der 1990er Jahre. https://www.bib.bund.de/DE/Presse/Mitteilungen/2022/2022-12-05-Wanderungsverluste-der-Staedte-erreichen-das-hohe-Niveau-der-1990er-Jahre.html. Aufgerufen am 27.02.2023.

Bukowski, Meike. 2019. Bezahlbarer Wohnraum: Eine Frage von Armut und Ungleichheit? – Teil 1. Uni-Netz. https://www.uninetz.at/beitraege/sdg-1-10-bezahlbarer-wohnraum-eine-frage-von-armut-und-ungleichheit-teil-1. Aufgerufen am 1.03.2023.

Bundesamt für Justiz. 2023. Grundgesetz für die Bundesrepublik Deutschland Art 15. https://www.gesetze-im-internet.de/gg/art_15.html. Aufgerufen am 17.02.2023.

Butterwegge, Christoph. 2021. Wohnungleichheit in Deutschland. Sozial Extra 3, 205–209.

Deloitte. 2019. Vergesellschaftung von Wohnungsbaugesellschaften. https://www2.deloitte.com/dl/de/pages/legal/articles/vergesellschaftung-wohnungsbaugesellschaften.html. Aufgerufen am 27.02.2023.

Dixson-Declève, Sandrine, Owen Gaffney, Jayati Ghosh, Jorgen Randers, Johan Rockström, und Per Espen Stoknes. 2022. Earth for All. Ein Survivalguide für unseren Planeten. München: oekom verlag.

Dolls, Mathias, Clemens Fuest, Florian Neumeier, und Daniel Stöhlker. 2021. Ein Jahr Mietendeckel: Wie hat sich der Berliner Immobilienmarkt entwickelt? ifo Schnelldienst 3: 26–32.

Drohsel, Franziska. 2020. Über die Frage der Sozialisierung am Beispiel »Deutsche Wohnen & Co. Enteignen«. Kritische Justiz 53:30–42.

Dullien, Sebastian. 2021. Mit öffentlichem Wohnungsbau gegen die Wohnungskrise. blog politische ökonomie. https://www.blog-bpoe.com/2021/03/03/dullien/. Aufgerufen am 27.02.2023.

DWE (Deutsche Wohnen & Co enteignen). 2021. Warum wir deutsche Wohnen und Co. enteignen wollen. YouTube. https://www.youtube.com/watch?v=NlBV9E9PBpg. Aufgerufen am 3.03.2023.

DWE (Deutsche Wohnen & Co enteignen). 2023a. https://dwenteignen.de/. Aufgerufen am 25.02.2023.

DWE (Deutsche Wohnen & Co enteignen). 2023b. Über uns. https://dwenteignen.de/ueber-uns. Aufgerufen am 28.02.2023.

Häußermann, Hartmut und, Walter Siebel. 1996. Soziologie des Wohnens: eine Einführung in Wandel und Ausdifferenzierung des Wohnens. Weinheim: Juventa Verlag.

Holm, Andrej, Valentin Regnault, Maximilian Sprengholz, und Meret Stephan. 2021a. Muster sozialer Ungleichheit der Wohnversorgung in Deutschland. Working Paper der Forschungsförderung Nr. 222. Düsseldorf: Hans-Böckler-Stiftung.

Holm, Andrej, Valentin Regnault, Maximilian Sprengholz, und Meret Stephan. 2021b. Die Verfestigung sozialer Wohnungsprobleme. Entwicklung der Wohnverhältnisse und der sozialen Wohnversorgung von 2006 bis 2018 in 77 deutschen Großstädten. Working Paper der Forschungsförderung Nr 217. Düsseldorf: Hans-Böckler-Stiftung.

Huber, Florian. 2013. Stadtviertel im Gentrifizierungsprozess. Aufwertung und Verdrängung in Wien, Chicago und Mexico Stadt. Wien: Wiener Verlag für Sozialforschung.

IHK Berlin (Industrie- und Handelskammer zu Berlin). 2021. Berliner Wirtschaft appelliert: Weiterdenken statt Enteignen! Anregung für ein »Bündnis für Wohnen«. https://www.ihk.de/berlin/presse/presseinfo/pm-2021-08-27-pm-weiterdenken-statt-enteigen-5238598. Aufgerufen am 27.02.2023.

James, Daniel, Heiner Koch, Esther Neuhann, und Tim Wihl. 2021. Die Philosophie der Vergesellschaftung: Wohneigentum als Geldanlage ist schon fast Zweckentfremdung. Tagesspiegel. https://www.tagesspiegel.de/vergesellschaftung-von-wohnraum-eigentum-und-freiheit-186281.html. Aufgerufen am 12.02.2023.

Kiesel, Robert. 2023. Rosa-Luxemburg Stiftung: Studie erwartet Mietsenkungen durch Enteignung von Immobilienkonzernen in Berlin. Tagesspiegel. https://www.tagesspiegel.de/berlin/rosa-luxemburg-stiftung-studie-erwartet-mietsenkungen-durch-enteignung-von-immobilienkonzernen-in-berlin-9154959.html. Aufgerufen am 03.03.2023.

Lemmerich, Philipp. 2023. Vergesellschaftung von Unternehmen. Legitime Alternative oder neue Planwirtschaft? Deutschlandfunk Kultur. https://www.deutschlandfunkkultur.de/vergesellschaftung-von-unternehmen-legitime-alternative-100.html. Aufgerufen am 20.02.2023.

Riede, Milena, Anna Becker, und Naomi Alcaide. 2020. Potenziale der Gemeinwesenarbeit zur Stärkung der lokalen Demokratie. Forum Wohnen und Stadtentwicklung 5, 264–270.

Schnellenbach, Jan. 2021. Enteignung löst kein Wohnungsproblem. blog politische ökonomie. https://www.blog-bpoe.com/2021/03/21/schnellenbach/. Aufgerufen am 2.03.2023.

Senatsverwaltung für Stadtentwicklung, Bauen und Wohnen. 2017. Neue Stadtquartiere. https://www.stadtentwicklung.berlin.de/wohnen/wohnungsbau/de/schwerpunkte/. Aufgerufen am 27.02.2023.

Stoll, Niklas. 2022. Vergesellschaftung als Transformationsstrategie. »Deutsche Wohnen & Co. enteignen« im diskursiven und politischen Kontext. Prokla. Zeitschrift für kritische Sozialwissenschaft 52: 631–648.

Tügel, Nelli und Jan-Ole Arps. 2022. »Enteignung schafft keine einzige Wohnung«. Mythen und Fakten zur Vergesellschaftung von Wohnraum. luxemburg argumente Nr. 20. Berlin: Rosa-Luxemburg-Stiftung.

Vasudevan, Alexander. 2021. Berlin's vote to take properties from big landlords could be a watershed moment. The Guardian. https://www.theguardian.com/commentisfree/2021/sep/29/berlin-vote-landlords-referendum-corporate. Aufgerufen am 1.03.2023.

4

Essay im Kontext der Ermächtigungskehrtwende

4.1 Die Ermächtigungskehrtwende ist das Ziel. Aber wer soll die Macht umverteilen? Die mit oder die ohne?

VON LUISE LAND UND KALINA MAGDZINSKA

Einleitung

Wir leben in einer ungleichen Gesellschaft – auch im angeblich so gleichberechtigten Deutschland (Roig o. D.). Beispiele, die das veranschaulichen, sind zahlreich: Jeden dritten Tag tötet ein Mann in Deutschland seine Partnerin oder Ex-Partnerin (Nieberding 2022). In gängigen gynäkologischen Fach- und biologischen Schulbüchern finden sich reihenweise inkorrekte und fehlende Darstellungen der weiblichen Geschlechtsorgane (Land 2022). Frauen bekommen in Deutschland im Schnitt halb so viel Rente wie Männer (Nieberding 2022). Frauen sind häufiger im Niedriglohnsektor beschäftigt, ihnen wird der Zugang zu Spitzenjobs verwehrt, sie sind in Vorständen, im Finanzwesen, in der Politik unterrepräsentiert (Dixson-Declève et al. 2022, S. 128). In heterosexuellen Paarhaushalten mit Kindern übernehmen Frauen mehr als 80 Prozent, in Haushalten ohne Kinder mehr als 30 Prozent mehr Haus- und Sorgearbeit (Nieberding 2022).

»Nach wie vor sind Frauen überall auf der Welt in ihrem Recht auf gleiche Bildungschancen, gleiche Bezahlung und finanzielle Sicherheit im Alter diskriminiert« (Dixson-Declève et al. 2022, 125) – so schreiben renommierte Wissenschaftler:innen in dem im Jahr 2022 veröffentlichten Buch *Earth for All: Ein Survivalguide für unseren Planeten*. Zum 50-jährigen Jubiläum von *Die Grenzen des Wachstums*, des ersten Berichts an den Club of Rome, der an dem Glauben an den ewigen Fortschritt rüttelte, veröffentlichten sie eine Gebrauchsanweisung für das Überleben unseres Planeten. Als eines von fünf wesentlichen Handlungsfeldern greifen sie die Gleichstellung von Frau und Mann auf. Zum einen vergegenwärtigen sie damit, dass eine patriarchale Denkweise, bei der die eingangs aufgeführten Beispiele an der Tagesordnung sind, als natürliche soziale Ordnung betrachtet wird (Dixson-Declève et al. 2022, S. 142). Zum anderen stellen sie damit heraus, dass eine Ermächtigungskehrtwende und damit eine Veränderung von Machtstrukturen unabdingbar ist, wenn wir eine gute Zukunft für uns alle realisieren wollen (ebd., S. 125).

Demzufolge müssen Machtstrukturen verändert werden, die als natürliche soziale Ordnung betrachtet werden, historisch gewachsen und meist unsichtbar sind. Aus der Unternehmensforschung weiß man, dass eine Veränderung von Machtstrukturen bedeutet, grundlegende Spielregeln zu verändern (Klein o. D.) und dementsprechend mit Arbeit einhergeht. Doch wer sollte diese Arbeit tun? Diejenigen mit Ressourcen, deren Ressourcen historisch gewachsen sind, die deshalb mehr Verantwortung tragen und die schlichtweg aufgrund ihrer Vormachtstellung mehr Kapazitäten haben, um diese Veränderung anzustoßen? Oder diejenigen, die aufgrund ihrer strukturellen Benachteiligungen nicht an den machtvollen Hebeln sitzen, aber einen differenzierten Blick auf diese Welt mitbringen?

Vor diesem Hintergrund und als Fortführung der in dem Bericht an den Club of Rome skizzierten Ermächtigungskehrtwende beschäftigt sich dieser Essay mit der These: *Die Ermächtigungskehrtwende muss von den privilegierten Akteurinnen und Akteuren innerhalb eines Systems ausgehen.*

Infolgedessen diskutieren wir, ob eine Veränderung von Machtstrukturen von oben oder von unten passieren sollte und muss. Dabei soll der Begriff der Ermächtigungskehrtwende, anders als in der Anleitung des Club of Rome, die sich vor allem auf die Geschlechtergerechtigkeit und das Empowerment der weiblichen Handlungsmacht bezieht (Dixson-Declève et al. 2022, S. 125), nicht nur Frauen einschließen, sondern alle Akteurinnen und Akteure, die in einem System Unterdrückung erfahren. Somit soll der Essay eine intersektionale Perspektive einnehmen. Diese blickt nicht nur auf Ungleichheit zwischen Männern und Frauen, »sondern auch auf die Ungleichheiten innerhalb der Kategorie Frau, anhand von Hautfarbe, ethnischer Herkunft, Religion, Behinderung, sexueller Orientierung, sozioökonomischen Status etc.« (Roig o. D.). Intersektionalität betrachtet also die Verschränkungen von Sexismus, Rassismus, Klassismus, Transphobie, Ableismus und anderen Diskriminierungsformen und lässt damit Mehrfachdiskriminierung sichtbar werden.

Im Folgenden argumentieren wir zunächst für und anschließend gegen die These. Dabei führen wir verschiedene Beispiele aus dem Kampf für Geschlechtergerechtigkeit und dem Kampf gegen Rassismus an, aber auch aus anderen Bereichen der strukturellen Unterdrückung wie Klassismus. Im Fazit bringen wir unsere Argumente zusammen und geben einen Ausblick. Insgesamt beziehen wir uns vorrangig auf die Ermächtigungskehrtwende in Deutschland, obwohl wir anerkennen, dass postkolonialistische Strukturen in anderen Teilen der Welt größere Ungleichheit hinterlassen haben als im globalen Norden (Conrad 2012).

Diesbezüglich wollen wir anmerken, dass die Autorin des Kapitels »Die Ermächtigungskehrtwende muss von den privilegierten Akteurinnen und Akteuren ausgehen« und demzufolge der Argumentation für die These nicht von Diskriminierung aufgrund ihrer ethnischen Herkunft oder Migrationsgeschichte betroffen und außerdem in einem privilegierten Elternhaus aufgewachsen ist. Im beruflichen, privaten und universitären Kontext beschäftigt sie sich mit einer intersektional feministischen Perspektive und mit der Kenntnis über die eigene Position in der Gesellschaft, um Kompetenzen zu erlernen, um an der Veränderung der Machtstrukturen mitwirken zu können. Dennoch ist anzumerken, dass sie aus einer mehrfach privilegierten Perspektive schreibt. Auf die Autorin des Kapitels »Die Ermächtigungskehrtwende muss nicht von den privilegierten Akteurinnen und Akteuren ausgehen« trifft das Gegenteil zu. Sie ist als Tochter einer Polin und eines Schwarzen Äthiopiers bis Mitte der 2000er-Jahre in einer weißen Familie in Polen aufgewachsen. Sowohl dort als auch nach der Migration in ein von der Dominanzgesellschaft geprägtes, norddeutsches Dorf im Teenageralter wuchs sie bei der weißen Mutter in Armut auf. Sie ist direkt oder indirekt betroffen von chronischen und/oder mentalen Erkrankungen und schreibt entsprechend aus der Position einer intersektional diskriminierten Person, deren Leben stark von der eigenen Migrationsgeschichte und Rassismuserfahrung beeinflusst ist. Antidiskriminierungsarbeit leistet sie sowohl im privaten, universitären, beruflichen sowie im politischen Umfeld, in dem sie ein kommunalpolitisches Mandat ausübt. Mit dieser Arbeitsteilung sind wir bewusst ein Experiment eingegangen, das uns vor persönliche Herausforderungen gestellt hat und bei dem wir viel gelernt haben.

Die Ermächtigungskehrtwende muss von den privilegierten Akteurinnen und Akteuren ausgehen

VON LUISE LAND

Um die Ermächtigungskehrtwende und demzufolge eine Veränderung der Machtstrukturen zu erreichen, ist ein Ansatz erforderlich, der Männer und damit privilegierte Akteure als Partner für die Rechte der Frauen, also der weniger privilegierten Akteurinnen, anerkennt (UN Women 2022). Das hat verschiedene Gründe:

Eine tatsächliche Ermächtigungskehrtwende erfordert Veränderungen, die nur dann funktionieren, wenn die Mehrheit von diesen überzeugt ist. So schreiben die Wissenschaftler:innen in *Earth for All: Ein Survivalguide für unseren Planeten*: Earth for All braucht aktiveres Regierungshandeln »und das wird nur dann möglich sein, wenn die Mehrheit der Bevölkerung überzeugt ist, dass sie von diesen Maßnahmen profitiert.« (Dixson-Declève et al. 2022, S. 132). Darüber hinaus haben weniger privilegierte Akteurinnen und Akteure innerhalb unseres Systems weniger Macht. Beispielsweise sind Nichtregierungsorganisationen und andere Organisationen der Zivilgesellschaft, die bei der Umverteilung von Macht eine zentrale Rolle spielen, abhängig von Geldern von privaten Unternehmen und vom Staat (Roig. o. D.). Die Zivilgesellschaft ist demnach abhängig – und ohne Geld von privilegierten Akteurinnen und Akteuren funktioniert es nicht. Zusammenfassen lässt sich dieser Gedanke wie folgt: Die Ermächtigungskehrtwende braucht die Ressourcen der privilegierten Akteurinnen und Akteure, ob Geld, gesellschaftliche Stellung oder Zeit.

Die auf der Frauenbewegung aufbauende Solidaritätsbewegung HeForShe von der UN Women basiert auf diesem Gedanken und sagt, dass »Männer […] eine wichtige Rolle dabei [spielen], bestehende Strukturen und Geschlechterrollen in Frage zu stellen« (Watson 2014, S. 12). Ziel von ihren Kampagnen ist es, Männer als Unterstützer für den Wandel hin zur Geschlechtergerechtigkeit zu gewinnen und sie unter anderem zu ermutigen, ihren Teil zur Sorge- und Hausarbeit beizutragen. Damit bietet die Bewegung eine Plattform, auf der auch Männer zu Akteuren hin zu einer Veränderung von Machtstrukturen werden können. (UN Women 2022)

Als weiteres Beispiel für das Argument, dass es privilegierte Akteurinnen und Akteure für die Umverteilung von Machtstrukturen braucht, lässt sich die

Initiative Taxmenow (2021) anführen. Als Teil derer fordern Millionärinnen und Millionäre eine höhere Besteuerung von Millionenvermögen – im Endeffekt also für sich selbst. Ein Grund, den sie anführen: »Diejenigen, die viel besitzen, können einen höheren Beitrag leisten« (Taxmenow 2021). Millionenerbin Marlene Engelhorn, die selbst 90 Prozent ihres Vermögens spenden will (Jung 2021, 0:02:10), sagt in einem Interview mit dem Journalisten Tilo Jung dazu, dass Macht aufgrund von Reichtum dazu führe, leichter Zugang zu öffentlichen Räumen zu erhalten und letztlich auch mehr gehört zu werden (ebd., 0:02:45–0:03:00).

Darüber hinaus tragen Privilegierte mehr Verantwortung für die Ermächtigungskehrtwende und demnach einer Veränderung der Machtstrukturen – historisch wie aktuell. Globale und in Deutschland existierende Machtstrukturen und Vormachtstellungen sind kein Zufall, sondern historisch gewachsen. Sie resultieren aus einer dominanten Lebensweise der Länder des globalen Nordens (und dementsprechend auch Deutschlands). Diese imperiale Lebensweise basiert auf einer vergangenen und gegenwärtigen herrschaftlichen Aneignung von Natur, Lebensräumen und Menschen des globalen Südens. (Brand & Wissen 2017, S. 393). Veranschaulichen lässt sich das Argument, dass Privilegierte mehr Verantwortung für ihre historisch gewachsene Vormachtstellung tragen, mit der Entstehung von Rassismus: Rassismus und die auch in Deutschland immer noch existierende Privilegierung von weißen Personen ist auf den Kolonialismus, die im Zuge dessen verübten Genozide auf unter anderem afrikanischen und amerikanischen Territorien und die darauf folgenden Deportationen von Millionen von Menschen zurückzuführen. Um diese Gewalttaten zu legitimieren, wurde das Konzept der »Rasse« erfunden und Schwarzen Personen das Menschsein abgesprochen. Dieses System zur Rechtfertigung ökonomischer Unterdrückung wirkt bis heute und bestimmt immer noch, wer privilegiert ist und wer weniger privilegiert ist. (Arndt 2020)

Des Weiteren geht die imperiale Lebensweise des globalen Nordens seit einigen Jahrzehnten zu Lasten der weltweiten biophysischen Lebensgrundlagen (Brand & Wissen 2017, S. 394). Dies bedeutet, dass auch bezüglich der ökologischen Kosten privilegierte Akteurinnen und Akteure mehr Verantwortung tragen. Der ökologische Fußabdruck hängt einerseits vom eigenen Wohnort ab, also davon, ob man im globalen Norden oder im globalen Süden lebt (Ehrlich & Holdren 1971, S. 1214). Andererseits von der sozialen Position und demzufolge Privilegien. So schreiben die Professoren Ulrich Brand und Markus Wissen (2017) in einem Text über die imperiale Lebensweise: »Wer ein höheres Einkommen oder Vermögen hat, kann vermehrt auf jene Produkte und Dienstleistungen zurückgreifen, die unter sozial und ökologisch problematischen Bedingungen produziert werden« (S. 394). Eine Recherche von *Zeit Online* bestätigt das: Eine Initiative in Kalifornien forderte eine Klimasteuer für Reiche. Der Grund: Die oberen acht Prozent der Einkommensverteilung innerhalb der Weltbevölkerung haben einen CO_2-Fußabdruck von im Schnitt 101 Tonnen pro Jahr. Im Vergleich dazu liegt der Durchschnitt aller Menschen bei etwa sechs Tonnen. Dies gilt auch für Deutschland, wo die einkommensstärksten zehn Prozent für im Schnitt 34 Tonnen pro Kopf verantwortlich sind, die ärmere Hälfte der Bevölkerung im Schnitt aber nur rund sechs Tonnen verursacht – und damit nur knapp über dem liegt, was die Klimaziele der Bundesregierung für 2030 vorsehen. (Rohrbeck 2023) Das Problem sind also die Reichen und damit die Privilegierten, die dementsprechend mehr Verantwortung tragen.

Ferner sollte eine Umverteilung von Machtstrukturen von Privilegierten ausgehen, da nicht privilegierte Personen nicht automatisch Expertinnen und Experten sind und nicht zwangsläufig zu diesen gemacht werden sollten. So sagt die Journalistin und Rassismus-Expertin Hadija Haruna-Oelker im Interviewpodcast »Alles gesagt?« von *Zeit Online*, dass das Schwarz-sein nicht genüge, um Rassismus-Expertin zu sein und diese Aufklärungsarbeit betreiben zu müssen. Zum einen mache einen die biografische Komponente nicht direkt zur:zum Expertin oder Experten. Zum anderen könnten privilegierte und in diesem Kontext weiße Personen das Verständnis für Personen aus marginalisierten Positionen lernen. Mit dieser Kenntnis über die eigene Position könnten sie schließlich eine Kompetenz entwickeln, um an der Veränderung der Machtstrukturen mitzuwirken. (Amend und Wegner 2023, 1:25:38–1:26:35)

Privilegierte Akteurinnen und Akteure haben also mehr Macht und Ressourcen, Veränderungen anzustoßen, sie tragen die historische Verantwortung, ihre Privilegien basieren auf Ausbeutung und Genoziden, sie verursachen Klimakrise und Umweltzerstörung, sie könnten die Kompetenzen lernen, um an der Ermächtigungskehrtwende mitzuwirken und könnten so gleichzeitig weniger privilegierten Akteurinnen und Akteuren die Arbeit abnehmen, die diese aufgrund von Sexismus, Rassismus und allen weiteren Diskriminierungsformen sowieso schon machen müssen. Aber warum sollten sie das tun? Folgende Gründe zeigen, warum Privilegierte für Veränderungen kämpfen sollten:

Gleichberechtigte Gesellschaften sind resilienter und politische Systeme stabiler: So schreiben die Wissenschaftler:innen von *Earth for All: Ein Survivalguide für unseren Planeten*: »Wenn Frauen besseren Zugang zu Bildung, wirtschaftlichen Möglichkeiten, menschenwürdigen Arbeitsplätzen und allen damit einhergehenden Lebenschancen haben, führt dies zu gesunden, stärkeren und resilienten Gesellschaften« (Dixson-Declève et al. 2022, S. 125). Gesellschaften, die sich für Geschlechtergerechtigkeit einsetzen und insbesondere für gleiche wirtschaftliche Möglichkeiten und gleichberechtigte soziale Mobilität, sind insgesamt für alle besser gestellt (ebd., S. 132). Dies bestätigen die skandinavischen Länder, deren Staaten sich der Förderung der Familie verschrieben haben und die bei internationalen Umfragen zum Wohlergehen und Glück regelmäßig am besten abschneiden. Dies wiederum hat ein starkes Vertrauen in Regierungen zufolge und zwar nicht nur von Teilen, sondern von einem Großteil der Gesellschaft. Dadurch können langfristige Entscheidungen zum Nutzen aller, wie beispielsweise präventive Entscheidungen im Kampf gegen die Klimakrise, getroffen werden. (ebd., S. 133) Darüber hinaus ist eine gerechte Gesellschaft demokratischer und damit politisch stabiler. Eine Umfrage des European Social Survey zeigt, dass nur zehn Prozent der Befragten aus 18 europäischen Ländern der Aussage zustimmen, dass eine Gesellschaft gerecht sei, »wenn Menschen aus Familien mit hoher gesellschaftlicher Stellung Privilegien in ihrem Leben genießen« (Liebig 2023, S. 4). Darauf aufbauend schreibt Stefan Liebig (2023) für die Bundeszentrale für politische Bildung: »Verteilungskonflikte können nicht verhindert, zumindest aber abgemildert werden. Dies ist der Fall, wenn Menschen das Gefühl haben, dass es gerecht zugeht. Sie sind dann durchaus bereit, Verluste zu akzeptieren« (S. 3).

Gleichberechtigte Gesellschaften sind wirtschaftlicher: Daten zeigen, dass Volkswirtschaften, die sich für mehr Geschlechtergerechtigkeit einsetzen, die wirtschaftliche Wettbewerbsfähigkeit verbessern und die wirtschaftliche Widerstandsfähigkeit gegenüber Erschütterungen wie Finanzkrisen und Pandemien erhöhen (Dixson-Declève et al. 2022, S. 141). Beispielsweise sind Frauen aufgrund mangelnder Gleichberechtigung deutlich stärker von Altersarmut betroffen. Dies hat höhere Kosten für Gesundheit, Langzeitpflege, eine

Verschiebung der Krankheitslast, einen Mangel an Arbeitskräften und letztlich höhere gesellschaftliche Kosten zufolge (ebd., S. 140).

Auch privilegierte Personen leiden unter diskriminierenden Systemen: Die Journalistin Haruna-Oelker erklärt dies so, dass nicht nur diskriminierte Personen von ungleichen Systemen betroffen sind, sondern alle – wenn auch mit sehr unterschiedlichen Ausprägungen. Das begründet sie damit, dass unser aller Denken von dem System, in dem wir leben, beeinflusst ist. (Amend und Wegner 2023, 1:30:05–1:30:27) Veranschaulichen lässt sich das mit den starren Rollenbildern des Patriarchats, unter denen auch Männer leiden. Jungen, die lange Haare haben, Röcke tragen, sich ihre Fingernägel lackieren, werden abgewertet. Männer, die typisch weibliche Berufe ergreifen oder für ihre Familie freiwillig auf eine Karriere verzichten, werden weniger ernst genommen. Von dieser im Patriarchat angelegten Abwertung von Weiblichkeit sind auch privilegierte Personen betroffen. (Jaspers et al. 2022, S. 43f.)

Diskriminierende Systeme haben Umweltzerstörung zufolge: Der Begriff intersektionaler Umweltschutz beschreibt die untrennbare Verbindung zwischen Umweltschutz, Rassismus und Privilegien und besagt, dass der Planet nicht gerettet werden kann, ohne den Menschen Gehör zu verschaffen, die oft ungehört bleiben (Thomas 2022). Autorin und Aktivistin Leah Thomas (2022) beschreibt die Ermächtigung aller Menschen als Notwendigkeit für den Kampf gegen die Klimakrise. Demzufolge geht der Kampf für den Planeten mit dem Kampf für eine Umverteilung von Macht einher, beides kann nur zusammen existieren. Sind Privilegierte an der Erhaltung ihrer eigenen Lebensgrundlagen interessiert, ist eine Ermächtigung aller Menschen und dementsprechend ihr Einsatz für eine Umverteilung der Machtstrukturen unabdingbar.

Zusammenfassen kann man all diese Argumente mit der Perspektive der feministischen Standpunkttheorie, die besagt, dass eine Rekonstruktion des weiblichen Standpunkts zu umfassenderen Einsichten und gültigeren Ergebnissen führt als eine des ausschließlich männlichen. Michael Meuser (2010), Professor für Soziologie der Geschlechterverhältnisse, beschreibt dies so, dass die gesellschaftliche marginale Stellung der Frauen zur Folge habe, »dass diese Wissen über zwei verschiedene Welten haben, die Männer aber nur über eine, die eigene Welt« (S. 83). Übertragen auf eine intersektionale Perspektive bedeutet das, dass unterprivilegierte Standpunkte bzw. gesellschaftlich marginalisierte Gruppen zusätzliche Einblicke in die soziale Ordnung haben und damit die allgemeine Objektivität erhöhen. »Starte man am oberen Ende der sozialen Hierarchie, bliebe vieles verborgen« (S. 84), so Meuser (2010).

Veranschaulichen lässt sich diese Perspektive auf die Notwendigkeit, dass alle Akteurinnen und Akteure einer Gesellschaft einbezogen werden müssen, mit einer Metapher aus der indischen Philosophie von der die Journalistin Kübra Gümüsay in einem Essay in dem Sammelband *Unlearn Patriarchy* schreibt:

> »Stellen Sie sich einen dunklen Raum vor, in dem ein großer Elefant steht. Nun werden einige Menschen hereingebeten, die alle den Elefanten ertasten und erklären sollen, was ein Elefant ist. Die einen sagen: Elefanten sind weiche, lange Wesen. Jemand anderes sagt: Elefanten sind dünne, haarige Wesen. Und eine dritte Person sagt: Elefanten sind schwere, ledrige Wesen. Sie alle haben Recht. Sie beschreiben zwar komplett widersprüchliche Eindrücke, aber dennoch Teile der Wahrheit. In dem Moment jedoch, in dem eine dieser Positionen verabsolutiert, als zur einzig legitimen, universellen, objektiven, neutralen Perspektive erklärt wird, werden nicht nur alle weiteren Perspektiven unterdrückt, sondern wir verpassen auch die Gelegenheit zu erkennen, was ist. Was in diesem Raum vor uns steht.« (Jaspers et al. 2022, S. 28f.)

Abschließend lässt sich daraus folgern: Wer einen Absolutheitsanspruch auf seine Perspektive einnimmt und nur einige Menschen und nicht alle zu Wort kommen lässt, verhindert den Fortschritt in der Gesellschaft.

Die Ermächtigungskehrtwende sollte nicht von den privilegierten Akteurinnen und Akteuren ausgehen

VON KALINA MAGDZINSKA

Für eine Veränderung gegebener Machtstrukturen müssen wir als Gesellschaft den Menschen eine Stimme geben, die am meisten benachteiligt sind. (Emilia Roig o. D.) Der gleichen Logik folgend vertritt das vorangestellte Kapitel die These, dass die Vormachtstellung ausgehend von ihren Inhaber:innen nach unten umverteilt werden muss. Innerhalb der kommenden Absätze werden Sie jedoch mit Handwerkszeug ausgestattet, das diese Haltung in Frage stellt und den (aktiven) Machtergriff von unten ins Zentrum einer erfolgreichen Ermächtigungskehrtwende stellt. Zunächst aber ein Exkurs zum Thema Verteilung der Teilhabe(-torte).

Wer also hat eigentlich Macht? Und wer nicht? Dazu schreibt Emilia Roig, Politologin und Direktorin des Center for Intersectional Justice, im Sammelband *Unlearn Patriarchy*: Cis Männer haben immer und überall patriarchale Macht, »genauso wie weiße Menschen immer privilegiert sind« (Jaspers et al. 2022, S. 66f.). Daraus ableitend hat eine Vormachtstellung etwas mit den an das Individuum unweigerlich geknüpften Identitätsmerkmalen und ihrer gesellschaftlichen Bewertung zu tun. Explizit heißt das: Wer mit bestimmten Merkmalen geboren wurde (z. B. nichtweiße Hautfarbe) und/oder Merkmale im Verlauf des Lebens erlangt hat (z. B. chronische und/oder psychische Erkrankung), die eine:n merklich von der Dominanzgesellschaft differenzieren und die gleichzeitig durch etwa rassistische und koloniale Kontinuitäten in der westlichen Gesellschaft eine Abwertung erfahren, wird viel eher von unzureichenden Möglichkeiten zur gesellschaftlichen Partizipation betroffen sein. Dieses Phänomen ist kein neues und wird mit dem Ziel einer gerechteren Behandlung aller Menschen (in Deutschland) vom Allgemeinen Gleichbehandlungsgesetz (AGG) aufgegriffen. So verbietet das AGG, dass Menschen aufgrund ihrer (i) ethnischen Herkunft und Rasse, (ii) ihres Geschlechts, (iii) ihrer Religion / Weltanschauung, (iv) ihrer Behinderung / chronischer Krankheiten (v) ihres Alters oder (vi) ihrer sexuellen Identität benachteiligt werden. Bei dieser Aufzählung handelt es sich um sogenannte geschützte Merkmale. (Antidiskriminierungsstelle 2023) Im gegebenen Essay betrachten wir Diskriminierung nach dem AGG als eine Form der Unterdrückung, die Ohnmacht verursacht, beschränken uns aber nicht auf die darin formulierten Merkmale entlang derer Unterdrückung erfolgen kann, denn ein Gleichberechtigungsdenken schließt alle Akteurinnen und Akteure ein, die in einem System durch Machtstrukturen Unterdrückung erfahren (Amend und Wegner 2023, 2:18:55–2:19:15).

Die Argumentationslinie im vorangegangenen Kapitel und damit auch die genannten Quellen begründen die Notwendigkeit der Anhörung diverser Perspektiven und Stimmen in der Zweckmäßigkeit einer vom allgemeinen Wohlergehen profitierenden Gesellschaft, die auf resilienten Systemen basiert. Ich frage mich nur: Wer vergibt diese Stimmen an wen und wird damit auch

Macht vergeben? Kann es sein, dass der Akt des Lautwerdens erst dann seine ermächtigende Wirkung entfaltet, wenn er von aktivistischer, gar von einer machtergreifenden Natur geprägt ist? Welche Fälle kennen wir, in denen Macht von unten beansprucht wird und (wann) geht ein (größerer) Erfolg damit einher?

Diese Überlegungen münden in der These: Machtumverteilung muss von nicht Privilegierten ausgehen, denn Kampf ist das Stichwort der Ermächtigung. So war es stets im Arbeitskampf, im feministischen Kampf und in der intersektionalen Bewegung. Es ging immer darum, dass sich unterprivilegierte Personen innerhalb eines Systems das Stück Kuchen, das ihnen zustand, eroberten – teils unter Verlust von Leben. Das weiter oben eingeführte und diesem Essay zugrunde liegende Konzept der Intersektionalität ist unmittelbar mit der Bekämpfung von Rassismus verbunden. »Ursprünglich war es das Ziel von Schwarzen Frauen [in den USA], Rassismus innerhalb der feministischen Bewegung und gleichzeitig auch das Patriarchat innerhalb der antirassistischen und abolitionistischen Bewegung zu bekämpfen«, so Roig (o. D.). Hier war der Kampf gegen etablierte Machtstrukturen das gewählte Mittel. In ihrem Buch *Why we matter – Das Ende der Unterdrückung* zeigt die Politologin auf, dass die Reduktion der von King, Gandhi, Mandela oder Parks initiierten Revolutionen auf den reinen friedlichen Widerstand, eine sehr eingeschränkte Erzählweise der damals stattgefundenen Kämpfe von unten darstellt (Roig 2021, S. 19). Diese Menschen gehörten Minderheiten an und waren massiver Gewalt ausgesetzt. Politische Beschlüsse wie das Frauenwahlrecht 1919, also institutionalisierte Ausdrücke der Machtumverteilung von oben nach unten, fußen auf einer kämpferischen Auseinandersetzung mit den damaligen (Herrschafts-) Verhältnissen. Von Betroffenen ausgehend, brachten diese sozialen Kämpfe große Opfer, mündeten aber regelmäßig in echtem gesellschaftlichem Wandel (ebd., S. 17–19).

»Die da oben« tun nicht das, was eine vielfältige Gesellschaft benötigt: Kampf von unten scheint häufig die einzige Handlungsform zu sein, die zur Veränderung des kollektiven Bewusstseins führt. Dass es eine kritische Zivilgesellschaft der weniger Mächtigen braucht, die entsprechend der Standpunkttheorie Bildungsarbeit betreibt, wird am aktuellen Beispiel der Wahlrechtsreform deutlich. Seit Ewigkeiten wird im Bundestag und in der Öffentlichkeit die benötigte Reduktion der Sitze im Bundestag diskutiert. Das Auge auf dem die Entscheider:innen blind waren, als sie die Wahlrechtsreform am 17. März 2023 absegneten, nennt sich Vielfalt. Würde die Regelung auf die heutige Zusammenstellung des Bundestages angewandt, müssten, nach Analyse von *Zeit Online* und bestätigt von der Bertelsmann Stiftung, besonders viele Abgeordnete aus unterrepräsentierten Gruppen ihren Platz räumen. (Endt et al. 2023) Die Kernursache für diese Nebenwirkung: Die guten Listenplätze bekommen nach wie vor mehrfach privilegierte Kandidierende der Parteien (BrandNewBundestag o. D.). Um den Hintergrund in der Komplexität zu verstehen, lohnt sich die Lektüre der von der NGO BrandNewBundestag (BNB) zusammengestellten Informationen von Parteiwatch zur Wahlrechtsreform (ebd.). Um die Konsequenz der Wahlrechtsreform im kollektiven Bewusstsein und im politischen Prozess zu verankern, hat BNB zwar mit prominenter Unterstützung lobbyiert, die Reform wurde dennoch verabschiedet, denn der Vielfaltsverlust schien kein hinreichender Grund für »die da oben« zu sein. An dieser Stelle also kein Erfolg für den Machtergriff von unten, jedoch ein Hinweis auf das sich wiederholende Muster eines geschärften Blickes für systemische Ungerechtigkeiten, den nur Betroffene bzw. Unterprivilegierte mitbringen.

Stellvertretend für institutionalisierte Macht sind Parlamente Orte, an denen nur zu häufig alte Machtverhältnisse zementiert werden. Nun übernimmt wieder BNB Verantwortung für die Ermächtigungskehrtwende innerhalb der Parteien. Unter dem Hashtag #PolitikBrauchtVielfalt kämpft somit erneut eine Gruppe von Menschen mit einem hohen Grad an geschützten Merkmalen nach AGG dafür, dass nicht »noch weniger Frauen, noch weniger BIPoCs, noch weniger Menschen mit Migrationsgeschichte, noch weniger Menschen mit Behinderung, noch weniger Menschen ohne akademischen Abschluss, noch weniger Menschen aus Ostdeutschland (…) als Entscheidungsträger:innen im Bundestag sitzen« (BrandNewBundestag 2023). Es bleibt abzuwarten, ob diese Bemühungen in Erfolg münden und von wie vielen mehrfach privilegierten Politiker:innen die Petition unterstützt wird.

»Die da oben« führen nicht diskriminierungssensibel aus: Die Repräsentation unterprivilegierter Personen in den Parlamenten ist zentral, eine antidiskriminierende Haltung als Grundlage des Handelns von Mitarbeitenden der Exekutivorgane unseres Staates ist jedoch merklich unterentwickelt. Denn parlamentarische Agenden werden nicht nur von innen gestaltet.

So finden immer öfter auf allen Ebenen im deutschen Föderalismus Beteiligungsformate für Einwohner:innen oder Bürger:innen statt. Hier kommen wir zu dem eigentlichen Prozess der Partizipation von benachteiligten oder betroffenen Menschen in politischen Prozessen. Ist die Beteiligung von unterprivilegierten Bevölkerungsgruppen kein Zweck an sich, wird Scheinbeteiligung betrieben. Sind in den nachfolgenden Entscheidungs- und Umsetzungsprozessen mehrheitlich privilegierte Menschen mit Stimmrecht ausgestattet, behalten Sie die Macht und entscheiden häufig entsprechend ihrer Perspektive. Diese Erkenntnis hatte Arnstein (1969) bereits vor über 50 Jahren, als sie eine Partizipation bisher ausgeschlossener Gruppen, bei der keine Machtumverteilung geschieht, als Tokenisierung[1] bezeichnete (S. 217 f.). Auch wenn Unterpriviligerte – wie immer häufiger im Rahmen von Bürger:innen-Beteiligungsprozessen – informiert und konsultiert werden, bleiben sie ohnmächtig, denn »under these conditions they lack the power to insure that their views will be heeded by the powerful« (Arnstein 1969, S. 217). Auch aktuelle Forschungsarbeiten, wie die von Newig et al. (2018), messen der »Delegation der Entscheidungsmacht« einen zentralen Wert in der Definition der »partizipativen Governance« zu, indem Machtdelegation als eine der drei Dimensionen von Governance definiert wird (Newig et al. 2018, S. 273). So wichtig Beteiligungsprozesse sind, muss beim Design solcher kritisch hinterfragt und transparent gemacht werden, wo und wie viel Entscheidungsmacht von privilegierten Akteurinnen und Akteuren an weniger Privilegierte transferiert wird und nach welchen Kriterien die Beteiligten ausgewählt werden. Ansonsten laufen wir Gefahr, dass ungerechte Machtverhältnisse durch Tokenisierung statt Partizipation aufrechterhalten werden.

Organisierung von unten als der einzige authentische und sichere Weg: »for all the tables that refuse to seat us we'll build new tables and pull up a seat for everyone who arrives after us« (Gantara 2022, 0:04:28–0:04:38) verlautet die Stimme der revolutionären Poetin Rupi Kaur in dem Kurzfilm *RISE* von Nisha Gantara (2022). Die Gefahr der Tokenisierung ist dort deutlich geringer, wo sich von Unterdrückung betroffene Menschen selbst

1 »Ein Token ist eine Person, die einer diskriminierten Gruppe angehört, sich aber in den Dienst der privilegierten Mehrheit stellt und [meist] jegliche strukturelle Diskriminierung abstreitet. Der Oberbegriff ist Tokenism bzw. Tokenisierung« (Amjahid 2021, 210).

organisieren. Ein Grund dafür: Innerhalb ihrer Organisationen übernehmen sie Aufgaben, die unter anderem in die Bereiche Selbsthilfe, Empowerment, Bildungsarbeit und (politische) Interessenvertretung fallen (Friedrichs et al. 2020, S. 34). Damit erlernen sie selbst die Spielregeln (politischer) Entscheidungsprozesse und nehmen den von Rupi Kaur besagten Tischplatz als organisierte Gruppe Gleichgesinnter ein. Ein Beispiel solcher Selbstorganisationen unterprivilegierter Personen sind Migranten/Migrantinnen-Selbstorganisationen (MSO), die inzwischen etwa drei Prozent aller in Deutschland eingetragenen Vereine ausmachen. Die Tendenz ist steigend, denn 16 Prozent der 17.414 MSO wurden erst in den letzten fünf Jahren als Vereine eingetragen (Klie 2022, S. 26 f.). Diese Entwicklung deutet auf einen gewissen Erfolg im Bereich der Machtumverteilung hin. Aktuelle Forschung schlägt jedoch eine Reihe an Handlungsoptionen vor, damit MSO »Treiber und nicht Gegenstand von Entwicklungen [werden]« (Friedrichs et al. 2020, S. 84), also eben mehr Macht erhalten. 66,5 Prozent der in dieser Studie befragten MSO geben an, ihre Organisation als »Impulsgeber für sozialen Wandel« zu sehen (ebd., S. 34). MSO in Deutschland sind demnach bereit, eine zentrale Rolle bei der Ermächtigungskehrtwende einzunehmen. Diese Bereitschaft sollten wir als Gesellschaft nicht verkommen lassen.

Das ungenutzte Potenzial muss aktiviert werden: Finanzierungsbedingte Pfadabhängigkeiten sind in der Arbeit von Nichtregierungsorganisationen an der Tagesordnung (Roig o. D.). Gerade deswegen ist es zentral, dass die Perspektive unterprivilegierter Menschen hier Platz findet. Der Bedarf an ehrenamtlichen Unterstützer:innen in zivilgesellschaftlichen Organisationen ist nicht von der Hand zu weisen und auch hier spielen weniger privilegierte Personengruppen, erneut am Beispiel von Menschen mit Migrationshintergrund, eine große Rolle. Laut dem deutschen Freiwilligensurvey 2014 ist die Engagementbereitschaft bei Menschen mit Migrationshintergrund höher als bei Menschen ohne Migrationshintergrund (Simonson et al. 2017, S. 618). »Am höchsten sind die Anteile Engagementbereiter bei Personen ohne deutsche Staatsangehörigkeit mit eigener Zuwanderungserfahrung. Von diesen sind 60,0 Prozent vielleicht und 15,3 Prozent sicher bereit sich zukünftig zu engagieren. Diese hohe Bereitschaft (…), kann auch als Bereitschaft zur gesellschaftlichen Teilhabe und Integration verstanden werden« (Simonson et al. 2017, S. 618). Gehen wir davon aus, dass diese Bereitschaft in Zukunft in Engagement mündet, wird dieser unterprivilegierten Gruppe unweigerlich weitere Teilhabe und somit Gestaltungsmacht zukommen. In Deutschland wäre der sogenannte Wohlfahrtsmix ohne die organisierte Zivilgesellschaft nicht möglich, die insbesondere in dynamischen Situationen regelmäßig beweist, dass sie »zielgenauer, schneller und wirkungsvoller ansetzen und handeln können« (Schroeder 2022, 21). Wenn Geschichten strukturell benachteiligter Menschen auch hier erzählt und gelebt werden, kann der sogenannte »Dritte Sektor« zusätzlich zum bisher nicht aktivierten Engagementpotenzial auch von gesteigerter Objektivität durch Pluralität (siehe Kapitel 2, Standpunkttheorie) profitieren. Auch auf dieses Potenzial der Teilhabe sollten wir als Gesellschaft nicht verzichten.

Die laute Stimme in uns lässt sich schwer unterdrücken – deswegen muss die Machtumverteilung von unten ausgehen: Lauschen wir weiter der Stimme von Rupi Kaur im Film *RISE*, so hören wir einen ermutigenden, aber dringlichen Appell an Personen, deren Vorfahren Unterdrückung erfahren haben: »and on days where we wonder whether we're dreaming too big, remember: we have a duty to dream. For the roots that feed us, for the roots that lead us. It's our duty to dream bigger than our wildest imaginations« (Gantara 2022, 0:04:44–0:05:07). Auch wenn es sich hier um keine wissenschaftliche Erkenntnis handelt, soll festgehalten werden, dass es häufig eine Kombination aus dem großen, intergenerationellen Traum einer gleichberechtigten Gesellschaft und traumainduziertem Dauerschmerz ist, die viele benachteiligte Individuen jeden Tag antreibt, weiter für den sozialen Wandel zu kämpfen. Das ist ein Antrieb, den privilegierte Akteurinnen und Akteure innerhalb von Systemen nicht erreichen können, weil ihnen schlichtweg die Unterdrückungserfahrung fehlt. Die normative Beurteilung der historischen Vormachtstellung gewisser Bevölkerungsgruppen fand bereits in Kapitel 2 statt. Ich möchte abschließend nur noch folgende persönliche Erkenntnis festhalten: Es geht nicht anders – wir (die Benachteiligten) müssen laut werden, damit die Ermächtigungskehrtwende Erfolg hat. Wir müssen laut werden, um zu heilen. Unser einmaliger Blick und der Schmerz als Gerechtigkeitsindikator bergen ein bisher nicht erschöpftes Potenzial, das endlich an den Entscheidungstisch gehört. Diese Erkenntnis darf bestehen, auch wenn kein gesellschaftlicher Mehrwert das Blei an unseren Knöcheln rechtfertigt, das sich Diskriminierungserfahrung nennt.

Fazit

Aufbauend auf dem Buch *Earth for All: Ein Survivalguide für unseren Planeten*, konnten wir im vorliegenden Essay zunächst den Begriff der Ermächtigungskehrtwende von einem Anspruch auf Gleichstellung zweier Geschlechter um die Perspektive der Intersektionalität erweitern. Wir leiteten her, dass eine gute Zukunft nur möglich ist, wenn eine erfolgreiche Veränderung von Machtstrukturen erfolgt. Wie die Umverteilung der Macht zu erfolgen hat, beleuchteten wir auf zweierlei Weise: aus der Perspektive einer mehrfach privilegierten und einer unterprivilegierten jungen Frau.

Entlang von Beispielen, in denen privilegierte Gruppen ihre Stimme für weniger Privilegierte erheben, durch das Beleuchten des Verursacherprinzips in Gerechtigkeitsfragen sowie anhand der Erläuterung des allgemeinen gesellschaftlichen Mehrwerts einer Machtumverteilung, vertrat im zweiten Kapitel die These *Die Ermächtigungskehrtwende muss von den privilegierten Akteurinnen und Akteuren innerhalb eines Systems ausgehen.* Das Folgekapitel argumentierte für die zentrale Rolle unterprivilegierter Akteurinnen und Akteure in besagter Ermächtigungskehrtwende und betonte die Relevanz des Kampfes von unten sowie einer organisierten Zivilgesellschaft, die ernsthaft partizipieren können muss, um als Korrektur der Politik alter Herrschaftsverhältnisse agieren zu können.

Die Positionen können wie folgt zusammengebracht werden: Während privilegierte Akteurinnen und Akteure innerhalb von Systemen neben der Bringschuld mehr Ressourcen mitbringen, um für eine gerechtere Verteilung von Macht zu sorgen, sind es die strukturell benachteiligten Bevölkerungsgruppen, die über die ihnen vorbehaltenen Einblicke Benachteiligter verfügen sowie die Notwendigkeit einer Änderung essentiell benötigen. Dies lässt sich – wie oben beschrieben – mitunter an der langen Geschichte sozialer Kämpfe ablesen.

Anders gesagt: Die einen müssen, die anderen machen. Zu dieser Analyse mutig zu stehen und die unterschiedlichen Rollen im System zu benennen, kann ein bisher kaum genutztes Potenzial entfachen. Voraussetzung dafür ist ein kritischer und sensibler Umgang mit dem individuell mitgegebenen Rucksack. So sollten die Erlebnisse diskriminierter Menschen (z. B. [i] Suchtkranke in städtischem Park; [ii] migrantisierte Arbeiter:innen in ghettoisiertem Stadtteil) in einem diskriminierungskritischen Rahmen (safer space) angehört sowie zur Grundlage der angestrebten Entscheidungsprozesse gemacht werden, bevor Beschlüsse über die Umgestaltung ihres Stadtteils von Menschen mit institutioneller (Kommunalpolitiker:innen) oder finanzieller (Wohlfahrtsorganisationen) Macht gefasst werden können. Macht wird hier umverteilt, da Betroffene explizit als Expertinnen und Experten herangezogen werden. Der exklusive, häufig schmerzbehaftete Blick darf als Indikator für Fehler im ungerechten System dienen. Ihr aus ihrem Erfahrungsschatz gespeistes Gespür und Ideenreichtum – vs. etabliertes von Mitgliedern der Dominanzgesellschaft veröffentlichtes Wissen, das häufig zur Reproduktion beiträgt – soll Veränderung anregen, ohne dass sie diese selbst durchführen müssen.

Beide Positionen kommen zum Schluss, dass alle Akteurinnen und Akteure einer Gesellschaft von einer Ermächtigungskehrtwende massiv profitieren können, indem gesellschaftliche Entscheidungsfindungen gerechter gestaltet und das gesellschaftliche System resilienter wird. Somit sind die konträren Positionen gar nicht so unvereinbar, wenn es um das Wofür geht. Es kann durchaus nebeneinander bestehen, dass beide – hier konstruierten – Bevölkerungsgruppen gute Gründe haben, Machtverhältnisse gerechter zu gestalten. Die daraus gewonnene Motivation kann sogar sehr relevant werden, um Ownership der (neu) aktiv Werdenden zu kreieren sowie Engagement durch Selbstwirksamkeit beständiger zu machen.

Das Wie ist das, was in Zukunft weiter forciert werden muss, damit die Akteurinnen und Akteure agieren statt zu erstarren. Diese Gefahr birgt sowohl die Schuldfrage als auch die – in vielen Beteiligungsprozessen unterschätzte – Beachtung der Diskriminierungs- und Traumatisierungserfahrungen. Daher arbeiten wir heraus, dass der gesellschaftliche Mehrwert in Form von Resilienz nur entsteht, wenn das Fundament machtkritisch und (diskriminierungs-) sensibel ist.

Als Maßnahmen für eine Ermächtigungskehrtwende schlägt Kapitel 2 die Umverteilung von Geld, das Erlernen von diskriminierungsrelevanten Kompetenzen und Aufklärungsarbeit vor. Kapitel 3 setzt auf Machtdelegation in Beteiligungsprozessen, Unterstützung von Selbstorganisationen Benachteiligter sowie eine diversitätssensible Politik.

Fest steht: Für die Zukunft benötigen wir eine ernsthafte Verantwortungsübernahme privilegierter Akteurinnen und Akteure für das Gemeinwohl sowie Räume, in denen unterprivilegierte Gruppen und Individuen über Impuls- und Entscheidungsmacht verfügen, um ihr Erfahrungswissen sinnstiftend einbringen zu können. Ressourcenflüsse (Geld, Entscheidungsmacht, Zeit, Care-Arbeit) und Rollen sollten zwingend transparent gemacht werden, um mögliche Zielkonflikte oder Kontinuitäten ungerechter Machtverhältnisse frühzeitig zu erkennen.

Für die Zukunft: Allyship[2] oder Power Sharing sind Begriffe, die uns in den sozialen Medien häufiger begegnen, hier jedoch nicht analysiert werden konnten. Sie lassen hoffen, dass Ergebnisse, die innerhalb dieses Essays als konträr aufgebaut wurden, in der Umsetzung zusammengedacht werden können. Die UN Organisation UNRISD forscht aktuell zum Thema »Krisen der Ungleichheit« und bietet damit einen guten Ausgangspunkt für entsprechende Forschungsarbeiten aus globaler Perspektive (UNRISD 2023).

QUELLEN

Amend, C. & Wegner, J. (2023). Hadija Haruna-Oelker, wie schön ist Differenz? [Podcast], Sendung: Alles gesagt?, Zeit Online, Sendezeit: 26.01.2023, online abrufbar unter https://www.zeit.de/gesellschaft/2023-01/hadija-haruna-oelker-alles-gesagt-interviewpodcast <08.03.2023>.

Amjahid, M. (2021). DER WEISSE FLECK. Eine Anleitung zu antirassistischem Denken. München: Piper Verlag.

Antidiskriminierungsstelle (2023). Das AGG schützt. Online abrufbar unter https://www.antidiskriminierungsstelle.de/agg-schuetzt/agg-schuetzt_node.html <10.04.2023>.

Arndt, S. (2020). Das Machtsystem. Online abrufbar unter https://taz.de/Geschichte-des-Rassismus/!5694138/ <20.03.2023>.

Arnstein, S. R. (1969). A Ladder Of Citizen Participation. Journal of the American Planning Association, 35(4), 216–224.

Brand, U. & Wissen, M. (2017). Imperiale Lebensweise. Zur Ausbeutung von Mensch und Natur im globalen Kapitalismus. München, 10.

BrandNewBundestag (2023). Parteien müssen jetzt Diversität entschlossen fördern! Unterschreibe unsere Petition zur Wahlrechtsreform. Online abrufbar unter https://brandnewbundestag.de/petition-politik-braucht-vielfalt/ <10.04.2023>.

BrandNewBundestag (o. D.) Parteiwatch: Wer ins Parlament einzieht, wird am Wahltag entschieden? Stimmt so nicht ganz! https://brandnewbundestag.de/parteiwatch/ <10.04.2023>.

Conrad, S. (2012). Kolonialismus und Postkolonialismus: Schlüsselbegriffe der aktuellen Debatte. Online abrufbar unter https://www.bpb.de/shop/zeitschriften/apuz/146971/kolonialismus-und-postkolonialismus-schluesselbegriffe-der-aktuellen-debatte/ <06.04.2023>.

Dixson-Declève, S., Gaffney, O., Ghosh, J., Randers, J., Rockstrom, J., Stocknes, P. E. (2022). Earth for All:

2 »Ein Ally ist eine privilegierte Person, die sich ehrlich für Gleichberechtigung einsetzt und ihre eigenen Privilegien reflektiert und überdenkt. Zum Beispiel, wenn eine weiße Person sich um die Belange von nicht-weißen Minderheiten kümmert und ihren Raum für die Artikulierung der eigenen Diskriminierung schafft« (Amjahid 2021, 210).

Ein Survivalguide für unseren Planeten. Der neue Bericht an den Club of Rome, 50 Jahre nach »Die Grenzen des Wachstums«. München: oekom.

Ehrlich, P. R. & Holdren, J. P. (1971). Impact of Population Growth: Complacency concerning this component of man's predicament is unjustified and counterproductive. Science, 171(3977), 1212–1217.

Endt, C., Jacobsen, L., Schach, D. (2023). Wer heute nicht im Bundestag säße. Online abrufbar unter https://www.zeit.de/politik/deutschland/2023-01/wahlrechtsreform-bundestagswahl-2021-ueberhangmandate-interaktiv <10.04.2023>.

Friedrichs, N., Barp, F., Sultan, M. M., Weiss, K. (2020). Vielfältig engagiert – breit vernetzt – partiell eingebunden? Migrantenorganisationen als gestaltende Kraft in der Gesellschaft. Berlin: Forschungsbereich beim Sachverständigenrat deutscher Stiftungen für Integration und Migration (SVR).

Gantara, N. (2022). RISE – Stacy's Rise Project. Online abrufbar unter https://www.youtube.com/watch?v=HVFixKQQKQM&t=362s <08.04.2023>.

Jaspers, L., Ryland, N., Horch, S. (Hrsg.) (2022). Unlearn Patriarchy. Berlin: Ullstein Buchverlag.

Jung, T. (2021). Millionen-Erbin Marlene Engelhorn über Vermögensbesteuerung – Jung & Naiv: Folge 533, 13.09.2021, online abrufbar unter https://www.youtube.com/watch?v=n6a1v9cn_A4 <20.03.2023>.

Klein, S. (o. D.). Wie sich unsichtbare Machtstrukturen in Luft auflösen. Online abrufbar unter https://www.neuenarrative.de/magazin/frag-frida-so-verschwinden-unsichtbare-machtstrukturen <09.03.2023>.

Klie, A. W. (2022). Zivilgesellschaftliche Performanz von religiösen und säkularen Migrantenselbstorganisationen. Wiesbaden: Springer VS.

Land, L. (2022). »Nennt eure Vulva so oft wie möglich beim Namen«. Online abrufbar unter https://sz-magazin.sueddeutsche.de/gesundheit/vulva-vagina-weibliches-geschlechtsorgan-mythen-gynaekologin-91530?reduced=true <08.03.2023>.

Liebig, S. (2023). Der Ruf nach sozialer Gerechtigkeit. In: Bundeszentrale für politische Bildung: Themenblätter im Unterricht. Soziale Gerechtigkeit.

Meuser, M. (2010). Methodologie und Methoden der Geschlechterforschung. In: Aulenbach, Brigitte et al.: Soziologische Geschlechterforschung: Eine Einführung. Wiesbaden: VS Verlag für Sozialwissenschaften, S. 79–102.

Newig, J., Challies, E. D., Jager, N. W., Kochskaemper, E., & Adzersen, A. (2018). The Environmental Performance of Participatory and Collaborative Governance: A Framework of Causal Mechanisms. Policy Studies Journal, 46(2), 269–297.

Nieberding, M. (2022). Wie Frauen klein gehalten werden. Online abrufbar unter https://sz-magazin.sueddeutsche.de/frauen/feminismus-patriarchat-gleichberechtigung-91232?reduced=true <08.03.2023>.

Rohrbeck, F. (2023). Die Reichen schaden dem Klima – also sollen sie es retten. Online abrufbar unter https://www.zeit.de/green/2023-02/co2-steuer-klima-steuer-kalifornien-vermoegenssteuer-klimakrise?utm_referrer=https%3A%2F%2Fgoogle.com%2F <08.03.2023>.

Roig, E. (o. D.). Mit Intersektionalität zu einer gerechteren Gesellschaft. Online abrufbar unter https://www.fes.de/akademie-management-und-politik/veroeffentlichungen/mup-interviews/mit-intersektionalitaet-zu-einer-gerechteren-gesellschaft <07.03.2023>.

Roig, E. (2021). Why we matter. Das Ende der Unterdrückung. Berlin: Aufbau Verlag.

Schroeder, W. (2022). Wohlfahrtsmix. In: Heinrich-Böll-Stiftung: Sozialatlas. Daten und Fakten über das, was unsere Gesellschaft zusammenhält.

Simonson, J., Vogel, C., Tesch-Römer, C. (Hrsg.) (2017). Freiwilliges Engagement in Deutschland. Der Deutsche Freiwilligensurvey 2014. Wiesbaden: Springer Fachmedien.

Taxmenow (2021). Appell taxmenow. Online abrufbar unter https://www.taxmenow.eu <20.03.2023>.

Thomas, L., (2022). The Intersectional Environmentalist: How to dismantle systems of oppression to protect people + planet. Voracious.

UN Women (2022). HeForShe Alliance Impact Report. Online abrufbar unter https://www.heforshe.org/sites/default/files/2022-12/HeForShe%20Alliance%20Impact%20Report%202022_1.pdf <07.03.2023>.

UNRISD (2023). Krisen der Ungleichheit. Machtstrukturen ändern für einen neuen ökosozialen Gesellschaftsvertrag. Online abrufbar unter https://www.bosch-stiftung.de/sites/default/files/documents/2023-01/DE---Overview---UNRISD-Flagship-Report-2022.pdf <10.04.2023>.

Watson, E., Sonderbotschafterin, U. W. (2014). HeForShe. United Nations Headquarters, New York, 20.

5

Essay im Kontext der Ernährungswende

5.1 Starker Staat oder freier Markt? Über die Frage, ob der Staat den Fleischkonsum regulieren muss

VON LORENZO HUSKAMP

Einführung: Problemfeld Fleisch

Fleisch stellt für viele Menschen in der Welt ein zentrales Nahrungsmittelprodukt dar, welches kulturell und politisch in vielen Gesellschaften der Welt fest verankert ist. Nicht erst, aber im Besonderen seit dem Aufkommen der industriellen Lebensmittelproduktion und dem System der Massentierhaltung seit den 1960er-Jahren zeichnen sich jedoch sowohl aus ökologischer, gesundheitlicher und ethischer Perspektive eine Vielzahl von schwerwiegenden Folgen für Menschen, Tiere und das Ökosystem Erde als Ganzes ab.

Im Bericht *Earth for All: A Survival Guide for Humanity* (2022) fordert die gemeinnützige Organisation Club of Rome neben der Transformation anderer zentraler Wirtschaftsbereiche eine »Ernährungskehrtwende« (Dixson-Declève et al. 2022, S. 143). Da die Landwirtschaft und Lebensmittelindustrie für etwa ein Viertel bis ein Drittel aller anthropogen bedingten Treibhausgasemissionen verantwortlich sind (Ritchie 2021), fordern die Verfasser:innen neben einer gerechteren weltweiten Verteilung von Nahrungsmitteln sowie einer Verminderung der Verschwendung von Lebensmitteln primär eine Abkehr von der bisherigen »Art und Weise, wie wir Lebensmittel und andere Rohstoffe erzeugen« (Dixson-Declève et al. 2022, S. 144). Während das Kapitel zur Ernährungskehrtwende (Kapitel 6) eine Reihe von berechtigten Kritikpunkten an dem heutigen Nahrungsmittelsystem auflistet, bleibt es in der Skizzierung eines konkreten, politischen Weges vage – nicht zuletzt, weil es nicht konkretisiert, wer genau in dem oben genannten »wir« impliziert und adressiert ist.

Zudem bleiben die Darstellungen und Lösungsvorschläge in einem engen Anthropozentrismus gefangen, welcher beispielsweise die ethischen Aspekte der in den Industrienationen weit verbreiteten Praxis der Massentierhaltung mit all ihren leidvollen Folgen für die betroffenen Tiere vollkommen ausschließt.

Die sich stärker zuspitzenden Folgen des anthropogenen Klimawandels und die enger werdenden Zeitfenster für effektive Klimaschutzlösungen unterstreichen die hohe Relevanz und Handlungsnotwendigkeit im Sektor der Ernährung und Nahrungsmittelproduktion. Daher soll die zentrale Frage in diesem Essay nicht lauten, ob ein Wandel nötig, sondern wie dieser politisch zu erreichen ist. Diskutiert wird daher die Frage, ob der Staat aktiver und regulierender in den Markt und die Produktionsbedingungen von Nahrungsmitteln eingreifen muss – beispielsweise in Form einer Mehrbesteuerung von kritischen Produkten bis hin zu Verboten bestimmter Produktionsbedingungen und Verhältnissen, in denen Tiere gehalten werden. Zugespitzt formuliert lautet die polarisierende Streitfrage daher: Brauchen »wir« – als gesellschaftliches Kollektiv gedacht – einen ›starken Staat‹ oder ›regelt der Markt‹?

Klimaschädliche Folgen von Fleischkonsum

Die Erzeugung und Gewinnung von tierischen Produkten wie Fleisch, Eier und Milch in der industrialisierten und intensiven Landwirtschaft von heute ziehen eine Reihe negativer Folgen nach sich.

Der landwirtschaftliche Sektor stellt mit einem Anteil von 19 Prozent an den weltweit durch den Menschen bedingten Emission von Treibhausgasen (i. F. THG) einen bedeutenden Anteil dar. Landnutzungsänderung, der Ausstoß von Lachgas aus gedüngten Böden und die Emission von Methan aus den Verdauungsprozessen von Wiederkäuern stellen dabei die Hauptquellen der direkten und indirekten Treibhausgasemissionen dar (Schlatzer 2011, S. 59, S. 66). Mindestens die Hälfte der THG-Emissionen aus dem Sektor Lebensmittelherstellung entfallen auf die Tierhaltung (Ritchie 2019).

Ein zentrales und doch leider zu wenig diskutiertes Problem hinsichtlich der Ernährung über das Medium Fleisch stellt aus klimapolitischer Perspektive schlicht die energetische Ineffizienz einer Ernährungsweise dar. Ein Großteil der durch Tiere während ihres Lebens aufgenommen Nahrungsenergie geht durch körpereigene Stoffwechselprozesse verloren und wird nicht in Fleisch umgewandelt, welches der Mensch dann essen könnte (Schlatzer

2011, S. 75 f.). So betrage die Energieumwandlungseffizienz, angegeben in Prozent der Bruttoenergie, bei Rindfleisch nur drei, bei Schweinfleisch neun und bei Hühnerfleisch elf Prozent (ebd.). Diese Zahlen werden dann problematisch, wenn der Flächen- und Ressourcenverbrauch (primär Wasserverbrauch) von Tierprodukten berücksichtigt wird: Im Vergleich zu einem direkten Verzehr von pflanzlichen Lebensmitteln und der darin enthaltenen Nahrungsenergie benötigt eine auf Fleisch basierende Ernährungsweise um den Faktor fünf mehr Fläche (Schlatzer 2011, S. 84 f.). Fast 80 Prozent der weltweiten landwirtschaftlichen Fläche wird für die Erzeugung von Tierprodukten genutzt; diese decken jedoch nur 18 Prozent des Kalorienbedarfs (Ritchie und Roser 2019).

Die Landwirtschaft und ihr Flächenverbrauch stellen die Hauptgründe für den Verlust an Biodiversität und die potenzielle Destabilisierung zahlreicher ineinander verzweigter Ökosysteme dar (Ritchie und Roser 2019). Neben einer umfassenden Landdegradierung durch hohe Nitrateinträge in die Böden sowie in das Grundwasser, welche zu Nährstoffverlusten, Versalzung, Versauerung und einer allgemein verringerten Bodenfruchtbarkeit führen, stellen auch physikalische Bodenerosionen durch Wind, Wetter, Bodenverdichtung und anschließender Staunässe eine Gefahr für die langfristige Bewirtschaftung von landwirtschaftlichen Flächen dar (Schlatzer 2011, S. 181 f.).

Abseits dieser klimapolitisch bedeutsamen Auswirkungen durch den weltweiten Lebensmittelsektor ziehen der hohe Konsum von Fleisch und Tierprodukten auch für den Menschen gesundheitliche Folgen nach sich und können Krebs, Adipositát und Herzkreislaufstörungen fördern (Al-Shaar et al. 2020; Pan et al. 2012; WHO o. D.). Der massenhafte Einsatz von Antibiotika in der Tierhaltung erhöht das Aufkommen resistenter Keime gegen diese und verringert damit die Heilungschancen von Antibiotika beim Menschen (Schloter und Reuning 2021). Neben den gesundheitlichen Risiken für Menschen durch einen hohen Fleisch- und Tierproduktkonsum stellen sich selbstverständlich auch ethische Fragen ob der Haltungs- und Lebensbedingungen von Nutztieren in den Massentierindustriesystemen von heute. Diese ohne Zweifel wichtige, wenn nicht gar zentrale Frage ob der Legitimität von Fleischkonsum kann in diesem Essay jedoch nicht weitergehend ausgeführt werden.

Fleisch als Kulturgut – Historisch verwurzelt. Identitätsstiftend. Erhaltenswert?

Argumente gegen eine Abkehr von Fleischkonsum, industrieller Tierproduktion und staatlich-regulatorischen Eingriffen verlaufen häufig auf drei Ebenen – der individual-psychologischen, der kulturalistischen bzw. traditionalistischen und der politisch-wirtschaftlichen Ebene. Diese drei Ebenen sollen im Folgenden besprochen werden.

Gerade im Hinblick auf einen aktiven und progressiven staatlichen Eingriff in die Industrie und Marktwirtschaft lassen sich einige Aspekte benennen, welche teilweise kontraproduktive Entwicklungen sowie antagonistische Einstellungen bei betroffenen Menschen auslösen könnten. So stellt in Deutschland die Diskussion ob der Legitimität staatlicher Eingriffe in einen undurchsichtigen, vermeintlich effizient agierenden Markt ein polarisierendes Diskursfeld dar. Politiker:innen konservativer und rechtsextremer Parteien nutzen die Diskussion um Fleischkonsum, Nachhaltigkeit und vermeintlich geforderten Verboten ihrer parteipolitischen Gegner:innen regelmäßig als identitätsstiftendes und parteipolitisches Medium (siehe beispielsweise Glas 2021, Deutschlandkurier 2023). Eine zu starke staatliche Regulation des Fleischkonsums und ein stark ansteigender Preis von Fleisch- oder Tierprodukten wird von diesen politischen Akteurinnen und Akteuren aktiv und polarisierend eingesetzt – aufgrund der zuletzt stark gestiegenen Popularität solcher polarisierender politischer Positionen keine zu unterschätzende Gefahr.

Besonders einkommensschwächere Personen könnten sich benachteiligt fühlen, da etwaige Preissteigerungen für sie deutlich stärker ins Gewicht fallen würden und sie sich genötigt fühlen könnten, ihre Ernährungsgewohnheiten zu ändern. Wird dies mit einem Gefühl von Zwang bewirkt, könnten diese Personengruppen statt mit Akzeptanz mit Reaktanz reagieren und versuchen, ihre bedrohte Entscheidungsfreiheit zurückzugewinnen, indem sie das eingeschränkte Verhalten erst recht ausführen (vgl. Brehm 1968). Politische Regulation könnte somit zu einem gegenläufigen Ergebnis führen. Man solle auch nicht annehmen, dass sich die Konsumierenden der problematischen Dimension hohen Fleischkonsums prinzipiell nicht bewusst wären, so der Kulturwissenschaftler Karkowsky in einem Interview im Deutschlandfunk (siehe Deutschlandfunk Kultur 2018). Er unterstreicht die bewusste Entscheidung der Menschen für Fleischkonsum entgegen der ihnen bekannten Probleme:

> »Der Mensch ist eben ein Kulturwesen, der Mensch hat eine Psyche, der Mensch braucht emotionale Sicherheit. Der Mensch ist eingesponnen in ein kulturelles Bedeutungsgewebe, und da ist Ernährung eben weit mehr als eine bloße Nahrungsaufnahme.« (ebd.)

Diese ›Eingesponnenheit‹ der Menschen in ihren kulturellen und sozialen Kontext betonen auch die Forscher:innen Hook und Markus in einem Artikel über die gesundheitsschädlichen Narrative und Praktiken in der US-amerikanischen Gesellschaft. Gerade in den USA gelten Werte wie die der ›freien Wahl‹ und ›individuellen Verantwortung‹ als unantastbar (Hook/Markus 2020). Ein staatlicher Eingriff in den Markt und die Produktionsbedingungen würde fehlschlagen, wenn dieser sich vorher nicht intensiv mit ebendiesen kulturellen Narrativen und individuellen Wertvorstellungen der Menschen auseinandersetzt. Auf dieser individuell-psychologischen Ebene angelangt, sollte zudem nicht unerwähnt bleiben, welch identitätsstiftende Wirkung Fleischkonsum gerade bei Männern besitzt. In westlichen Gesellschaften wie den USA oder Australien ist direkter Fleischkonsum aktuell sozio-kulturell (noch) stark mit dem männlichen Geschlecht verbunden (siehe Studien von Mertens/Oberhoff 2022; Stanley/Day/Brown 2023). Das typische Bild von Männlichkeit und Fleischkonsum sind noch kulturell stark miteinander verbunden – ein erfolgreicher Versuch, den Fleischkonsum in der Gesellschaft zu senken, kann daher nicht nur im Auferlegen von Restriktionen liegen, sondern muss kulturelle Felder wie die der Geschlechterrollen berücksichtigen und diese zu ändern versuchen (siehe hierzu weiterführend Rosenfeld 2023).

Ohne Zweifel stellt Fleisch in kultureller Hinsicht ein wichtiges, nicht zu unterschätzendes und historisch verwurzeltes Gut dar. In Deutschland wie auch in den meisten anderen Ländern der Welt sind Fleisch und Tierprodukte seit Jahrtausenden Teil der menschlichen Ernährung. Eine Vielzahl von wissenschaftlicher Literatur weist darauf hin, dass erst der konstante Zugriff des Menschen auf die protein- und fetthaltige Nahrungsquelle Fleisch für einen evolutionären Vorteil sorgte (vgl. Hirschfelder/Winterberg 2020). Mit Sesshaftwerdung der meisten menschlichen Gesellschaften und der Ausweitung von landwirtschaftlicher Produktion ging auch eine Domestizierung von ehemals Wildtieren einher – und damit eine Stabilisierung und Etablierung des Fleischkonsums. Ein Blick in die Vergangenheit lässt keine Zweifel ob der Bedeutung von Fleisch als nahrhaftes Lebensmittel für den Menschen aufkommen (ebd.).

Diese historisch-kulturelle sowie ernährungsphysiologische Dimension von Fleischkonsum wird häufig als Argument für eine fleischhaltige Ernährung genannt. Jedoch rechtfertigen vergangene Kontexte und historische Entwicklungen nicht zwangsläufig die Aufrechterhaltung dieser Systeme und Verhaltensweisen. So ist festzuhalten, dass Fleisch zwar noch immer ein hervorragendes Eiweiß und Fettsäure-Medium darstellt (Geiker et al.), aus ernährungsphysiologischer Perspektive jedoch keine Bedenken hinsichtlich einer vegetarischen (fleisch- und fischlosen) Ernährung gegeben sind (vgl. Menzel et al. 2020). Auch für eine gänzlich tierproduktlose, vegane Ernährung mehrt sich die wissenschaftliche Evidenz dahingehend, dass bei korrekter Anwendung und der Einnahme von Nahrungsergänzungsmitteln (für die Zufuhr von u. a. Vitamin B12, Omega 3-Fettsäuren) eine gesunde und nahrhafte Ernährung sichergestellt ist und sogar gesundheitliche Vorteile aus einer veganen und/oder vegetarischen Ernährungsweise folgen können (siehe hierzu die Meta-Studien von Menzel et al. 2020; Selinger et al. 2022).

Neue Märkte und eine paradoxe Industrie

Wie die vorab angeführten Argumente unterstreichen, stößt eine Kritik und die Forderung nach grundlegender Änderung der Verhältnisse schnell auf vielerlei Widerstände und Ablehnung – insbesondere, wenn es um die aktive Rolle des Staates als regulierende Kraft geht. Nichtsdestotrotz argumentiert der folgende Teil für eine Abkehr der Massentierhaltung und die schnelle und konsequente Regulierung von Tierprodukten. Zu dringend und schwerwiegend sind die Folgen einer Weiterführung bisheriger Praktiken in der Massentierhaltung.

Das Hauptargument, dass für eine aktivere und regulatorische Rolle der Politik spricht, liegt paradoxerweise im Markt selbst begründet. In den letzten Jahren scheint sich ein klarer Trend abzuzeichnen: Konsumentinnen und Konsumenten greifen verstärkt zu Fleischersatzalternativen, entscheiden sich bewusst gegen eine fleischhaltige Ernährung oder verzichten gar gänzlich auf Tierprodukte. So ernährten sich im Jahr 2022 knapp die Hälfte der deutschen Bevölkerung entweder vegan (3 Prozent), vegetarisch (7 Prozent), pescetarisch

(2,5 Prozent) oder ›flexitarisch‹ (31,1 Prozent; alle Zahlen siehe Veganz 2022[1]). Je jünger, desto problembewusster scheinen die Menschen zu sein – in der Gruppe der 15 bis 29-Jährigen geben doppelt so viele Personen an, sich mindestens vegetarisch zu ernähren als im Rest der Bevölkerung (Heinrich Böll Stiftung 2021, S. 35).

Auch die Produktvielfalt an Fleischersatzprodukten oder Alternativen für Milcherzeugnisse (Haferdrinks, Reisdrinks, Käsealternativen) nimmt stark zu (Terpitz 2022). Europa und insbesondere Deutschland sind weltweit führend in der Einführung neuer (veganer) Lebensmittelprodukte (Schimroszik 2023; Witham 2018). Die Fleischindustrie und Lebensmittelkonzerne erkennen diesen neu entstehenden Markt ebenfalls und lancieren eigene fleischlose Produkte (Hirtzer et al. 2021; Starostinetskaya 2020; Tönnies 2021). Die Richtung, in welche sich ›der Markt‹ bewegt, scheint somit zumindest in Deutschland klar.

Währenddessen töten allein in Deutschland Fleischunternehmen wie Tönnies, Westfleisch oder Wiesenhof weiterhin jährlich 750 Millionen Tiere in ihren Schlachthöfen (Statistisches Bundesamt 2023). Die überwältigende Mehrheit dieser sogenannten Nutztiere verbringt noch immer ihr ganzes Leben eingesperrt in dunklen, engen Ställen (zu der Verteilung der Haltungsbedingungen siehe Rohlmann und Verhaagh 2019). Deutsche Konsumentinnen und Konsumenten verzehren aktuell noch durchschnittlich 55 Kilogramm Fleisch pro Jahr[2] – zu viel, um als gesund zu gelten (Deutsche Gesellschaft für Ernährung 2021). Auch die Produktion des Fleisches sank bis zuletzt trotz eines sich ändernden inländischen Konsumverhaltens kaum. Grund hierfür sind Exporte in das Ausland, insbesondere China stellte neben dem EU-Ausland bis zur Corona-Pandemie einen wichtigen Absatzmarkt für Schweinefleisch, tierische Innereien und Milchprodukte dar (Bundesministerium für Ernährung und Landwirtschaft 2020).

---

1 Die Studie befragte 2.733 Menschen im Alter von 15 bis 64 Jahren nach ihren Ernährungsgewohnheiten. Aufgrund der befragten Altersklasse könnte der Anteil der fleischessenden Bevölkerung insgesamt höher liegen.

2 Im Schnitt verzehren Konsumentinnen und Konsumenten in Deutschland 55 Kilogramm Fleisch pro Jahr (Stand 2022). Die tatsächlich konsumierte Menge an Fleisch dürfte dabei individuell schwanken und bei Fleisch essenden Personen im Schnitt höher liegen, da vegetarisch lebende Menschen nicht bei der Rechnung abgezogen werden.

Es ist richtig, dass Landwirtinnen und Landwirte das Rückgrat der deutschen Ernährungssicherheit sind, und ihre Arbeit finanziell und gesellschaftlich stark unterstützt werden sollte. Dass das aktuelle System jedoch neben der klimatischen und tierethischen Dimension auch ökonomisch und psychisch für viele von ihnen nicht erstrebenswert ist, wird an vielen Stellen deutlich: So könnte ein Großteil der Betriebe ohne staatliche Subventionen nicht wirtschaftlich agieren (Zinske 2020), je kleiner der Betrieb, desto größer oft die Abhängigkeit (Deleja-Hotko 2022). Die Schweinemast stellt heute bereits oft ein Verlustgeschäft dar (Rohlmann und Verhaagh 2019; Monbiot 2022, S. 217). Des Weiteren weisen fast die Hälfte der Landwirtinnen und Landwirte psychische Belastungssymptome auf (Hirsch 2023). Wirtschaftlich betrachtet ist die Fleischproduktion für die meisten Bäuerinnen und Bauern daher keine lukrative Einnahmequelle – schon gar nicht, ohne Subventionen der Europäischen Union. Wer aus ökonomischer Sicht für eine Beibehaltung oder Ausweitung des aktuellen Systems argumentiert, spricht daher meist nicht im Interesse der bäuerlichen Betriebe, sondern im Interesse großer Nahrungsmittelkonzerne.

Die Verteilung von Subventionen verlief dabei in der Vergangenheit in fragwürdige Richtungen – immer öfter werden die zweckungebundenen, milliardenschweren Direktzahlungen aus den EU-Fördertöpfen an Besitzer:innen landwirtschaftlicher Fläche kritisiert (Finke und Liebrich 2020; Scown et al. 2020; Monbiot 2022, S. 219f.). Dafür sollte die deutsche Politik besser neue Produktionsmethoden, welche größtenteils ohne Tierleid und mit deutlich geringeren Emissionsbelastungen durchgeführt werden können, finanziell und durch erleichterte Zulassungsvoraussetzung unterstützen[3]. Neue Produktionsmethoden und Technologien wie das Kultivieren von Laborfleisch, das Verfeinern von pflanzenbasierten Fleischersatzprodukten (Monbiot 2022, S. 195) oder die vielversprechende Präzisionsfermentation[4], versprechen ein großes

---

3 Das Hamburger Start-Up mushlabs äußerte in einem persönlichen Gespräch mit dem Autor (März 2023), dass eine der größten Hürden für die Einführung ihres neuartigen Produktes (Patties auf Basis von Pilzwurzelgeflechten) die langsame und komplizierte administrative Zulassung auf EU- und Bundesebene sei.

4 Bei der Präzisionsfermentation werden die Fermentationsprozesse durch Mikroorganismen bzw. Bakterien, welche üblicherweise in den Mägen von Wiederkäuern stattfinden, in Bioreaktoren unter Hinzugabe von Energie und Wasserstoff durchgeführt (Monbiot 2022). Dadurch entfällt der Faktor Tier komplett bei gleichzeitiger Gewinnung wertvoller Proteine. Auch Käse kann dadurch ›künstlich‹ erzeugt werden.

Steigerungspotential bei der Ressourceneffizienz der Lebensmittelproduktion: So würde sich bei letzterer die benötigte Fläche für den gleichen Proteingewinn im Vergleich zum herkömmlichen Weg über den Tiermagen um bis zu den Faktor 400 reduzieren (Pander et al. 2020). Zu bedenken ist auch, dass Fleischersatzprodukte ein neues Phänomen sind – und das Verbesserungspotential hinsichtlich Geschmack und gesundheitsfördernder Zutaten groß ist.

Klimaziele ernst nehmen

Auch aus Sicht der deutschen Klimaziele ist eine Abkehr von der intensiven, dung- und pestizidlastigen Landwirtschaft unabdingbar. Insbesondere, weil Deutschland sich wie 195 andere Staaten auch völkerrechtlich dazu verpflichtet hat, die im Pariser Klimaabkommen festgelegten Ziele einzuhalten. Um diese zu erreichen, müssen auch die Emissionen aus dem landwirtschaftlichen Sektor, von welchem die Tierproduktion und Massentierhaltung einen Großteil der Emissionen verursacht (siehe Bundesamt 2023, Methangas, Lachgas etc.), zügig sinken. Weltweit betrachtet gilt dies umso mehr: Eine aktuelle Studie unterstreicht, dass die derzeitigen Systeme und Konsummuster der menschlichen Ernährung unvereinbar sind mit den in Paris verbindlich gesetzten Klimazielen (Ivanovich et al. 2023). Wenn unverändert, triebe allein die Landwirtschaft einen Temperaturanstieg von 0,7 bis 0,9 Grad Celsius voran, zusätzlich zu den bereits vorhandenen 1,1 Grad Celsius und allen weiteren Industriesektoren (ebd., Carrington 2023).

Der anthropogen bedingte Klimawandel stellt eine Dauerkrise dar. Sie zu lösen, erfordert die Kooperation und den gemeinsamen Willen aller systembeteiligten Akteure. Bezogen auf die Nahrungsmittelindustrie und Ernährung hat dies der EAT-Report der Lancet-Kommission 2019 untersucht. Die Kommission kommt in ihrem Bericht zu dem Schluss, dass sich die globale Ernährungsweise signifikant ändern muss, hin zu einer »[…] Verdoppelung des Verzehrs gesunder Lebensmittel wie Obst, Gemüse, Hülsenfrüchte und Nüsse und eine Reduzierung des weltweiten Verbrauchs von additiven Zuckern und rotem Fleisch um mehr als 50 Prozent.« (Willett et al. 2019; eigene Übersetzung).

Die genannten Punkte verdeutlichen, wieso die Politik gerade wegen einer klar erkennbaren gesellschaftlichen Umorientierung hin zu einer nachhaltigeren Ernährungsweise verstärkend in diese eingreifen sollte – die Zeit drängt.

Das ›Gute‹ an dem Problem des Klimawandels und der tierethischen Problematik der Massentierhaltung ist, dass jede Tonne Emissionseinsparung und jedes gerettete Tierleben bedeutsam sind. Der anthropogene Klimawandel ist kein linearer Prozess; er kann sich bei Überschreiten bestimmter Kipppunkte, der sogenannten ›tipping points‹ (Schellnhuber 2015), selbst verstärken. Das Verhindern dieses ›Kippens‹ ist elementar für den Erhalt einer lebenswerten Zukunft. Jeder wirtschaftliche Sektor, jeder wirtschaftliche Akteur kann dabei einen entscheidenden Teil zur Lösung beitragen.

Initiativen sind zu wenig – und individueller Wandel ist zu langsam

Wie jeder gesellschaftliche Wandel wird auch eine Abkehr von Tiererzeugnissen und eine Umstellung von Wirtschaftsprozessen auf Abwehr und Widerstand stoßen. Die Fleischindustrie beispielsweise betont regelmäßig die individuelle Entscheidungsfreiheit der Konsumierenden als Stützpfeiler »unsere[s] Systems des freien Wettbewerbs« (Fokus Fleisch o. D.). Dabei vergleicht sie Fleischprodukte mit Autos und Waschmaschinen (ebd.). Dies stellt einen Anthropozentrismus par excellence dar. Sogenannte Nutztiere betrachten sie als Objekte, welche hierarchisch dem Menschen untergeordnet sind und daher als solche ausgebeutet und als Waren be- und gehandelt werden können.

Vertreter:innen aus Wirtschaft und Handel mit einer marktliberalen politischen Haltung verweisen oftmals auf die Rolle und Macht der Konsumentinnen und Konsumenten. Doch ist es sowohl unrealistisch wie auch moralisch fragwürdig, von Individuen zu verlangen, dass sie die komplexe, weltumspannende Gesamtheit der Problematik ihres Konsums erfassen sollen. Die Verantwortung für die Etablierung einer nachhaltigen, ethisch vertretbaren Ernährung sollte daher nicht primär bei den Konsumentinnen und Konsumenten liegen.

Ähnlich wie bei Fragen des persönlichen ökologischen Fußabdruckes stößt die Forderung nach individuellem Verzicht und Verhaltensänderung schnell an Grenzen – dann nämlich, wenn das gesellschaftlich gewünschte Verhalten durch eine niedrige Preissetzung konterkariert wird. Ob beim Urlaubsflug oder an der Kasse im Supermarkt, eine überwältigende Mehrheit der Konsumierenden kauft vor allem preisbewusst ein (Schäufele-Elbers et al.

2021); trotz einer prinzipiellen Befürwortung höherer Preise für ein Mehr an Qualität und Tierwohl (Spiller et al. 2023). Marketing und Werbung, welche den Preis oftmals als entscheidenden Faktor in den Vordergrund stellen, unterstützen dies – ein Problem, dass selbst die ehemalige Landwirtschaftsministerin Klöckner monierte und ein Preiswerbeverbot für Fleisch vorschlug, welches bis heute jedoch nicht umgesetzt ist (Klöckner 2020, S. 5).

Unter wachsendem Druck der medialen Öffentlichkeit wird seitens der Industrie mit der Gründung von diversen Projekten und Initiativen auf das sich wandelnde öffentliche Bild ihrer Branche zu reagieren versucht. Beispiele hierfür sind die 2015 gegründete *Initiative Tierwohl*. Sie bringt die Land- und Fleischwirtschaft sowie den Handel und die Gastronomie zusammen, um mithilfe eines *Tierwohllabels* für mehr Transparenz hinsichtlich der Haltungsbedingungen zu sorgen. Der ausgerufene Slogan »Für mehr Tierwohl in der Nutztierhaltung« (Initiative Tierwohl 2022) kommt jedoch zynisch daher: Zwar sorgt es für mehr Transparenz bei den Verbrauchern, an den Haltungsbedingungen ändert es jedoch überhaupt nicht.

Ein Verweis auf solche durch die Politik initiierten ›Netzwerke‹ und Kommissionen genügt argumentativ schlichtweg nicht, um auf eine angebliche ernstgemeinte Bemühung durch Wirtschaft und Handel im Sinne des Tierwohls oder Klimawandels hinzuweisen. Das 2019 durch Klöckner ins Leben gerufene Kompetenznetzwerk Nutztierhaltung liefert hierfür reichhaltige Evidenz. Dieses erarbeitete ebenfalls Maßnahmen zur »Verbesserung der Nutztierhaltung« in Deutschland (Kompetenznetzwerk Nutztierhaltung 2020). Primär fordert das Kompetenznetzwerk, welches heute noch besteht, die zusätzliche Förderung der Nutztierwirtschaft mit jährlich 1,2 bis 3,6 Milliarden Euro bis 2040 (ebd.). Dieses zusätzliche Geld soll u. a. in den Ausbau von Ställen und der Verbesserung der Haltungsbedingungen von Tieren fließen.

Wie sehr die vorgeschlagenen Maßnahmen tatsächlich dem Tierwohl dienen, wird bei einer kritischen Betrachtung der Zielsetzung deutlich:

> »Als langfristiges Ziel empfiehlt das Kompetenznetzwerk die vollständige Überführung der deutschen Nutztierhaltung in Stufe 2. [...] Nach Abschluss solcher Übergangszeiträume (z. B. die gesamte Nutztierhaltung mindestens in Stufe 1 im Jahr 2030 bzw. mindestens in Stufe 2 im Jahr 2040) sollte dann, unter Beibehaltung der Förderung, der gesetzliche Standard angepasst werden.« (ebd.)

Zur Einordnung: Nutztierhaltungsstufe 2 bedeutet beispielsweise bei Schweinen im Vergleich zu Stufe 1 eine minimale Erhöhung des Stellplatzes pro Tier um 10 Prozent und das Bereitstellen »eines zusätzlichen Beschäftigungsmaterials aus natürlichen Materialien« (haltungsform.de o. D.). Es ist schwer vorstellbar, dass eine solche ›Verbesserung‹ in irgendeiner Form signifikant die individuelle Lebensqualität eines Tieres erhöht. Auch die Übergangsphasen von teilweise zehn Jahren unterstreichen, wie wenig aktuelle Markttendenzen oder klimapolitische Notwendigkeiten bei den Aushandlungen dieser Maßnahmenvorschläge in Betracht gezogen werden. Kritisiert werden muss mit Hinblick auf diese nüchternen Zielsetzungen bereits die Zusammenstellung der Kommission: Neben einer Reihe von Landwirtschaftsministern sind die meisten Mitglieder Interessensvertreter:innen aus dem Bereich der Landwirtschaft, Lebensmittelindustrie und Nutztierindustrie (BMEL 2021). Aus dem Bereich der Wissenschaft sind lediglich Agrarökonomie oder Agrarwissenschaftler:innen vertreten. Lediglich eine Person stammt von einem Umweltverband (ebd.). Entsprechend negativ fiel das Urteil durch Natur-, Tier- und Umweltschutzverbänden über die Ergebnisse des Kompetenznetzwerkes Nutztierhaltung aus (deutschlandfunk.de 2022).

Kommunikation als Schlüssel

Zweifelsfrei sind Änderungen an den aktuellen Umständen der Tierhaltung und Landwirtschaft notwendig und sollten alsbald aufgenommen werden. Dennoch stellt sich die Frage, wie sich diese Änderungen für alle Beteiligten bestmöglich umsetzen lassen.

Zentral für eine erfolgreiche Abkehr von Massentierhaltung und intensiver Landwirtschaft wird die Einsetzung regulativer Gesetze, klarer zeitlicher Rahmensetzungen und begleitend die richtige Kommunikation dieser Maßnahmen sein. Zwar sind die vergangenen Jahre bereits Bemühungen von Politik und Markt deutlich geworden. Sie stellen zu großen Teilen jedoch unzureichende Maßnahmen dar, die in bestimmten Fällen sogar problematische Zustände verfestigen, statt diese zu wandeln (siehe die obige Kritik an dem Tierwohllabel oder den Beschlüssen unter Landwirtschaftsministerin Klöckner).

In einem demokratisch regierten Land wie Deutschland sollte die legislative Arbeit einer Regierung den politischen Willen einer Mehrheit der Bevölkerung widerspiegeln. Anzunehmen ist, dass es im Interesse aller ist, einen Staat und eine Gesellschaft in einer tragfähigen, stabilen Umwelt zu erhalten. Ein solches kommunikatives Framing sollte auch hinsichtlich etwaiger Maßnahmen zur Reduktion der Fleischproduktion und des Fleischkonsums angestrebt werden – nicht zuletzt aufgrund der Tatsache, dass auch aus psychologischer Sicht effektive Verhaltensänderungen stark von der Intention und der wahrgenommenen Kontrolle über dieselbige abhängen (vgl. Fishbein und Ajzen 1975).

Aus der Corona-Pandemie lassen sich diesbezüglich hilfreiche Parallelen ziehen: Die starken Einschränkungen des gesellschaftlichen Lebens wurden dann durch eine Mehrheit der Bevölkerung akzeptiert, wenn ihre Vermittlung als kohärent und notwendig wahrgenommen wurde (Post et al. 2020). Die Bedeutung von sinnstiftenden Narrativen für den Erfolg von politischer Kommunikation und sozialpolitischen Maßnahmen betonen auch Blum und Kuhlmann in ihrer Analyse der politischen Kommunikation während der Pandemie (Blum & Kuhlmann 2021).

Gesetzesänderungen und politische Maßnahmen müssen als wirksam und aussichtsreich wahrgenommen werden, um akzeptiert zu werden (Drews et al. 2016: 867). Eine ›erzwungene‹ Ernährungsumstellung, beispielsweise durch ein Verbot von Produkten, kann als großer Eingriff in die eigene Autonomie empfunden werden – daher darf ein solcher Eingriff nicht erfolgen, ohne kommunikativ die Notwendigkeit dieser Maßnahmen sowie auf materieller Ebene das Vorhandensein ebenbürtiger Alternativen (beispielsweise neuer Lebensmittelprodukte) gesichert zu haben.

Beispiele für den staatlich initiierten Einsatz von kommunikativen Mitteln zur Steuerung des Konsums schädlicher Produkte gibt es: Die bekannten ›Schockbilder‹ auf Zigarettenpackungen wirken besonders in Kombination mit einer textlichen Information (Bundestag 2017: Dokumentation 024/17). Wie diese Maßnahme zeigt, kann auch der Einbezug von Emotion und Affekt unterstützend sein, den Bürger:innen die Beweggründe und die Sinnhaftigkeit einer ursprünglich als einschränkend wahrgenommenen Maßnahme verständlich zu machen und an Akzeptanz zu gewinnen (Drews et al. 2016).

Fazit: Der Staat muss regulieren

Die generelle Stoßrichtung einer progressiven und an einer tragfähigen Zukunft interessierten Gesellschaft sollte hinsichtlich der Frage ob des allgemeinen Fleischkonsums klar sein: Weniger ist mehr. Der große Ressourcenverbrauch durch die konventionelle Ernährungsweise über das Medium Fleisch, die damit einhergehende starke Belastung von Klima und Umwelt sowie die sich immer stärker abzeichnenden Folgen des anthropogen bedingten Klimawandels unterstreichen die Dringlichkeit, mit der alle Akteure aus Wirtschaft, Politik und Gesellschaft agieren müssen.

Das Einschränken des Konsums von Fleisch- und Tierprodukten stellt dabei eine effektive, zielorientierte und dank zahlreicher Alternativen zumutbare Lebensumstellung für Bürger:innen dar. Obgleich die genauen legislativen und politischen Instrumente in diesem Essay nicht besprochen wurden, stellen die untragbaren Haltungsbedingungen der meisten Nutztiere sowie die generellen Produktionsbedingungen von Fleisch und Milchprodukten starke Argumente für ein konsequenteres, resoluteres Eingreifen des Staates dar. Die bisherigen Bemühungen auf EU- und nationaler Ebene genügen nicht, um effektiv dem Tierwohl als auch den Klimaschutzzielen zu genügen.

Klar ist auch, dass Fleisch ein hochgradig in der Gesellschaft verankertes Kulturgut ist. Daher ist, so die zentrale Erkenntnis dieses Essays, die richtige Kommunikation aller staatlich regulierenden Eingriffe für deren Erfolg essenziell. Diesbezüglich sollten stets die gesamtgesellschaftlichen Vorteile betont und Änderungen positiv als Wandel und zukunftsfördernd konnotiert werden. Politische Spannungen und gesellschaftliche Diskussionen können so sicherlich nicht verhindert, aber in ihrer Heftigkeit gemindert werden.

Auch dürfen etwaige Maßnahmen nicht in finanziellen Belastungen für individuelle, ökonomisch prekär lebende Landwirtinnen und Landwirte und Bürger:innen münden. Der soziale Aspekt von Regulierungen muss daher immer mitgedacht werden. Wie oben angemerkt, spielen psychologische und kulturelle Aspekte bei der Abwägung spezifischer Maßnahmen zur Reduktion des Fleischkonsums und der Produktion von Tierprodukten eine maßgebliche Rolle – daher sollten auch wissenschaftliche Erkenntnisse über individuell-psychologisches Verhalten eine entscheidende Rolle bei der Entwicklung von Kommunikationsstrategien und regulatorischen Maßnahmen spielen.

Abschließend muss festgehalten werden: Das rein profitorientierte Interesse der Industrie und wirtschaftlicher Interessensverbände darf nicht grundlegenden Änderungen zum Wohle aller entgegenstehen. Hier sollte die Politik auf die Dringlichkeit der Problematik verweisen und ihre Autorität als Staat wahrnehmen. Eine gewisse Kreativität in der Kommunikation, Entschlossenheit in der Ausarbeitung von Gesetzten sowie Resilienz gegenüber der zu erwartenden harschen Kritik reaktionärer Kräfte muss auf Seiten der Bundesregierung gegeben sein.

Eines ist klar: Der Markt ›regelt‹ wenn überhaupt nur sich selbst – seine eigenen Kräfte und Interessen aushandelnd, ignoriert er das ökologische, lebendige Sediment, auf dem er ruht. Am Beispiel der industrialisierten Fleischproduktion und dessen klimaschädlicher Wirkung ist dies gut erkennbar. Was es braucht, sind mutige Regierungen.

QUELLEN

Al-Shaar, Laila/Ambika Satija/Ben Zhong Tang/Eric B. Rimm/Stephanie A. Smith-Warner/Meir J. Stampfer/Frank B. Hu/Walter C. Willett (2020): Red meat intake and risk of coronary heart disease among US men: prospective cohort study, in: *BMJ*, S. m4141, [online] doi:10.1136/bmj.m4141.

Balser, Markus/Silvia Liebrich/Jan Heidtmann (2017): Die Agrarwirtschaft ist ein Paradies für Lobbyisten, in: *Süddeutsche.de*, 17.09.2017, [online] https://www.sueddeutsche.de/wirtschaft/report-hegen-und-pflegen-1.3668000 [abgerufen am 15. März 2023].

Blum, Sonja/Johanna Kuhlmann (2021): Wir sind Helden. Sozialpolitische Maßnahmen und politische Kommunikation in der Corona-Pandemie, in: *Der moderne Staat*, Verlag Barbara Budrich, Bd. 14, Nr. 2–2021, S. 411–432, [online] doi:10.3224/dms.v14i2.04.

BMEL (2019): Mitgliederliste des Kompetenznetzwerk Nutztierhaltung, [online] https://www.bmel.de/SharedDocs/Downloads/DE/_Tiere/Nutztiere/mitgliederliste-kompetenznetzwerk.html [abgerufen am 14. März 2023].

Brehm, Jack W. (1968): A Theory of Psychological Reactance, in: *American Journal of Psychology*, University of Illinois Press, Bd. 81, Nr. 1, S. 133, [online] doi:10.2307/1420824.

Bundesministerium für Ernährung und Landwirtschaft/MediaCompany – Agentur für Kommunikation GmbH (2021): *Agrarexporte verstehen Fakten und Hintergründe*, [online] https://www.bmel.de/SharedDocs/Downloads/DE/Broschueren/Agrarexporte-verstehen.pdf?__blob=publicationFile&v=9 [abgerufen am 14. März 2023].

Carrington, Damian (2023): Meat, dairy and rice production will bust 1.5C climate target, shows study, the Guardian, [online] https://www.theguardian.com/environment/2023/mar/06/meat-dairy-rice-high-methane-food-production-bust-climate-target-study [abgerufen am 14. März 2023].

Deleja-Hotko, Vera (2022): EU-Agrarsubventionen: Die Großen profitieren, die Kleinen sterben, in: *FragDenStaat*, 01.12.2022, [online] https://fragdenstaat.de/blog/2022/12/01/agrarsubventionen-die-grossen-profitieren-die-kleinen-sterben/ [abgerufen am 15. März 2023].

Deutsche Gesellschaft für Ernährung (2021): Gut für die Gesundheit: Viel Gemüse und Obst, weniger Fleisch, [online] https://www.dge.de/presse/pm/gut-fuer-die-gesundheit-viel-gemuese-und-obst-weniger-fleisch/ [abgerufen am 14. März 2023].

deutschlandfunk.de/Ann-Kathrin Büsker (2022): Label für Schweinefleisch – Die Pläne der Ampel-Koalition für mehr Tierwohl, in: *Deutschlandfunk*, 23.12.2022, [online] https://www.deutschlandfunk.de/tierwohl-kennzeichen-schweinefleisch-100.html [abgerufen am 14. März 2023].

deutschlandfunkkultur.de. (2018, 29. August). *Fleisch als Kulturgut – »Wir verorten uns über Ernährung auch sozial« – Gunther Hirschfelder im Gespräch mit Stephan Karkowsky*. Deutschlandfunk Kultur. https://www.deutschlandfunkkultur.de/fleisch-als-kulturgut-wir-verorten-uns-ueber-ernaehrung-100.html.

Dixson-Decleve, Sandrine/Owen Gaffney/Jayati Ghosh/Jorgen Randers/Johan Rockstrom/Per Espen Stoknes (2022): *Earth for All. A Survival Guide for Humanity*, New Society Publishers.

Drews, Stefan/Jeroen C. J. M. Van Den Bergh (2016): What explains public support for climate policies? A review of empirical and experimental studies, in: *Climate Policy*, Taylor & Francis, Bd. 16, Nr. 7, S. 855–876, [online] doi:10.1080/14693062.2015.1058240.

Finke, Björn/Silvia Liebrich (2020): Wie EU-Subventionen grünere Landwirtschaft verhindern, in: *Süddeutsche.de*, 31.08.2020, [online] https://www.sueddeutsche.de/wirtschaft/eu-landwirtschaft-subventionen-klimawandel-1.5012117.

Fishbein, Martin/Icek Ajzen (1975): *Belief, Attitude, Intention, and Behavior. An Introduction to Theory and Research*, Addison-Wesley.

Fokus Fleisch (o. D.): Preiswerbeverbot: Befremdlicher Vorstoß entmündigt Konsumenten, fokus-fleisch.de, [online] https://www.fokus-fleisch.de/preiswerbeverbot-befremdlicher-vorsto%C3%9F-um-konsumenten-zu-entm%C3%BCndigen [abgerufen am 14. März 2023].

Geiker, N. R. W., Bertram, H. C., Mejborn, H., Dragsted, L. O., Kristensen, L., Carrascal, J. R., Bügel, S. & Astrup, A. (2021). Meat and Human Health – Current knowledge and research Gaps. *Foods*, 10(7), 1556. https://doi.org/10.3390/foods10071556.

Glas, A. (2021, 30. Dezember). Söder und ein Leben ohne Fleisch: theoretisch möglich, aber sinnlos. *Süddeutsche.de*. https://www.sueddeutsche.de/bayern/markus-soeder-vegan-fleisch-csu-oezdemir-1.5497971.

haltungsform.de (o. D.): Haltungsform – Informativ – Transparent – Bewusst, Gesellschaft zur Förderung des Tierwohls in der Nutztierhaltung mbH, [online] https://www.haltungsform.de/ [abgerufen am 15. März 2023].

Heinrich Böll Stiftung (2021): Jugendumfrage Weniger Fleisch mehr Future, in: *Fleischatlas* 2021, S. 35, [online] https://www.boell.de/de/2021/01/06/fleischatlas-2021.

Hirsch, Isabella (2023): Wozu eine Krise – es reicht der Alltag. Erosion der bäuerlichen Familienbetriebe durch Überlastung, in: *Kritischer Agrarbericht* 2023, S. 93–98, [online] https://kritischer-agrarbericht.de/fileadmin/Daten-KAB/KAB-2023/KAB_2023_93_98_Hirsch.pdf.

Hirschfelder, G. & Winterberg, L. (2020). Fleisch als Kulturgut:Traditionen und Dynamiken. *ERNÄHRUNG IM FOKUS*, 01, 28–33. https://www.researchgate.net/publication/340429903_Fleisch_als_Kulturgut_Traditionen_und_Dynamiken_In_Ernahrung_im_Fokus_01_2020_S_28-33.

Hirtzer, Michael/Deena Shanker/Fabiana Batista (2021): Meat giant Tyson Foods enters the competitive plant-based market again – this time with a line of vegan meat products, Fortune, [online] https://fortune.com/2021/05/03/tyson-plant-based-meat-beyond-meat-impossible-foods-vegan/ [abgerufen am 14. März 2023].

Hook, C. J. & Markus, H. R. (2020). Health in the United States: Are appeals to choice and personal responsibility making Americans sick? *Perspectives on Psychological Science*, 15(3), 643–664. https://doi.org/10.1177/1745691619896252.

Initiative Tierwohl (2022): Für mehr Tierwohl in der Nutztierhaltung, [online] https://initiative-tierwohl.de/ [abgerufen am 5. März 2023].

Ivanovich, Catherine/Tianyi Sun/Doria R. Gordon/Ilissa B. Ocko (2023): Future warming from global food consumption, in: *Nature Climate Change*, Nature Portfolio, [online] doi:10.1038/s41558-023-01605-8.

Klöckner, Julia/Barbara Otte Kinast/Ursula Heinen-Esser (2020): Branchengespräch Fleisch, [online] https://www.bmel.de/SharedDocs/Downloads/DE/_Tiere/Tierschutz/branchengespraech-fleisch.html.

Kompetenznetzwerk Nutztierhaltung (2020): Empfehlungen des Kompetenznetzwerks Nutztierhaltung, in: *BMEL*, [online] https://www.bmel.de/SharedDocs/Downloads/DE/_Tiere/Nutztiere/200211-empfehlung-kompetenznetzwerk-nutztierhaltung.html.

Menzel, J., Jabakhanji, A., Biemann, R., Mai, K., Abraham, K. & Weikert, C. (2020). Systematic review and meta-analysis of the associations of vegan and vegetarian diets with inflammatory biomarkers. *Scientific Reports*, 10(1). [online] https://doi.org/10.1038/s41598-020-78426-8.

Mertens, A. & Oberhoff, L. (2023). Meat-eating justification when gender identity is threatened – the association between meat and male masculinity. *Food Quality and Preference* 104, 104731. [online] https://doi.org/10.1016/j.foodqual.2022.104731.

Monbiot, George (2022): *Regenesis. How to Feed the World Without Devouring the Planet*, Allen Lane.

Pan, An/Qi Sun/Adam Bernstein/Matthias B. Schulze/Joann E. Manson/Heiner Boeing/JoAnn E. Manson/Meir J. Stampfer/Walter C. Willett/Frank B. Hu (2012): Red Meat Consumption and Mortality, in: *Archives of internal medicine*, American Medical Association, Bd. 172, Nr. 7, S. 555, [online] doi:10.1001/archinternmed.2011.2287.

Pander, Bart/Zahara Mortimer/Craig A. Woods/Callum Mcgregor/Andrew W Dempster/Lisa S. Thomas/Joshua Maliepaard/Robert Mansfield/Peter C. Rowe/Preben Krabben (2020): *Hydrogen oxidising bacteria for production of single-cell protein and other food and feed ingredients*, Engineering biology, Institution of Engineering and Technology, Bd. 4, [online] doi:10.1049/enb.2020.0005.

Post, Senja/Nils Bienzeisler/Mareike Lohöfener/Georg-August-Universität Göttingen (2020): *Politische Kommunikation im Lockdown: Wie gut fühlten sich die Bürger informiert?*, Prof. Dr. Senja Post, [online] https://www.uni-goettingen.de/de/document/download/db811b184f1d4d8bbfccc91916d20652.pdf/Politische%20Kommunikation%20im%20Lockdown.pdf [abgerufen am 14. März 2023].

Ritchie, Hannah (2019): Food production is responsible for one-quarter of the world's greenhouse gas emissions, *Our World in Data*, [online] https://ourworldindata.org/food-ghg-emissions.

Ritchie, Hannah (2021): How much of global greenhouse gas emissions come from food?, *Our World in Data*, [online] https://ourworldindata.org/greenhouse-gas-emissions-food.

Ritchie, Hannah/Roser, Max (2019): Land Use, in: *Our World in Data*, [online] https://ourworldindata.org/land-use#citation.

Rohlmann, Christa/Mandes Verhaagh (2019): Steckbrief zur Tierhaltung in Deutschland: Ferkelerzeugung und Schweinemast, Thünen-Institut, Thünen Institut für Betriebswirtschaft, [online] https://literatur.thuenen.de/digbib_extern/dn061459.pdf [abgerufen am 14. März 2023].

Rosenfeld, D. L. (2023). Masculinity and men's resistance to meat reduction. *Psychology of Human-Animal Intergroup Relations* 2. [online] https://doi.org/10.5964/phair.9645.

Schäufele-Elbers, Isabel/Leonie Boller/Ulrich Hamm/Katrin Zander (2021): *Analyse von Haushaltskäufen mithilfe von Paneldaten zur besseren Erschließung des Absatzpotentials bei Öko-Intensiv-, Öko-Medium-*

und Öko-Wenigkäufern, Bundesanstalt für Landwirtschaft und Ernährung, Bundesanstalt für Landwirtschaft und Ernährung, [online] https://bit.ly/42osat4 [abgerufen am 14. März 2023].

Schellnhuber, Hans Joachim (2015): *Selbstverbrennung: Die fatale Dreiecksbeziehung zwischen Klima, Mensch und Kohlenstoff.*

Schimroszik, Nadine (2023): Studie: Europas Start-ups für alternative Proteine wachsen gegen den Trend, [online] https://www.handelsblatt.com/technik/it-internet/wagniskapital-studie-europas-start-ups-fuer-alternative-proteine-wachsen-gegen-den-trend/28983616.html [abgerufen am 14. März 2023].

Schlatzer, Martin (2011): *Tierproduktion und Klimawandel. Ein wissenschaftlicher Diskurs zum Einfluss der Ernährung auf Umwelt und Klima*, LIT Verlag Münster.

Schloter, Michael/Reuning, Arndt (2021): Resistenzbildung bei Antibiotika – Weniger Massentierhaltung, weniger Antibiotika, in: *Deutschlandfunk*, [online] https://www.deutschlandfunk.de/resistenzbildung-bei-antibiotika-weniger-massentierhaltung-100.html [abgerufen am 15. März 2023].

Scown, Murray W./Mark Brady/Kimberly A. Nicholas (2020): Billions in Misspent EU Agricultural Subsidies Could Support the Sustainable Development Goals, in: *One earth*, Elsevier BV, Bd. 3, Nr. 2, S. 237–250, [online] doi:10.1016/j.oneear.2020.07.011.

Selinger, E., Neuenschwander, M., Koller, A., Gojda, J., Kühn, T., Schwingshackl, L., Barbaresko, J. & Schlesinger, S. (2022). Evidence of a vegan diet for health benefits and Risks – An umbrella review of meta-analyses of observational and clinical studies. *Critical Reviews in Food Science and Nutrition*, 63(29), 9926–9936. [online] https://doi.org/10.1080/10408398.2022.2075311.

Spiller, Achim/Lukas Fesenfeld/Linus Mattauch/Tobias Gaugler (2023): Akzeptanz für Fleischsteuer in Deutschland, Science Media Center Germany, [online] https://www.sciencemediacenter.de/alle-angebote/research-in-context/details/news/akzeptanz-fuer-fleischsteuer-in-deutschland/ [abgerufen am 14. März 2023].

Stanley, S. K., Day, C. & Brown, P. M. (2023). Masculinity Matters for Meat Consumption: An Examination of Self-Rated Gender Typicality, Meat Consumption, and Veg*nism in Australian men and women. *Sex Roles* 88(3–4), 187–198. [online] https://doi.org/10.1007/s11199-023-01346-0.

Starostinetskaya, Anna (2020): Smithfield »Very Pleased« With Performance of Its Vegan Meat Line, VegNews.com, [online] https://vegnews.com/2020/8/smithfield-very-pleased-with-performance-of-its-vegan-meat-line [abgerufen am 14. März 2023].

Statistisches Bundesamt (2023): *Import von Fleisch und Fleischwaren nach Deutschland in den Jahren 2009 bis 2022 (in 1.000 Tonnen). Statista.* Statista GmbH. https://de.statista.com/statistik/daten/studie/459243/umfrage/import-von-fleisch-nach-deutschland/ [aberufen am 15. März 2023].

Terpitz, Katrin (2022): Veggie-Boom: Markt für Fleischersatz wächst stark, [online] https://www.handelsblatt.com/unternehmen/handel-konsumgueter/fleischersatz-markt-fuer-fleischalternativen-waechst-stark-mehr-konkurrenz-fuer-veggie-pionier-ruegenwalder/28124138.html [abgerufen am 14. März 2023].

Tönnies (2021): Tönnies expandiert im Veggie-Markt – Tönnies, [online] https://www.toennies.de/toennies-expandiert-im-veggie-markt/ [abgerufen am 14. März 2023].

Veganz (2022): Ergebnisse der aktuellen Veganz Ernährungsstudie: Veganz, [online] https://veganz.de/blog/veganz-ernaehrungsstudie-2022/ [abgerufen am 14. März 2023].

Willett, Walter C./Johan Rockström/Brent Loken/Marco Springmann/Tim Lang/Sonja J. Vermeulen/Tara Garnett/David Tilman/Fabrice DeClerck/Amanda G. Wood/Malin Jonell/Michael R. Clark/Line Gordon/Jessica Fanzo/Corinna Hawkes/Rami Zurayk/Juan A Rivera/Wim De Vries/Lindiwe Majele Sibanda/Ashkan Afshin/Abhishek Chaudhary/Mario Herrero/Rina Agustina/Francesco Branca/Anna

Lartey/Shenggen Fan/Beatrice Crona/Elizabeth Fox/Victoria Bignet/Max Troell/Therese Lindahl/Sudhvir Singh/Sarah Cornell/K. Rajender Reddy/Sunita Narain/Sania Nishtar/Christopher J L Murray (2019): Food in the Anthropocene: the EAT-Lancet Commission on healthy diets from sustainable food systems, in: *The Lancet*, Elsevier BV, Bd. 393, Nr. 10170, S. 447–492, [online] doi:10.1016/s0140-6736(18)31788-4.

Witham, Katya (2018): Deutschland dominiert weiterhin bei veganen Produkteinführungen – Mintel Germany, Mintel Germany, [online] https://de.mintel.com/pressestelle/deutschland-dominiert-weiterhin-bei-veganen-produkteinfuehrungen [abgerufen am 14. März 2023].

World Health Organization [WHO] (o. D.): Cancer: Carcinogenicity of the consumption of red meat and processed meat, [online] https://www.who.int/news-room/questions-and-answers/item/cancer-carcinogenicity-of-the-consumption-of-red-meat-and-processed-meat [abgerufen am 14. März 2023].

Zinske, Olaf (2020): Was wäre, wenn die Bauern keine Agrar-Subventionen mehr bekommen? [online], in: *agrarheute*, https://www.agrarheute.com/management/finanzen/waere-bauern-keine-agrar-subventionen-mehr-bekommen-574145 [abgerufen am 15. März 2023].

6

Essays im Kontext der Energiekehrtwende

6.1 Wege für die Energiewende – Konsistenz und Effizienz vs. Suffizienz

VON MAREIKE ANDERT UND ELIAS TETZLAFF

Energiekehrtwende in Deutschland anpacken

In Anbetracht globaler Armut, Ungleichheit und ökologischer Krisen zeigt der Club of Rome in *Earth for All* (Dixson-Declève et al. 2022) unterschiedliche Szenarien auf, in die sich die globale Gemeinschaft in den nächsten Jahrzehnten entwickeln könnte. Dem *Too-Little-Too-Late-Szenario*, das von einem »business as usual« ausgeht und eine desaströse Entwicklung beschreibt, steht das *Giant-Leap-Szenario* gegenüber, das eine sozial und ökologisch wertvolle Zukunft verspricht. Für letzteres Szenario sind fünf umfassende Kehrtwenden und ein neues Wirtschaftsparadigma nötig. Eine davon ist die Energiekehrtwende, die insbesondere aufgrund der sich zuspitzenden Klimakrise dringend nötig ist. Denn die Klimakrise lässt sich vor allem auf die Energiegewinnung aus fossilen Brennstoffen wie Öl, Kohle und Erdgas zurückführen, bei deren Verbrennung Treibhausgase freigesetzt werden. Deren Zunahme in der Atmosphäre führt zu einem veränderten Energiehaushalt des Erdsystems und zur globalen Erderwärmung. Die Folgen sind unter anderem ein steigender Meeresspiegel und eine höhere Wahrscheinlichkeit für Extremwetterereignisse wie Dürren oder Starkregen. Diese Folgen bedrohen schon heute die Lebensgrundlage unzähliger Menschen und verursachen hohe wirtschaftliche Schäden.

Um die menschengemachte Klimakrise abzumildern und eine nachhaltige Entwicklung zu forcieren, sieht der Club of Rome die Lösung in einer Transformation des gesamten Energiesystems, dass heute auf fossilen Rohstoffen basiert und dessen neue Ausgestaltung auf elektrischen Technologien zur Energieerzeugung und Energieverarbeitung fußen soll. Die Klimakrise muss global gelöst werden, aber als reiche Industrienation mit hohen Emissionen pro Kopf, hat Deutschland eine besondere Verantwortung, CO_2-Emissionen schnell und drastisch zu reduzieren und klimaneutral zu werden. Vor diesem Hintergrund setzt sich dieses Essay durch zwei unterschiedliche Sichtweisen mit folgender Frage auseinander: Sind grüne elektrische Technologien für Deutschland der Weg aus der Klimakrise?

Während Elias Tetzlaff insbesondere für einen technologischen Wandel und den konsistenten und priorisierten Ausbau grüner Energien plädiert, tritt Mareike Andert für politische, wirtschaftliche und individuelle Verhaltensänderungen ein, also Suffizienzstrategien, um die Energiekehrtwende zu meistern. Anschließend wird diskutiert, inwiefern diese unterschiedlichen Strategien gewinnbringend miteinander vereinbart werden können.

Ja! Ein konsistenter Ausbau von Solar und Wind sowie Effizienzsteigerungen geben uns alle Möglichkeiten, die wir brauchen

VON ELIAS TETZLAFF

Für Deutschland wird der Weg hin zur Klimaneutralität kein leichter. Denn Deutschland ist als Europas bevölkerungsreichstes Land einerseits dicht besiedelt und stellt andererseits eine Industrienation dar, die es vermutlich auch nach der Energiewende noch sein will. Dementsprechend hoch ist der Energiebedarf jetzt und wohl auch in Zukunft. Doch auch wenn die erneuerbaren Energien aktuell nur knapp die Hälfte des Strombedarfs (Bundesnetzagentur 2023) und nur etwa 17 Prozent der gesamten Primärenergie (Arbeitsgemeinschaft Energiebilanzen 2022) abdecken, kann Deutschland die Energiewende schaffen und in den nächsten Jahrzehnten klimaneutral werden, ohne dabei einen Wohlstandsverlust in Kauf nehmen zu müssen.

Wir brauchen keine neuen Technologien

Zunächst geht es darum, möglichst alle Sektoren wie Energiewirtschaft, Industrie, Gebäude und Verkehr so weit wie möglich zu elektrifizieren und, wo dies nicht möglich ist, auf Rohstoffe wie Wasserstoff und synthetische Kraftstoffe zu setzen, die mit Hilfe von Strom erzeugt werden können. Das Gute ist, dass wir sowohl über das nötige Wissen als auch über die Technik verfügen, um diese

Elektrifizierung zu bewerkstelligen. Da sind auf der einen Seite die Technologien zur Erzeugung grünen Stroms und auf der anderen Seite der Einsatz des Stroms.

Die stromerzeugenden Technologien sind in Deutschland vor allem Windräder und Solaranlagen, deren konsistenter, das heißt naturverträglicher Ausbau im Vordergrund stehen muss. Vor dreißig Jahren sah das noch anders aus, aber heute bestreitet kaum noch jemand, dass Deutschland auch seinen zukünftigen Bedarf an Energie eigenständig durch die regenerativen Energien decken kann. Werden zwei Prozent der Flächen an Land für Windenergie genutzt (580 Terawattstunden), die Nutzung von Offshore-Wind im Meer ausgebaut (270 Terawattstunden), die Flächen auf den vielen Industrie- und Wohngebäuden für Photovoltaik genutzt (200 Terawattstunden) sowie genügend Solarpaneele auf Freiflächen ermöglicht (350 Terawattstunden), reicht dies aus, um den in Deutschland verbrauchten Strom auch zukünftig selbst zu erzeugen (Quaschning und Quaschning 2022, S. 77 ff.). Diese Energieträger sind dabei nicht nur unfassbar sauber, sondern auch unfassbar günstig. Kostete die Produktion einer Megawattstunde Solarstrom 2009 noch 359 US-Dollar, waren es nur zehn Jahre später 40 US-Dollar, womit Solarenergie deutlich unter den Kosten für Strom aus fossilen Energiequellen liegt (Ritchie und Roser 2020). Die Umweltkosten der fossilen Energieträger sind dabei nicht einmal eingerechnet. Möglich macht dies die exponentielle Entwicklung der Technologien. Solarpaneele und Windräder werden mit der Zeit in immer größerer Masse und vor allem immer effizienter gebaut, sodass die Kosten immer niedriger werden. Die Fortführung dieses Trends macht diese Form der Energieerzeugung konkurrenzlos günstig. Ähnliches gilt für die Stromspeicher, die wir brauchen, sollten wir mit der sogenannten Dunkelflaute konfrontiert werden. Auch hier kennen wir Pumpspeicherwerke, Wärmespeicher, Batteriespeicher oder auch grün hergestellten Wasserstoff als Speichermedium. Auch wenn Batteriespeicher und Elektrolyseure zur Erzeugung grünen Wasserstoffs heute noch recht teuer sind, zeigen die Trends ebenfalls, dass die immer effizientere Entwicklung zu einem großen Preisabfall führen kann und eine starke Lernkurve bei diesen Technologien besteht. So sind in den letzten 30 Jahren die Kosten für die Batteriespeicherung einer Kilowattstunde Strom um 97 Prozent gefallen (Ritchie und Roser 2020).

Elektrifizierung bedeutet Effizienz

Wie die Sektoren weitestgehend elektrifiziert werden können, ist ebenfalls bereits klar. Über die Energiewirtschaft wurde durch den Einsatz von erneuerbaren Energien schon gesprochen. Im Verkehrssektor kommen statt Verbrenner, Elektroautos auf die Straßen, auch wenn die Tendenz zu kleineren und weniger Autos gehen wird, die durch Carpooling gemeinsam genutzt werden können. Außerdem wird auch der Bahnverkehr eine wichtigere Rolle spielen. Wird auf diese Maßnahmen gesetzt, bedarf es wohl keiner Einschränkung unserer inländischen Mobilität und der Kilometer, die Menschen zurücklegen, wie eine Studie im Auftrag des Think Tanks *Agora Energiewende* zeigt (Prognos et al. 2021, S. 73f.). Im Gebäudesektor ist vor allem die Wärmewende entscheidend. Aber auch hier kennen wir bereits die Lösung: Wärmepumpen. Ein großflächiger Einbau kann die Öl- und Gasheizungen ersetzen, die für den Großteil des Energieverbrauchs dieses Sektors verantwortlich sind (Prognos et al. 2021, S. 60f.).

Der Grund, warum diese Technologien so vielversprechend für die Klimaneutralität Deutschlands sind, ist nicht nur ihr Betrieb durch Strom und damit die Reduktion von Treibhausgasen. Sie sind auch viel effizienter als ihre fossil betriebenen Äquivalente. Der Energieverbrauch von Diesel- oder Benzinmotoren fließt zum Beispiel zu 55 bis 80 Prozent in Abwärme (Ramezanian 2021) und bei Heizungen sieht es ähnlich aus. Eine moderne Wärmepumpe nutzt die Energie deutlich effizienter als eine Gasheizung und ist dadurch sowohl ökologisch als auch ökonomisch überlegen (Öko-Institut und Fraunhofer ISE 2022, S. 19ff.). Die energetische Sanierung von Gebäuden macht sie sogar nochmals effizienter. Eine andere Rolle übernehmen Smartphones, die wenig Energie verbrauchen und die Funktionen einer Vielzahl unterschiedlicher Geräte in sich vereinen und so einen effizienten Rohstoffeinsatz möglich machen (Grubler et al. 2018, S. 517). Vor diesem Hintergrund wundert es nicht, dass in Szenarien für die Klimaneutralität Deutschlands der Stromverbrauch zwar steigt, der gesamte Primärenergiebedarf jedoch sinkt (Prognos et al. 2022, S. 111).

Auch wenn einige emissionsreiche Bereiche, wie der Luftverkehr, die Stahl- und die Zementindustrie schwieriger umzustellen sind, stellen diese heute nur noch die letzte Spitze der Herausforderung dar (Bond et al. 2021, S. 8f.). Und auch hier sind mit synthetischen Kraftstoffen und grünem Wasserstoff beispielsweise die technischen Lösungen klar, auch wenn für ihren kosteneffizienten Einsatz ebenfalls noch der ausreichende Ausbau der erneuerbaren Energien fehlt.

Der Ausbau der Erneuerbaren ist sozial und umweltverträglich möglich

Technisch ist die Energiewende in Deutschland also möglich, obwohl es auch Herausforderungen gibt. Denn ja, es müssen viele Rohstoffe wie Lithium, Nickel, Kupfer und Seltenerdmetalle für die Energiewende neu abgebaut werden, um die Infrastruktur auszubauen und Elektroautos oder Wärmepumpen zu produzieren. Außerdem muss natürlich nicht nur Deutschland klimaneutral werden. Der Abbau und die Versorgungssicherheit werden eine Herausforderung. Doch wird das Gewicht der nötigen Ressourcen betrachtet, stehen diese in keinem Verhältnis zu den Ressourcen, die für die fossile Energiegewinnung nötig sind. Bezogen auf die Masse, die ein Indikator für den Eingriff in die Umwelt sein kann, müssen viel weniger Rohstoffe gefördert werden, als wenn weiterhin auf Kohle, Öl und Gas gesetzt wird (Bond 2021). Und anders als fossile Rohstoffe, werden diese nicht verbrannt und damit verbraucht, sondern sind langlebig und lassen sich letztendlich auch recyceln.

Natürlich dürfen beim Abbau sowohl ökologische als auch soziale Aspekte nicht in den Hintergrund geraten, doch wenn die Rohstoffe vor diesem Hintergrund teurer werden sollten, könnte dies sogar wünschenswert sein. Denn teurer werdende Ressourcen können ein Antrieb für die Industrie sein, diese einerseits noch effizienter einzusetzen und andererseits das Recycling beim Design der Technologien mitzudenken. Und das Recycling ausgedienter Windturbinen, Solarpaneele, Elektroautos oder Wärmepumpen muss immer mitgedacht werden. Die Entstehung einer Kreislaufwirtschaft ist das Ziel, wie sie beispielsweise durch die Europäische Union in ihrem Aktionsplan zur Kreislaufwirtschaft anvisiert wird (Europäische Kommission 2020), der im Zuge des EU Green Deals vorgestellt wurde. Einmal abgebaut und verwertet, können diese wertvollen Ressourcen so immer weiter genutzt werden, da vor allem die Metalle große Recyclingmöglichkeiten bieten. Besseres Recycling für eine Kreislaufwirtschaft kann zum Beispiel durch digitale Produktpässe ermöglicht werden. Die auf der Blockchain-Technologie basierenden Pässe zeigen die Rohstoffe auf, die in Batterien beispielsweise verbaut sind, was Recyclingunternehmen die Arbeit erleichtert. Die Pässe können außerdem Druck auf Unternehmen ausüben, fairer und umweltschonender zu produzieren, da ihre Lieferketten dadurch nachverfolgt werden können (Jansen et al. 2022, S. 5). Im Recycling selbst sind sogar rückwirkend Lösungen möglich, sich im Betrieb befindende Anlagen zu recyceln, wie ein aktuelles Beispiel zeigt, dass die Wiederverwendung eigentlich schwierig zu recycelnder Rotorblätter von Windturbinen möglich machen soll (Vestas Wind Systems A/S 2023). Auch wenn die komplette Einstellung des Rohstoffabbaus wohl nie komplett möglich sein wird, ist er nicht für immer in den Dimensionen nötig, wie jetzt, solange die Energiewende noch nicht abgeschlossen ist.

Planung und Bau müssen beschleunigt werden

Vor diesem Hintergrund hat der schnelle Ausbau der erneuerbaren Energien und die Elektrifizierung aller Sektoren Priorität, um die Energieversorgung mit grünem Strom zu sichern. Ähnlich wie bei den deutschen Flüssiggasterminals Anfang 2022 müssen Planung und Bau der Infrastrukturen stark beschleunigt werden. Natur- und Umweltschutz müssen dabei nicht aufgegeben werden und natürlich dürfen die Ökosysteme dadurch nicht insgesamt ihre Produktivität und Ökosystemdienstleistungen verlieren. Doch wir müssen uns fragen, ob der Verlust einiger Schweinswale und Rotmilane nicht zu verkraften ist, wenn dadurch Klimaneutralität gewährleistet und gefährliche Kipppunkte im Klimasystem vermieden werden können. Dies müssen Risikoabwägungen zeigen.

Neben der Beschleunigung von Planung und Bau bedarf es aber auch großer Investitionen in die Stromerzeugung und Übertragungsnetze und in Subventionen für Industrie und Verbraucher:innen. Auch wenn die Kosten schwierig zu berechnen sind, zeigen Szenarien für Deutschland, dass nur etwa 60 Milliarden Euro – oder anders ausgedrückt zwei Prozent des nationalen Bruttoinlandsproduktes – jährlich für diese Investitionen aufgebracht werden müssen (Leopoldina 2017, S. 50). Dies entspricht zum Beispiel auch dem Zwei-Prozent-Ziel der NATO. Ähnlich kommt der Historiker Yuval Noah Harari mit seinem Team zu dem Schluss, dass nur etwa drei Prozent des globalen Bruttoinlandsprodukts nötig sind, um Investitionen zu tätigen, die die Klimakrise aufhalten (Harari 2022). So können die Milliardensummen kontextualisiert und in ein Verhältnis gesetzt werden, insbesondere wenn auch hier wieder bedacht wird, welche hohen Umweltkosten die Freisetzung von CO_2 und die

Klimakrise eigentlich verursachen. Aufgrund von Luftverschmutzung und Hitzereaktionen hat der CO_2-Ausstoß beispielsweise erhöhte Kosten für die Gesundheitssysteme zur Folge, führt aber auch durch den Klimawandel zu Umweltkatastrophen, die materielle Schäden und humanitäre Krisen zur Folge haben. Auch wenn es in Deutschland und Europa einen CO_2-Preis gibt, spiegelt dieser nicht ansatzweise die tatsächlichen durch den Ausstoß verursachten Kosten wider. Während im europäischen Emissionshandel der Preis pro Tonne CO_2 aktuell bei etwa 80 Euro liegt (Ember), empfiehlt das Umweltbundesamt im Jahr 2022 einen Preis von mindestens 237 Euro pro Tonne CO_2 (Umweltbundesamt 2023).

Die Verhaltensänderungen gehen nicht schnell genug

Es zeigt sich also, dass ein konsistenter Ausbau der erneuerbaren Energien, die auf Effizienz basierende Elektrifizierung der Welt und die forcierte Kreislaufwirtschaft es möglich machen, die Klimaneutralität im nötigen Zeitfenster zu erreichen. Dies durch Verzicht zu erreichen, den sich die Gesellschaft noch dazu selbst auferlegt, kann weniger eine Lösung sein. Denn die Mentalität und das Wahlverhalten der Menschen zeigen, dass der Wohlstand gewahrt werden soll und die Grundlage unserer Volkswirtschaft ist aktuell nun mal die Energie, die für alle Industriezweige und unseren Lebensstandard wie gute Mobilität und warme Wohnungen nötig ist. Vielleicht sieht dies in 20 Jahren anders aus, aber im Moment scheint es nicht möglich, dass die Menschen sich innerhalb kürzester Zeit auf eine neue Gesellschaftsform einigen, die so viel weniger Energie verbraucht, dass wir auf den dargestellten Ausbau der erneuerbaren Energien verzichten können. Wir können also nicht auf einen sozial-kulturellen Wandel warten. Stattdessen muss ein pragmatisches Denken und Handeln im Fokus stehen, das mit dem Geist arbeitet, den wir in der Gesellschaft wiederfinden.

Nein! Elektrifizierung von allem ist weder ökologisch noch sozial nachhaltig. Um die Klimakrise zu meistern, müssen wir durch gesellschaftliche und wirtschaftliche Verhaltensänderungen Energie sparen

VON MAREIKE ANDERT

Mit E-Autos zur Arbeit fahren, mit Wärmepumpen effizient-isolierte Häuser heizen, Stahl und Zement klimafreundlich herstellen, massenhaft *grüne* Produkte konsumieren. Ein *E-Status Quo* scheint verlockend: Wir müssen weder unser Verhalten noch unsere Wirtschaftsweise verändern. Ja, wir müssen alles elektrifizieren und Technologien effizienter machen. Aber indem wir Effizienz- und Konsistenzstrategien idealisieren und als alternativlos darstellen, blenden wir Nachteile der Elektrifizierung und alternative Strategien aus.

Schattenseiten der Elektrifizierung

Windräder und Photovoltaik als konsistente, also *naturverträgliche* Technologien versprechen »unbegrenzten Konsum im Einklang mit der Natur« (Fischer et al. 2013, S. 14). Allerdings ist es erstens sehr materialintensiv, erneuerbare Energie zu erzeugen (Arrobas et al. 2017, S. xi; Müller 2018, S. 44f.). Für gleichwertige Solar- und Windkraftanlagen wird bis zu 15-mal mehr Beton, 90-mal mehr Aluminium und 50-mal mehr Eisen, Kupfer und Glas benötigt als für fossile oder Atomkraftwerke (Vidal et al. 2013). 300 bis 500 Kilogramm Seltenerdmetalle braucht allein ein Windrad (Röhrlich 2022). Für Wind- und Solarenergie sowie Energiespeicherbatterien steigt der Bedarf an z. B. Kobalt, Kupfer, Lithium, Nickel, Mangan, Seltenerdmetalle, Stahl oder Zink stark. Um die 2-Grad-Grenze einzuhalten, braucht es global 250 Prozent mehr Metalle für Windkraft und 300 Prozent mehr für Photovoltaik bis 2050 (Arrobas et al. 2017, S. 12ff.). Recycling ist dafür noch völlig unzureichend und technisch sehr schwierig (Röhrlich 2022).

Zweitens ist Deutschland bei vielen der benötigten Rohstoffe für die Energiewende völlig auf Importe aus kritischen Herkunftsländern angewiesen, wo diese unter oft sehr kritischen Bedingungen abgebaut werden. Eine Studie legt nahe, »dass auch die deutsche Wind- und Solarindustrie Metalle verwendet, die unter Verletzung ökologischer, sozialer oder menschenrechtlicher Mindeststandards abgebaut« (Müller 2018, S. 45) werden. Das hat zudem geopolitische Auswirkungen, birgt Potenzial für Erpressung, Handelskonflikte und Versorgungsengpässe. Ob langfristig Lagerstätten in Europa zur Verfügung stünden, ist ungewiss (Röhrlich 2022).

Drittens hat Deutschland Flächen, um Energie zu gewinnen, bisher meist externalisiert. Die Energiewende mit heimischem Strom wird nicht »ohne massive Eingriffe in die Natur in Deutschland gehen« (Kästner und Kießling 2016, S. 53). Das kollidiert mit Natur- und Artenschutz und führt bereits jetzt vielerorts zu Protesten (Brettschneider 2011; Hoeft et al. 2017). Im Verhältnis zum Energiebedarf, hat Deutschland das drittniedrigste technische Solar- und Windpotenzial der Welt und steht deshalb vor einer beispiellosen Herausforderung (Bond et al. 2021, S. 1, 49f.). Zudem müssten die bestehenden Stromnetze für eine vollständige Elektrifizierung unseres Lebens massiv ausgebaut werden (Zander et al. 2018; MDR 2022), was ebenfalls mit Ressourcen- und Flächenbedarf einhergeht.

Gegen die Effizienzstrategie spricht, dass Wirtschaftswachstum keine Grenze gesetzt wird, da Effizienz entweder durch Input-Reduzierung oder Output-Steigerung entsteht (Fischer et al. 2013, S. 14). Konzepte des grünen Wachstums sind jedoch in sich widersprüchlich. Da Umweltauswirkungen und Wirtschaftswachstum sich nicht völlig entkoppeln lassen (Washington 2021; Ward et al. 2016), entpuppt sich »das Ziel der deutschen Energie- und Nachhaltigkeitspolitik [...] als Schimäre« (Hanke und Best 2013, S. 1). Ansätze der Steady-State-Economy (Daly 2015), Postwachstum (Paech 2012) oder De-Growth (Martínez-Alier et al. 2010) kritisieren das Wachstumsparadigma und zeigen Alternativen auf. Damit gehen sie über Kreislaufwirtschaft hinaus: Rohstoffe zu recyclen ist zwar wichtig, aber es braucht absolute Grenzen für Rohstoffmengen. Eine Abkehr vom Wirtschaftswachstumsparadigma sowie Ressourcenschutzziele wie sie etwa der BUND fordert (BUND 2023), sind zwingend nötig.

Außerdem konterkariert der viel beschriebene Rebound-Effekt Effizienzansätze. Also Konsumsteigerungen ausgelöst durch Effizienzmaßnahmen. Rebound-Effekte treten auf individueller, unternehmerischer und gesamtwirtschaftlicher Ebene auf (Fischer et al. 2013, S. 12ff.): Umstieg auf E-Autos führt zu mehr Fahrten (Holtsmark und Skonhoft 2014), effizientere Heizungen zu mehr Heizen (De Haan et al. 2015). So verfehlt die absolute Verbrauchsreduktion in Deutschland wegen Rebound- und Wachstumseffekten ihre Ziele (Frick et al. 2022, S. 21).

Zusammengefasst hat die Elektrifizierung unseres Lebens einen hohen Preis: Zwar sind erneuerbare Energien im Betrieb klimafreundlich, aber ein verengter Blick auf CO_2-Zahlen verdeckt die beschriebenen sozial-ökologischen Konsequenzen und missachtet weitere Nachhaltigkeitskrisen, etwa Biodiversitätsverlust, die mit der Klimakrise verknüpft sind. Es bestehen ähnlich gravierende Probleme wie wir sie von fossiler Energie kennen – Versorgungsabhängigkeiten, Umweltzerstörung und Menschenrechtsverletzungen beim Abbau. Rockström et al. (2009) zeigen eindrucksvoll, dass wir nur innerhalb der planetaren Grenzen überleben können. Nachhaltigkeit muss sozial-ökologische Systeme als Ganzes betrachten (Fischer et al. 2015), damit ihre verschiedenen Dimensionen – soziale Gerechtigkeit, Ressourcenziele, Biodiversität, Flächennutzung etc. – gleichzeitig erreicht werden können (Zell-Ziegler und Förster 2018, S. 29). Ein rein technologischer Wandel ist zudem mit großen Finanzinvestitionen und neuen Technologien verbunden, deren Akzeptanz nicht garantiert ist (Samadi et al. 2017, S. 129; Kuhnhenn 2017).

Weniger Energie ist mehr

Die These der vollständigen Elektrifizierung missachtet planetare und soziale Grenzen und reflektiert unser energieintensives Leben nicht. Der Glaube an grüne und effiziente Technologien spitzt die Nachhaltigkeitskrisen immer weiter zu und zeigt, dass wir Probleme nicht mit dem Denken lösen können, das sie verursachte (Ives und Fischer 2017). Wir müssen »unsere Welt neu denken« (Göpel 2020): Durch Produktions-, Konsum- und Wirtschaftstransformationen muss Deutschland als Industrienation seinen Energiebedarf stark senken, um weniger Ressourcen und Flächen für die Energiewende zu beanspruchen. Suffizienzansätze verfolgen diese Ziele auf individueller und institutioneller Ebene (Grünwald et al. 2021), indem sie »Änderungen von Konsummustern« fokussieren, »die helfen, innerhalb der ökologischen Tragfähigkeit der Erde zu bleiben, wobei sich Nutzenaspekte des Konsums ändern« (Fischer et al. 2013, S. 10). Politikmaßnahmen können Strukturen so transformieren, dass »Bürger:innen immer suffizienter handeln« (Grünwald et al. 2021). Diese Änderungen können als Verzicht oder Gewinn wahrgenommen werden. Bei Suffizienz geht es um endliche Ressourcen und deren gerechte Verteilung, um ein gutes, konsumfreieres, gerechtes Leben für alle Menschen, jetzt und in Zukunft (Fischer 2020; Kopatz 2014). Suffizienz fragt, was wünschenswert, nicht technisch möglich ist. Sprich, wie wir in Zukunft leben wollen (Meisch et al. 2020, S. 15). Da Suffizienz die planetaren Grenzen anerkennt, findet eine Hierarchisierung statt, die auf einem endlichen Planeten unabdingbar ist: ökologische Nachhaltigkeit als Basis für soziale und ökonomische Nachhaltigkeit (Fischer et al. 2007). Wohnen, Mobilität Ernährung oder Konsum neu denken, kann Energie sparen und zeigt auch auf, dass die Energiewende mit anderen Transformationen und Kehrtwenden verknüpft ist: Wohngemeinschaften statt Single-Haushalte, Tempolimit und ÖPNV statt uneingeschränktem Individualverkehr, langlebige, bedürfnisorientierte Produkte statt Statussymbole, gesunde regionale Lebensmittel statt leerer Fast-Food-Kalorien. Solche energiesparenden Verhaltensänderungen auf individueller und systemischer Ebene können einen großen Beitrag leisten, um Emissionsreduktionsziele zu erreichen, Umweltzerstörungen einzudämmen und soziale Gerechtigkeit global zu erlangen. Soziale, ökologische und ökonomische Nachhaltigkeitsziele werden dabei holistisch angegangen, ohne sie gegeneinander auszuspielen (Zell-Ziegler und Förster 2018; Sterchele et al. 2020). Suffizienzstrategien können dadurch sogar günstiger, akzeptierter, weniger konfliktträchtig, gar eleganter und schneller sein, weil weniger Infrastruktur und Investitionen anfallen sowie Biodiversitätsschutz und Menschenrechte nicht in Konflikt geraten (Fischer et al. 2013).

So hat ein Tempolimit mittlerweile eine Mehrheit in Deutschland (Zeit Online 2022), Wohngemeinschaften werden zunehmend auch unter Seniorinnen und Senioren beliebt (Radio Gong 2023; Weber 2022), manche fordern einen Neubau-Stopp für Gebäude (Schuth 2022), Initiativen wollen energieintensive Werbetafeln aus Hamburg verbannen (Zuschlag 2023) und ein breites Bündnis setzt sich für ein Werbeverbot für ungesunde Lebensmittel für Kinder ein. Das würde unnötigen Konsum senken (Apel 2022). Auch wurde für viele Urlaub in Deutschland während der Corona-Hochphase oder Wollpulli statt Heizen durch den russischen Angriffskrieg selbstverständlich. All das spart auf unterschiedliche Weise Energie durch Verhaltensänderungen und dämmt Emissionen, Ressourcenverbrauch, andere Umwelteinwirkungen und Menschenrechtsverletzungen ein.

Suffizienzansätze für den Energiebereich haben also sowohl hohes Wirkungs- als auch Umsetzungspotenzial und bieten damit die Chance erfolgreicher zu sein als bisherige Anstrengungen Deutschlands klimaneutral zu werden, uns unabhängiger von kritischen Herkunftsländern zu machen und unsere Versorgung zu sichern.

Weniger ist mehr ist keine abgedroschene Floskel: Immer mehr zu besitzen, macht uns nicht glücklicher. Die jetzige Wirtschafts- und Konsumweise macht uns vielfach psychisch und physisch krank. Suffizienz reduziert die Lebensqualität nicht, kann sie sogar steigern (Stengel 2011, S. 27; Kuhnhenn 2017; Brischke 2014). Verhindert werden energiesparende Verhaltensänderungen momentan durch dominierende konträre Werte, individuelle Kosten, das auf Wachstum ausgerichtete kapitalistische Wirtschaftssystem und strukturelle Hürden (Tröger 2021; Heyen et al. 2013, S. 17ff.; Stengel 2011, S. 27f.). Vorstöße wie ein Veggi-Day stießen auf Abwehrmechanismen. Von Verzicht bis Ökodiktatur ist da die Rede. Suffizienz wird damit falsch verstanden aufgrund eines problematischen Freiheitsbegriffs, der nicht anerkennt, dass absolute Grenzen auf einem endlichen Planeten überlebenswichtig sind, um Freiheiten für alle langfristig zu gewährleisten (Meisch et al. 2020, S. 18; Kopatz 2014, S. 273). Trotzdem müssen diese Ängste ernst genommen werden, um Akzeptanzlösungen zu finden. Wichtig ist auf positive (Neben-)Effekte durch Energiesparen zu verweisen, etwa mehr intakte Natur und Erholungsräume.

Klug angewendet, lässt sich Suffizienz umsetzen. Dafür ist jede:r Einzelne:r gefragt, vor allem aber braucht es politische, rechtliche und wirtschaftliche Rahmenbedingungen, die einen energiesparenden Lebens- und Wirtschaftsstil ermöglichen und eine Abkehr vom Wirtschaftswachstumsparadigma. Suffizienz sollte nicht länger eine »freiwillige Lebensstilgestaltung«, sondern »System-Innovation« sein (Heyen et al. 2013, S. 5; vgl. Meisch et al. 2020; Kopatz 2014; Kuhnhenn 2017). Suffizienzpolitik ist nichts gänzlich Neues (Heyen et al. 2013, S. 14) und »normale Politik« (Fischer 2020, S. 79). Instrumente können (monetäre) Anreize zum Energiesparen, Nudging, Verbote, Ressourcensteuern, Informationskampagnen und Infrastrukturbereitstellung oder die Abschaffung schädlicher Subventionen sein (Sterchele et al. 2020, S. 58; Heyen et al. 2013; Kuhnhenn 2017).

Einen Wertewandel auf den verschiedenen gesellschaftlichen Ebenen können wir durch ein Zusammenspiel von bottom-up (Samadi et al. 2017, S. 131) und top-down (Nyborg et al. 2016) Mechanismen erlangen. Beispiele wie das Rauchen zeigen, dass gesellschaftliches Verhalten Deutungswandeln unterliegt. War Rauchen zunächst verpönt, dann angesagt, ist es nun erneut verpönt (Stengel 2011, S. 29). Ähnlich könnte es dem Individualverkehr, dem Fliegen oder übermäßigem Konsum ergehen sowie gewinn- zugunsten gemeinwohlorientierter Produktionsweisen. Die genannten Politikmaßnahmen können dazu beitragen, dass wir als Gesellschaft und die Wirtschaft eine energiesparende »Ökoroutine« (Meisch et al. 2020, S. 21) entwickeln.

Energiesparen by Design

Bislang sind »Modellierungen des Energiesystems [...] weitgehend blind gegenüber Veränderungen durch gesellschaftlichen Wandel« (Öko-Institut 2020), populäre Klimaszenarien modellieren Verhaltensänderungen von Individuen bis zur Wirtschaft kaum bis nicht. Das dominierende Narrativ ist das eines technologischen Wandels, was dann in entsprechend unzureichenden Politikmaßnahmen mündet (Zell-Ziegler und Förster 2018; Samadi et al. 2017). Da Szenarien zukunftsgestaltende Wirkung haben, werden so Denkräume für suffizientes Verhalten verschlossen und wertvolle Handlungspotenziale vertan. Dass Verhaltensänderungen nicht möglich seien, wird zur selbsterfüllenden Prophezeiung, denn Ideen und Werte, die nicht geäußert werden, haben keine politische oder gesellschaftliche Relevanz und werden nicht umgesetzt. Für große historische Veränderungen sind (Zukunfts-)Narrative, die Menschen ermöglichen sich gemeinsam etwas vorzustellen, elementar, wie die Abschaffung der Sklaverei oder die Emanzipation der Frau belegen (Holden et al. 2019, S. 10). Narrative verleihen Ideen Sinn, vermitteln und verfestigen komplexe Informationen und sind »wichtiges Element der Legitimation politischer Strategien und Programme« (Lintzmeyer 2021, S. 116). Das gilt auch für Klimadebatten (Wehling 2017, S. 180–190).

Um eine sozial und ökologisch wertvolle Zukunft zu erlangen, wie es das *Giant-Leap-Szenario* verspricht, reichen grüne Technologien nicht aus für Deutschland. Es wäre fatal, wenn Politik, Wirtschaft und Gesellschaft das Suffizienzpotenzial nicht ausschöpfen. Deshalb brauchen wir positive Suffizienznarrative, die einen sozial-kulturellen Wandel ermöglichen, um die Energiewende als wichtigen Teil der Transformation zu einem ganzheitlich nachhaltigen Leben zu meistern. Energieeinsparungen durch Verhaltensänderungen sollte in Energieszenarien integriert und als Chance begriffen werden, die Nachhaltigkeitskrisen ganzheitlich anzugehen und die Zukunft aktiv zu gestalten.

Deutsche Energiewende zum Mitmachen – Ein Ausblick

Über die Energiewende in Deutschland kann gestritten werden. Das zeigen die unterschiedlichen Antworten, die wir gefunden haben: ein technologischer gegenüber einem sozial-kulturellen Wandel. Anders ausgedrückt: Effizienz- und Konsistenzstrategien vs. Suffizienzstrategien. Die Herausforderungen eines technologieorientierten Wandels stellen der sozial- und umweltverträgliche Ausbau der erneuerbaren Energien und ein Konsum innerhalb der planetaren Grenzen dar, während ein Wandel zu einem energiesparenden Lebens- und Wirtschaftsstil vor der Herausforderung steht, bestehende Strukturen zu verändern.

Energiewende ganzheitlich denken

Wenn wir es ernst meinen mit der Energiewende, die Klimakrise ganzheitlich denken und das *Giant-Leap-Szenario* ermöglichen wollen, brauchen wir ein Nachhaltigkeitsverständnis, dass ökologische, soziale und ökonomische Nachhaltigkeit hierarchisiert und einsieht, dass die ökologische Dimension nicht durch die ökonomische ausgeglichen werden kann. Wir können uns nicht länger der Illusion von grünem Strom ohne sozial-ökologische Konsequenzen und grünem Wachstum auf einem endlichen Planeten hingeben. Hier scheint auch der Club of Rome in eine Falle zu tappen. Der *Earth for All*-Bericht weist mit den verschiedenen Kehrtwenden einen zunächst ganzheitlichen Blick auf. Leider wird dieser im Kapitel zur Energiekehrtwende vernachlässigt: Er idealisiert die grüne Elektrifizierung, geht nur am Rande auf negative sozial-ökologische Konsequenzen des Rohstoffmehrbedarfs ein und spricht gleichzeitig von einem Überfluss an grünem Strom, der durch Überkapazitäten möglich wird. Zudem spart der Bericht Themen wie Rebound-Effekte aus und behandelt Potenzial und Bedarf gesellschaftlicher Verhaltensänderungen im Energiebereich kaum.

Selbstverständlich müssen wir die erneuerbaren Energien schnell ausbauen, Sektoren elektrifizieren und Effizienz steigern. Mittelfristig muss dafür gegenüber anderen Umweltbedenken priorisiert werden, da wir weit davon entfernt sind, die fossilen Energien durch Erneuerbare zu ersetzen und die Zeit drängt. Jedoch müssen Energieerzeugung und -bedarf eine Grenze haben, die sozial-ökologische Kosten so gering wie möglich hält sowie ein gerechtes und würdevolles Leben für alle Menschen beinhaltet. Für Deutschland heißt das, den Turbo beim Ausbau anstellen und gleichzeitig den Energiebedarf und damit Ressourcen zur Energiegewinnung drastisch zu reduzieren. Um die Nachhaltigkeitskrisen ganzheitlich anzugehen und mit Blick auf den enormen Zeitdruck die schlimmsten Klimafolgen noch abzuwenden, brauchen wir also einen hierarchisierten Mix aus Suffizienz, Effizienz und Konsistenz. Deshalb müssen dringend Suffizienzstrategien in Klima- und Energiesystemmodellierungen integriert und Suffizienznarrative gestärkt werden, damit Politiker:innen dies bei Energiepolitiken stärker berücksichtigen. Das heißt: Bestehende Narrative müssen neu sortiert und priorisiert werden. Denn platt gesagt: Je kleiner der Energiebedarf und je mehr Strom wir sparen durch veränderte Konsum-, Lebens- und Wirtschaftsweisen, desto schneller ist die Energiewende geschafft.

Eine gelingende sozial-ökologische Energiewende ist ein wichtiger Baustein bzw. Grundlage für die weiteren nötigen Nachhaltigkeitstransformationen und Kehrtwenden, die grünen Strom brauchen, etwa in den Sektoren Verkehr oder Bauen. Außerdem sind Suffizienzstrategien sowie die Hierarchisierung der Nachhaltigkeitsstrategien auch für alle Sektoren entscheidend. Technologien sollten stets Mittel zum Zweck für ein nachhaltiges und gerechtes Leben sein, kein Selbstzweck, um den Status Quo aufrechtzuerhalten und die Wirtschaft weiter wachsen zu lassen. Die Verkehrswende beispielsweise ist sowohl auf den Ausbau grüner Energie angewiesen als auch auf die stärkere Integration von Suffizienz. Sie beinhaltet eine Mobilitätswende (vermeiden, verlagern) und eine Antriebswende (verbessern) (VCD 2021). Momentan liegt der Fokus insbesondere darauf, den Individualverkehr zu elektrifizieren, nicht ihn zu reduzieren und zu verlagern – das greift zu kurz und ist nicht nachhaltig (Keller et al. 2022). Einen Beitrag dazu kann die Zusammenarbeit verschiedener Akteurinnen und Akteure leisten, wenn Klimakrise, Verkehrs- und Ungleichheitskehrtwende gleichzeitig diskutiert werden und Politik unter Druck gerät. Eine mutmachende Kampagnen ist »Wir fahren zusammen« der Gewerkschaft *verdi* und der Klimabewegung *Fridays for Future*: Busfahrer:innen und Klimaaktivistinnen und -aktivisten kämpfen gemeinsam für einen sozial-ökologischen Wandel und zeigen, dass nachhaltige Mobilität grünen Ausbau von Busnetzen und faire Arbeitsbedingungen bedeutet. Arbeits- und Klimakampf gehören zusammen für eine nachhaltige Transformation (Verdi).

Öffentlicher Wohlstand, statt privater Luxus

Eine auf Suffizienz ausgerichtete Energiewende ist ebenso mit der Ungleichheits- und Armutskehrtwende verknüpft. Ein großes Energieeinsparpotenzial besteht beim reicheren Teil der Gesellschaft, da mit mehr Vermögen der ökologische Fußabdruck steigt, wie auch der *Earth for All*-Bericht deutlich macht (Dixson-Declève et al. 2022, S. 170f.). Durch eine Vermögenssteuer kann der CO_2-Fußabdruck reicherer Menschen sowie die Ungleichheit reduziert werden. Diese Steuergelder können gezielt für den Ausbau umweltfreundlicher und effizienter Technologien sowie Infrastrukturen, die einen energiesparenden, suffizienten Lebensstil ermöglichen, genutzt werden. So lassen sich Suffizienz, Effizienz und Konsistenz gewinnbringend zu einer Strategie verknüpfen. Der Vorteil gegenüber einer reinen Umverteilung besteht darin, dass das Geld Grundbedürfnissen zugute kommt sowie langfristige energiesparende Strukturen aufgebaut werden und es nicht wieder in individuellen Konsum fließt. Die Energiewende wird dadurch sozial gerechter und ihr Konfliktpotenzial abgemildert. Es wird deutlich: Die Klimakrise ist eine Verteilungsfrage. Was ist das rechte Maß, um begrenzte Ressourcen an alle gerecht zu verteilen? (Leuphana Universität Lüneburg). Suffizienz bedeutet, dass wir aushandeln müssen, wer wie viel und für was CO_2 emittieren darf. Es gilt den Unterschied zwischen Luxus/Überfluss und Grundbedürfnissen/-versorgung für ein würdevolles Leben gesellschaftlich und politisch zu diskutieren. Etwa Privatjet vs. Recht auf Mobilität. Damit schafft Suffizienz öffentlichen Wohlstand und beschränkt privaten Luxus (Böcker et al. 2020). So führt Suffizienz zu einer gerechteren Verteilung von Lebensqualität: lebenswerte Städte mit weniger Autos und öffentlichen Parks, funktionsgemischte Quartiere, Städte mit kurzen Wegen, gemeinschaftliches Wohnen, gut ausgebauter Nah- und Fernverkehr, gerechtes Bildungssystem, Energie- oder Gesundheitsversorgung. Das kann privaten (Luxus-)Konsum eindämmen, im besten Fall überflüssig und weniger anerkannt machen. Die Politik kann Suffizienzstrategien also gezielt fördern, indem sie Infrastruktur ausbaut und politische, rechtliche und wirtschaftliche Rahmenbedingungen schafft, die Bürger:innen einen energie- und ressourcensparenden Lebens- und Wirtschaftsstil ermöglichen.

Konzerne demokratisieren

In unserem jetzigen System ist die Wirtschaft demokratischen Prozessen entzogen und ihr Ziel, Profite statt Gemeinwohl zu erhöhen, wie etwa der Fokus auf das BIP verdeutlicht. Die fossile Industrie hat immer noch enormen Einfluss. Das geht zu Kosten von Umwelt, Biodiversität, Klima und Menschen. So wusste etwa der Ölkonzern Exxon Mobil bereits in den 1970er-Jahren durch eigene Forschung bestens Bescheid über die dramatischen Folgen fossiler Verbrennung und berechnete sehr genaue Klimamodelle. Allerdings gaukelte er der Öffentlichkeit das Gegenteil vor, leugnete den menschengemachten Klimawandel und die dramatischen Folgen, um weiter Profite zu machen (Supran et al. 2023). Exxon Mobil war damit nicht allein und Beispiele der Leugnung und Verharmlosung des Klimawandels reichen bis heute (Mandalka 2023).

Ein wichtiger Schritt, um Suffizienz zu ermöglichen, ist deshalb, Wirtschaft und Unternehmen zu demokratisieren. Sprich, Macht von Konzernen umverteilen, damit zerstörerische Interessen nicht länger Transformationsprozesse verhindern. Die Mütter und Väter des Grundgesetzes haben das in Artikel 15 zur Vergesellschaftung bedacht. Das ist heute durchaus anschlussfähig. Beispielsweise stimmte die Mehrheit der Berliner:innen 2021 für die Enteignung großer Wohnungskonzerne in einem Volksentscheid. Ein weiterer soll nun folgen (Iser 2023). Im Kontext der Energiesicherheit ist die Möglichkeit zur Enteignung bereits real: Als Reaktion auf den russischen Angriffskrieg wurden Regelungen geschaffen, um Energiefirmen zu enteignen (Bundesregierung 2022).

Ganzheitliche Wirtschaftsideen wie die *Gemeinwohlökonomie* – Wirtschaften im Einklang mit demokratisch definiertem Gemeinwohl als Ziel, die *Foundational Economy* – Daseinsvorsorge und Nahversorgung oder *Degrowth* – Wohlergehen statt BIP-Wachstum, zeigen nachhaltige Wege auf. Eine sozialgerechte Gesellschaft, die innerhalb planetarer Grenzen lebt, kann so durch verschiedene Veränderungen entstehen: Änderung von Unternehmensformen, Demokratisierung von Wirtschaft, nachhaltige Steuermodelle, Mindest- und Maximallohn, Wertewandel, Suffizienz, Fokus auf die Grundversorgung vor Ort und nicht auf Finanz-, sondern Gemeinwohlbilanzen.

Wie beschrieben müssen in Deutschland insbesondere reiche Menschen aufhören, Energie zu verschwenden. Global sind Industrienationen wie Deutschland, die überproportional für die Klimakrise verantwortlich sind, in der Pflicht, Energie einzusparen, sodass Länder des Globalen Südens verstärkt ausbauen können und die Menschheit so insgesamt innerhalb planetarer Grenzen bleibt. Macht von Konzernen umzuverteilen, ist für die nationale und globale Ebene entscheidend, um eine nachhaltige und gerechte Energiewende zu meistern.

Dezentralisierung – Energiewende von unten

Im Rahmen der Energiewende und der einhergehenden Dezentralisierung können weitere Formen der Umverteilung von Macht ermöglicht und der Mix aus Suffizienz, Konsistenz und Effizienz forciert werden. Eine auf erneuerbaren Energien basierende Energieversorgung ist geografisch dezentraler als fossile und atomare Energieerzeugung. Wenige Kohle- und Kernkraftwerke werden durch viele Windturbinen und Photovoltaikanlagen ersetzt. Dadurch steigt auch die Anzahl der Energieerzeuger:innen. Privathaushalte mit Photovoltaik auf dem Dach werden zu sogenannten *Prosumern*, sind also Verbraucher:in *(Consumer)* und Erzeuger:in *(Producer)* in einem. Außerdem gehören Landwirtinnen und Landwirte mittlerweile häufig zu den Eigentümer:innen und speisen Strom in das öffentliche Netz ein (Agora Energiewende 2017, S. 117 ff.). Gerade bei Privathaushalten sind jedoch Rebound-Effekte und ein Anstieg des Stromverbrauchs zu beobachten (Frondel et al. 2022), da *Prosumer* die Energie beispielsweise nicht durch eine niedrig vergütete Einspeisung *verschwenden* wollen. Intelligente Stromzähler, sogenannte *Smart Meter*, können Erzeugungs- und Verbrauchsdaten aber an *Prosumer* zurückspielen und die Entwicklung eindämmen (Gährs et al. 2021, S. 140 ff.). So kann zum Beispiel visuell dargelegt werden, wann es Sinn ergibt, Geräte wie Geschirrspüler oder Waschmaschine einzuschalten und das Elektroauto zu laden. Im Zusammenspiel mit der Digitalisierung führt die Dezentralisierung so zur effizienten Nutzung des erzeugten Stroms.

Die Umverteilung der Macht muss jedoch nicht bei Privathaushalten und Landwirtinnen und Landwirten enden. Durch verschiedene Formen der Bürger:innenbeteiligung und insbesondere Energiegenossenschaften, in denen Menschen durch den gemeinschaftlichen Betrieb von Anlagen den Ausbau erneuerbarer Energien voranbringen, können Bürger:innen an der Umsetzung der Energiewende politisch und finanziell beteiligt werden. Diese Beteiligung erhöht die Akzeptanz für den Ausbau der erneuerbaren Energien enorm, auch für besonders umstrittene Windenergie- oder Netzausbauprojekte (Renn 2015). Die Machtverteilung unterstützt so einen konsistenten, naturverträglichen Ausbau der erneuerbaren Energien. Mit Blick auf das Selbstverständnis, dass die Energiewende eine gemeinschaftliche Aufgabe ist, können Energiegenossenschaften zusätzlich Wegbereiter für Suffizienzstrategien sein. Durch die Kommunikation mit Mitgliedern sind sie wichtige Multiplikatoren und können zum Energiesparen motivieren. Sie können zum Beispiel auf Rebound-Effekte aufmerksam machen, aber auch außerhalb der eigenen vier Wände bei Mobilität, Reisen oder Freizeitgestaltung zu sparsamen Lebensstilen animieren (Frick et al. 2022). Werden Energiegenossenschaften rechtlich gestärkt und finanziell gefördert und weniger auf die großen Energieanbieter beim Ausbau der erneuerbaren Energien gesetzt, kann Suffizienz als Strategie stärker eingebunden werden.

Eine Re-Integration von Suffizienz auf politischer, gesellschaftlicher und wirtschaftlicher Ebene, und dadurch ein Mix der drei Nachhaltigkeitsstrategien, kann Deutschlands Weg für die Energiewende sein und Nachhaltigkeitskrisen ganzheitlich lösen. Suffizienz schon heute konsequent mitzudenken, bietet die Chance durch mehr öffentlichen Wohlstand und weniger privaten Luxus, unsere Zukunft aktiv nachhaltig und gerechter zu gestalten und nicht durch Katastrophen letztlich zum Verzicht gezwungen zu werden. Wenn die Klimakrise und die Energiewende als Verteilungsfrage diskutiert werden, können Gesellschaften stärker mitgenommen werden. Grundsätzlich sind sich die Deutschen beim Thema Klimakrise nämlich viel einiger als oft der Anschein erweckt wird (Agarwala und Scholz 2023; Becker und Thöne 2023). Politiker:innen können und sollten mutig progressive sozial-ökologische Politik fordern und fördern.

QUELLEN

Agarwala, Anant und Scholz, Anna-Lena. 2023. Studie zur gesellschaftlichen Spaltung: Einiger als gedacht. https://www.zeit.de/2023/41/gesellschaft-spaltung-konflikte-studie-steffen-mau. Accessed 26 October 2023.

Agora Energiewende. 2017. ›Energiewende und Dezentralität. Zu den Grundlagen einer politisierten Debatte‹. Februar 2017.

Apel, Johanna. 2022. ›Kindergesundheit: Bündnis will Werbeverbot für ungesunde Lebensmittel‹. Redaktionsnetzwerk Deutschland, 7 November 2022. https://www.rnd.de/wirtschaft/kindergesundheitbuendnis-will-werbeverbot-fuer-ungesunde-lebensmittel-JFVBA42JNRCDLAQAMFVWFIVD4M.html. Accessed 14 March 2023.

Arbeitsgemeinschaft Energiebilanzen. 2022. ›Energieverbrauch Fällt 2022 Auf Niedrigsten Stand Seit Der Wiedervereinigung‹. https://ag-energiebilanzen.de/energieverbrauch-faellt-2022-auf-niedrigsten-stand-seit-der-wiedervereinigung/#:~:text=Die%20erneuerbaren%20Energien%20steigerten%20ihren,%3A%2015%2C7)%20Prozent. Accessed 14 March 2023.

Arrobas, Daniele La Porta, Kirsten Lori Hund, Michael Stephen Mccormick, Jagabanta Ningthoujam, and John Richard Drexhage. 2017. ›The Growing Role of Minerals and Metals for a Low Carbon Future‹. Washington, DC: World Bank Group. https://documents1.worldbank.org/curated/en/207371500386458722/pdf/117581-WP-P159838-PUBLIC-ClimateSmartMiningJuly.pdf. Accessed 14 March 2023.

Becker, Tobias und Thöne, Eva. 2023.Starsoziologe über deutsche Kulturkämpfe. ›Wutbürger sollten nicht in Watte gepackt werden‹ https://www.spiegel.de/kultur/soziologe-steffen-mau-ueber-triggerpunkte-deutschland-ist-viel-weiter-als-seine-debatten-a-93a79a58-dd5d-486d-83d1-105a641d0568. Accessed 26 October 2023.

Böcker, Maike; Brüggemann, Henning; Christ, Michaela; Knak, Alexandra; Lage, Jonas; Sommer, Bernd. 2020. Wie wird weniger genug? Suffizienz als Strategie für eine nachhaltige Stadtentwicklung. oekom.

Bond, Kingsmill. 2021. ›Mineral Constraints for Transition Overstated by IEA‹. Carbon Tracker (blog). 10 May 2021. https://carbontracker.org/mineral-constraints-for-transition-overstated-by-iea/. Accessed 14 March 2023.

Bond, Kingsmill, Harry Benham, Ed Vaughan, and Sam Butler-Sloss. 2021. ›The Sky's the Limit. Solar and Wind Energy Potential Is 100 Times as Much as Global Energy Demand‹. *Carbon Tracker.* https://carbontracker.org/wp-content/uploads/2021/04/Sky-the-limit-report_Apr21-compressed.pdf. Accessed 14 March 2023.

Brettschneider, Frank. 2011. ›Kommunikation und Meinungsbildung bei Großprojekten‹. bpb.de. 26 October 2011. https://www.bpb.de/shop/zeitschriften/apuz/59719/kommunikation-und-meinungsbildung-bei-grossprojekten/. Accessed 14 March 2023.

BUND. 2023. Herausforderungen für eine nachhaltige Stoffpolitik. Notwendigkeit einer Transformation im globalen Kontext. Bund für Umwelt und Naturschutz. 2. aktualisierte Auflage – Stand: 13.04.2023. https://www.bund.net/fileadmin/user_upload_bund/publikationen/ressourcen_und_technik/Herausforderungen_fuer_eine_nachhaltige_Stoffpolitik_Positionspapier_BUND_2023.pdf. Accessed 26 October 2023.

Bundesnetzagentur. 2023. ›Bundesnetzagentur Veröffentlicht Daten Zum Strommarkt 2022‹. https://www.bundesnetzagentur.de/SharedDocs/Pressemitteilungen/DE/2023/20230104_smard.html. Accessed 14 March 2023.

Daly, Herman. 2015. ›Economics for a Full World‹. Great Transition Initiative.

De Haan, Peter, Anja Peters, Elsa Semmling, Hans Marth, and Walter Kahlenborn. 2015. ›Rebound-Effekte: Ihre Bedeutung Für Die Umweltpolitik‹. Dessau-Roßlau: Umweltbundesamt. https://www.bmuv.de/fileadmin/Daten_BMU/Pools/Forschungsdatenbank/fkz_3711_14_104_rebound_effekte_bf.pdf. Accessed 14 March 2023.

Deutsche Akademie der Naturforscher Leopoldina, Deutsche Akademie der Technikwissenschaften, and Union der Deutschen Akademien der Wissenschaften, eds. 2017. ›Sektorkopplung – Optionen für die nächste Phase der Energiewende: Stellungnahme.‹ Schriftenreihe Energiesysteme der Zukunft. München: acatech – Deutsche Akademie der Technikwissenschaften. https://www.acatech.de/publikation/sektorkopplung-optionen-fuer-die-naechste-phase-der-energiewende/. Accessed 14 March 2023.

Die Bundesregierung. 2022. ›Änderung des Energiesicherungsgesetzes Sichere Energieversorgung – auch in Krisenzeiten‹. https://www.bundesregierung.de/breg-de/schwerpunkte/krieg-in-der-ukraine/energiesicherheit-2027654 Accessed 27 October 2023.

Dixson-Declève, Sandrine, Owen Gaffney, Jayati Ghosh, Jørgen Randers, Johan Rockström, and Per Espen Stoknes. 2022. ›Earth for all: ein Survivalguide für unseren Planeten: der neue Bericht an den Club of Rome‹, 50 Jahre nach ›Die Grenzen des Wachstums‹. Translated by Rita Seuß and Barbara Steckhan. 4. Auflage. München: oekom verlag.

Ember. ›Carbon Price Tracker‹. Daten für den 23.10.2023. https://ember-climate.org/data/data-tools/carbon-price-viewer/ Accessed 29 October 2023.

Europäische Kommission. 2020. ›Ein Neuer Aktionsplan Für Die Kreislaufwirtschaft. Für Ein Saubereres Und Wettbewerbsfähigeres Europa‹.https://eur-lex.europa.eu/resource.html?uri=cellar:9903b325-6388-11ea-b735-01aa75ed71a1.0016.02/DOC_1&format=PDF. Accessed 14 March 2023.

Fischer, Corinna. 2020. ›Grenzen ermöglichen: Suffizienzpolitik für Nachhaltigkeit‹. In ›Damit gutes Leben mit der Natur einfacher wird: Suffizienzpolitik für Naturbewahrung‹, edited by Leonie Bossert, Lieske Voget-Kleschin, and Simon Meisch, 63–82. Marburg: Metropolis Verlag.

Fischer, Corinna, and Rainer Grießhammer. 2013. ›Mehr Als Nur Weniger. Suffizienz: Begriff, Begründung Und Potenziale. Working Paper.‹ Öko-Institut. www.oeko.de/oekodoc/1836/2013-505-de.pdf. Accessed 14 March 2023.

Fischer, Joern, Toby A Gardner, Elena M Bennett, Patricia Balvanera, Reinette Biggs, Stephen Carpenter, Tim Daw, et al. 2015. ›Advancing Sustainability through Mainstreaming a Social-Ecological Systems Perspective‹. *Current Opinion in Environmental Sustainability* 14 (June): 144–49. https://doi.org/10.1016/j.cosust.2015.06.002.

Fischer, Joern, Adrian D. Manning, Will Steffen, Deborah B. Rose, Katherine Daniell, Adam Felton, Stephen Garnett, et al. 2007. ›Mind the Sustainability Gap‹. *Trends in Ecology & Evolution* 22 (12): 621–24. https://doi.org/10.1016/j.tree.2007.08.016.

Frick, Vivian, Julia Fülling, Kathrin Anger, Ulrike Knörzer, Maren Tornow, and Hannah Schnee. 2022. ›Mit Suffizienz Zur Energiewende: Wie Energiegenossenschaften Verbrauchsreduktion in Haushalten Fördern Können‹. Institut für ökologische Wirtschaftsforschung GmbH. https://www.ioew.de/fileadmin/user_upload/BILDER_und_Downloaddateien/Publikationen/2022/IOEW_SR_224_Mit-Suffizienz-zur-Energiewende.pdf. Accessed 14 March 2023.

Frondel, Manuel, Kathrin Kaestner, Stephan Sommer, Colin Vance. 2022. ›Photovoltaics and the Solar Rebound Evidence for Germany‹. RWI – Leibniz-Institut für Wirtschaftsforschung.

Gährs, Swantje, Hannes Bluhm, Elisa Dunkelberg, Jannes Katner, Julika Weiß, Peter Hennig, Laurenz Herrmann, Matthias Knauff. 2021. ›Potenziale der Digitalisierung für die Minderung von Treibhausgasemissionen im Energiebereich‹. Dessau-Roßlau: Umweltbundesamt.

Göpel, Maja. 2020. ›Unsere Welt neu denken: eine Einladung‹. Berlin: Ullstein.

Grubler, Arnulf, Charlie Wilson, Nuno Bento, Benigna Boza-Kiss, Volker Krey, David L. McCollum, Narasimha D. Rao, et al. 2018. ›A Low Energy Demand Scenario for Meeting the 1.5 °C Target and Sustainable Development Goals without Negative Emission Technologies‹. *Nature Energy* 3 (6): 515–27. https://doi.org/10.1038/s41560-018-0172-6.

Grünwald, Christian, Glockner, Holger, Schaich, Andreas, Irmer, Max, Pool, Stephanie. 2021. Narrative einer erfolgreichen Transformation zu einem ressourcenschonenden und treibhausgasneutralen Deutschland. Erster Zwischenbericht. https://www.umweltbundesamt.de/sites/default/files/medien/5750/publikationen/2021-02-19_texte_26-2021_narrative-rtd2050.pdf. Accessed 26 October 2023.

Hanke, Gerolf, and Benjamin Best. 2013. ›Die Energiewende Aus Wachstumskritischer Perspektive‹. https://epub.wupperinst.org/frontdoor/deliver/index/docId/5026/file/5026_Hanke.pdf. Accessed 14 March 2023.

Harari, Yuval Noah. 2022. ›The Surprisingly Low Price Tag on Preventing Climate Disaster‹. *Time*, 18 January 2022. https://time.com/6132395/two-percent-climate-solution/. Accessed 14 March 2023.

Heyen, Dirk Arne, Corinna Fischer, Regine Barth, Christoph Brunn, Rainer Grießhammer, Friedhelm Keimeyer, and Franziska Wolff. 2013. ›Mehr Als Nur Weniger Suffizienz: Notwendigkeit Und Optionen Politischer Gestaltung. Working Paper‹. Öko-Institut. https://www.oeko.de/oekodoc/1837/2013-506-de.pdf. Accessed 14 March 2023.

Hoeft, Christoph, Sören Messinger-Zimmer, and Julia Zilles, eds. 2017. ›Bürgerproteste in Zeiten der Energiewende: Lokale Konflikte Um Windkraft, Stromtrassen und Fracking‹. transcript Verlag. https://doi.org/10.1515/9783839438152.

Holden, Erling, Geoffrey Gilpin, and David Banister. 2019. ›Sustainable Mobility at Thirty‹. *Sustainability* 11 (7): 1–16. https://doi.org/10.3390/su11071965.

Holtsmark, Bjart, and Anders Skonhoft. 2014. ›The Norwegian Support and Subsidy Policy of Electric Cars. Should It Be Adopted by Other Countries?‹ *Environmental Science & Policy* 42 (October): 160–68. https://doi.org/10.1016/j.envsci.2014.06.006.

Iser, Jurik Caspar. 2023. ›Deutsche Wohnen und Co enteignen: Könnte diesmal die Enteignung klappen?‹ 26.09.2023. https://www.zeit.de/wirtschaft/2023-09/deutsche-wohnen-und-co-enteignen-volksentscheid-berlin. Accessed 26 October 2023.

Ives, Christopher D., and Joern Fischer. 2017. ›The Self-Sabotage of Conservation: Reply to Manfredo et al.: Conservation and Value Change‹. *Conservation Biology* 31 (6): 1483–85. https://doi.org/10.1111/cobi.13025.

Jansen, Maike, Gerstenberger, Bastian, Bitter-Krahe, Jan, Berg, Holger, Sebestyén, János, and Schneider, Jonas. 2022. ›Current Approaches to the Digital Product Passport for a Circular Economy : An Overview of Projects and Initiatives‹. Application/pdf, 680 KB, 24 pages. https://doi.org/10.48506/OPUS-8042.

Kästner, Thomas, and Andreas Kießling. 2016. ›Energiewende in 60 Minuten‹. Wiesbaden: Springer Fachmedien Wiesbaden. https://doi.org/10.1007/978-3-658-11561-6.

Keller, Rober; Stohr, Alexander; Weibelzahl, Martin; Wolf, Linda. 2022. Elektromobilität im ländlichen Raum – Handlungsempfehlungen für die Gestaltung der Mobilität von Morgen. Im Auftrag des Naturschutzbundes Deutschland e.V. (NABU). https://www.nabu.de/imperia/md/content/nabude/verkehr/auto/220504_studie_elektromobilit__t_auf_dem_land_fit_nabu.pdf. Accessed 26 October 2023.

Kopatz, Michael. 2014. ›Suffizienz als Teil der Energiewende‹. In ›Energieeffizienz in Gebäuden – Jahrbuch 2014‹, edited by Barbara Hendricks, Franz-Georg Rips, Axel Gedaschko, Alexander Rychter, Christian Noll, Jürgen Blazejczak, Hans-Dieter Hegner, et al., neue Ausgabe, 273–278. Berlin: v m e Verlag und Medienservice Energie.

Kuhnhenn, Kai. 2017. ›Wachstumsrücknahme in Klimaschutzszenarien‹. Konzeptwerk Neue Ökonomie. https://konzeptwerk-neue-oekonomie.org/wp-content/uploads/2018/06/Analyse_Wachstumsrueck nahme-Klimaschutzszenarien.pdf. Accessed 14 March 2023.

Leuphana Universität Lüneburg. 2023. ›Mainstreaming social-ecological sufficiency: Schließung der Lücke zwischen gesellschaftlichem Bedarf und ökologischen Grenzen beim nachhaltigen Konsum (ERC Consolidator Grant)‹. http://fox.leuphana.de/portal/de/projects/mainstreaming-socialecological-sufficiency-schliessung-der-lucke-zwischen-gesellschaftlichem-bedarf-und-oekologischen-grenzen-beim-nachhaltigen-konsum-erc-consolidator-grant(d210e716-90a7-4271-89ee-3912b0996c2b).html Accessed 27 October 2023.

Lintzmeyer, Florian, Günden Savaşçı, Claudia Schwarz, Christina Miller, Nils C. Bandelow, Johanna Hornung, Colette S. Vogeler, and Lisa Klein. 2021. ›Erfolgsfaktoren Und Hemmnisse Für Eine Umweltorientierte Verkehrspolitik. Abschlussbericht. Ressortforschungsplan Des Bundesministerium Für Umwelt, Naturschutz, Nukleare Sicherheit Und Verbraucherschutz‹. Im Auftrag Des Umweltbundesamtes. https://www.umweltbundesamt.de/sites/default/files/medien/479/publikationen/texte_173-2021_erfolgsfaktoren_und_hemmnisse_fuer_eine_umweltorientierte_verkehrspolitik.pdf. Accessed 14 March 2023.

Mandalka, Torsten. 2023. Ölkonzern und Klimaforschung. Schwere Vorwürfe gegen Exxon. 12.01.2023. https://www.tagesschau.de/wissen/klima/exxon-klima-folgen-studie-101.html. Accessed 26 October 2023.

Martínez-Alier, Joan, Unai Pascual, Franck-Dominique Vivien, and Edwin Zaccai. 2010. ›Sustainable De-Growth: Mapping the Context, Criticisms and Future Prospects of an Emergent Paradigm‹. *Ecological Economics* 69 (9): 1741–47. https://doi.org/10.1016/j.ecolecon.2010.04.017.

MDR. 2022. ›So überlastet die Elektromobilität die Stromnetze nicht‹. MDR, 30 March 2022. https://www.mdr.de/wissen/energiewende-praxis-elektromobilitaet-stromnetze-100.html. Accessed 14 March 2023.

Meisch, Simon, Lieske Voget-Kleschin, and Leonie Bossert. 2020. ›Landkarte für mehr Fahrvergnügen auf dem Weg zur Suffizienz‹. In ›Damit gutes Leben mit der Natur einfacher wird: Suffizienzpolitik für Naturbewahrung‹, edited by Leonie Bossert, Lieske Voget-Kleschin, and Simon Meisch, 9–32. Marburg: Metropolis Verlag.

Müller, Axel. 2018. ›Rohstoffe Für Die Energiewende: Menschenrechtliche Und Ökologische Verantwortung in Einem Zukunftsmarkt‹. Bischöfliches Hilfswerk MISEREOR e. V. https://www.ressourcenwende.net/wp-content/uploads/2019/09/studie-rohstoffe-fuer-die-energiewende.pdf. Accessed 14 March 2023.

Nyborg, Karine, John M. Anderies, Astrid Dannenberg, Therese Lindahl, Caroline Schill, Maja Schlüter, W. Neil Adger, et al. 2016. ›Social Norms as Solutions‹. Science 354 (6308): 42–43. https://doi.org/10.1126/science.aaf8317.

Öko-Institut. 2020. ›Projektstart: Suffizienz für Energiewende und Gesellschaft‹. 4 May 2020. https://www.oeko.de/aktuelles/2020/projektstart-suffizienz-fuer-energiewende-und-gesellschaft. Accessed 14 March 2023.

Öko-Institut and Frauenhofer ISE. 2022. ›Durchbruch Für Die Wärmepumpe. Praxisoptionen Für Eine Effiziente Wärmewende Im Gebäudebestand. Studie Im Auftrag von Agora Energiewende‹. https://static.agora-energiewende.de/fileadmin/Projekte/2022/2022-04_DE_Scaling_up_heat_pumps/A-EW_273_Waermepumpen_WEB.pdf. Accessed 14 March 2023.

Paech, Niko. 2021. ›Befreiung vom Überfluss: auf dem Weg in die Postwachstumsökonomie‹. 12. Auflage. München: oekom verlag.

Prognos, Öko-Institut, and Wuppertal-Institut. 2021. ›Klimaneutrales Deutschland 2045. Wie Deutschland Seine Klimaziele Schon Vor 2050 Erreichen Kann. Langfassung Im Auftrag von Stiftung Klimaneutralität, Agora Energiewende Und Agora Verkehrswende‹. https://static.agora-energiewende.de/fileadmin/Projekte/2021/2021_04_KNDE45/A-EW_209_KNDE2045_Zusammenfassung_DE_WEB.pdf. Accessed 14 March 2023.

Quaschning, Volker, and Cornelia Quaschning. 2022. ›Energierevolution jetzt! Mobilität, Wohnen, grüner Strom und Wasserstoff: Was führt uns aus der Klimakrise – und was nicht?‹ München: Hanser.

Radio Gong. 2023. ›Würzburg: Wohngemeinschaften immer beliebter‹. Radio Gong Würzburg. 30 January 2023. https://www.radiogong.com/aktuelles/news/lokales/wuerzburg-wohngemeinschaften-immer-beliebter. Accessed 14 March 2023.

Ramezanian, Shajan. 2021. ›E-Autos: Alles, Was Du Wissen Musst‹. *Quarks*, 27 December 2021. https://www.quarks.de/technik/mobilitaet/e-autos-wie-gut-sind-sie-wirklich/. Accessed 14 March 2023.

Renn, Ortwin. 2015. ›Akzeptanz und Energiewende Bürgerbeteiligung als Voraussetzung für gelingende Transformationsprozesse‹ In: ›Jahrbuch für Christliche Sozialwissenschaften. Bd. 56 (2015): ›Ethische Herausforderungen der Energiewende‹.

Rockström, Johan, Will Steffen, Kevin Noone, Åsa Persson, F. Stuart Chapin, Eric F. Lambin, Timothy M. Lenton, et al. 2009. ›A Safe Operating Space for Humanity‹. *Nature* 461 (7263): 472–75. https://doi.org/10.1038/461472a.

Röhrlich, Dagmar. 2022. ›Silizium, Kobalt, Lithium – Der globale Kampf um Rohstoffe der Zukunft‹. Deutschlandfunk, 10 October 2022. https://www.deutschlandfunk.de/silizium-kobalt-lithium-rohstoffe-seltene-erden-100.html. Accessed 14 March 2023.

Roser, Max. 2021. ›Why Did Renewables Become so Cheap so Fast?‹ *Our World in Data* (blog). 2021. https://ourworldindata.org/cheap-renewables-growth. Accessed 14 March 2023.

Samadi, Sascha, Marie-Christine Gröne, Uwe Schneidewind, Hans-Jochen Luhmann, Johannes Venjakob, and Benjamin Best. 2017. ›Sufficiency in Energy Scenario Studies: Taking the Potential Benefits of Lifestyle Changes into Account‹. Technological Forecasting and Social Change 124 (November): 126–34. https://doi.org/10.1016/j.techfore.2016.09.013.

Schuth, Marian. 2022. ›Wohnungsbauziel: Deutschland ist fertig gebaut‹. Interview mit Architektin Elisabeth Broermann. *Zeit Online*, 29 December 2022. https://www.zeit.de/green/2022-12/wohnungbauziel-bundesregierung-genehmigungen-abrisse. Accessed 14 March 2023.

Stengel, Oliver. 2011. ›Weniger ist schwer: Barrieren in der Umsetzung suffizienter Lebensstile‹. *GAIA*, no. 20/1: 26–30.

Sterchele, P., J. Brandes, J. Heilig, D. Wrede, C. Kost, T. Schlegl, A. Bett, and H.-M. Henning. 2020. ›Wege Zu Einem Klimaneutralen Energiesystem. Die Deutsche Energiewende Im Kontext Gesellschaftlicher Verhaltensweisen‹. https://doi.org/10.24406/PUBLICA-FHG-300232.

Supran, Geoffrey., Rahmstorf, Stefan, Oreskes, Naomi. 2023. ›Assessing ExxonMobil's global warming projections‹. In: *Science* 379.

Tröger, Josephine. 2021. ›Interview mit der Umweltpsychologin Josephine Tröger‹. Deutsche Umweltstiftung. 6 January 2021. https://kaufnix.net/interview-mit-der-umweltpsychologin-josephine-troeger/. Accessed 14 March 2023.

Umweltbundesamt. 2023. ›Gesellschaftliche Kosten von Umweltbelastungen‹. https://www.umweltbundesamt.de/daten/umwelt-wirtschaft/gesellschaftliche-kosten-von-umweltbelastungen#gesamtwirtschaftliche-bedeutung-der-umweltkosten Accessed 29 Ocotber 2023.

Vestas Wind Systems A/S. 2023. ›Vestas Unveils Circularity Solution to End Landfill for Turbine Blades‹. https://www.vestas.com/en/media/company-news/2023/vestas-unveils-circularity-solution-to-end-landfill-for-c3710818. Accessed 14 March 2023.

VCD. 2021. VCD Definition Verkehrswende. Verkehrswende oder Mobilitätswende – was ist der Unterschied? 23.08.2021. https://www.vcd.org/artikel/verkehrswende-definition. Accessed 26 October 2023.

Verdi: #Wirfahrenzusammen. Vorfahrt für ÖPNV! Mobilität für alle und gute Arbeit für die Beschäftigten im ÖPNV. https://www.wir-fahren-zusammen.de/. Accessed 26 October 2023.

Vidal, Olivier, Bruno Goffé, and Nicholas Arndt. 2013. ›Metals for a Low-Carbon Society‹. *Nature Geoscience* 6 (11): 894–96. https://doi.org/10.1038/ngeo1993.

Ward, James D., Paul C. Sutton, Adrian D. Werner, Robert Costanza, Steve H. Mohr, and Craig T. Simmons. 2016. ›Is Decoupling GDP Growth from Environmental Impact Possible?‹ Edited by Daniel E. Naya. *PLOS ONE* 11 (10): e0164733. https://doi.org/10.1371/journal.pone.0164733.

Washington, Haydn. 2021. ›Questioning the Assumptions, Sustainability and Ethics of Endless Economic Growth‹. *Journal of Risk and Financial Management* 14 (10): 497. https://doi.org/10.3390/jrfm14100497.

Weber, Matthias. 2022. ›So könnte das Wohnen der Zukunft in Rheinland-Pfalz aussehen‹. SWR. 7 December 2022. https://www.swr.de/swraktuell/rheinland-pfalz/neue-wohnformen-laendlicher-raum-rlp-100.html. Accessed 14 March 2023.

Wehling, Elisabeth. 2018. ›Politisches Framing: wie eine Nation sich ihr Denken einredet – und daraus Politik macht‹. Ungekürzte Ausgabe. Berlin: Ullstein Taschenbuch Verlag.

Zander, Wolfgang, Ulrich Rosen, Andreas Nolde, Sören Patzack, Sebastian Seier, Mandy Hübschmann, Michael Timm Piske, Stephan Lemkens, and Katharina Vera Boesche. 2018. ›Topthema 2: Regulierung, Flexibilisierung Und Sektorkopplung‹. Erstellt Im Auftrag des Bundesministeriums für Wirtschaft und Energie. https://www.bmwk.de/Redaktion/DE/Publikationen/Studien/digitalisierung-der-energiewende-thema-2.pdf?__blob=publicationFile&v=8. Accessed 14 March 2023.

Zeit Online. 2022. ›Verkehr: Umfrage: Mehrheit für Tempolimit auf Autobahnen‹. *Zeit Online*, 17 April 2022. https://www.zeit.de/news/2022-04/17/umfrage-mehrheit-fuer-tempolimit-auf-autobahnen. Accessed 14 March 2023.

Zell-Ziegler, Carina, and Hannah Förster. 2018. ›Mit Suffizienz Mehr Klimaschutz Modellieren. Relevanz von Suffizienz in Der Modellierung, Übersicht über die aktuelle Modellierungspraxis und Ableitung Methodischer Empfehlungen‹. Öko-Institut. https://www.umweltbundesamt.de/sites/default/files/medien/1410/publikationen/uba_texte_55_2018_zwischenbericht_mit_suffizienz_mehr_klimaschutz_modellieren.pdf. Accessed 14 March 2023.

Zuschlag, André. 2023. ›Volksinitiative gegen Werbung in Hamburg: Grüne mögen Flimmerwerbung‹. Die Tageszeitung: *taz*, 13 January 2023, sec. Nord. https://taz.de/!5905255/. Accessed 14 March 2023.

6.2 Smarthomes – Digitale Spielerei oder echter Beitrag zur Energiekehrtwende?

VON NEELE KLUKKERT UND NEELE NEDDERSEN

Einleitung

In einer Welt, in der Technologie allgegenwärtig ist, sind Smarthomes zu einem immer beliebteren Trend geworden: Im Jahr 2020 nutzten 3,3 Millionen Deutsche intelligente Haushaltsgeräte wie z. B. Saugroboter; 11,5 Millionen Bundesbürger:innen verwendeten smarte Lautsprecher (Statistisches Bundesamt 2023). Smarthomes sind in der Lage, sich digital mit verschiedenen Geräten und Informationsquellen zu verbinden, um Nutzer:innen individuelle Dienstleistungen zu ermöglichen (Sovacool et al. 2021, S. 2). Auch gelten Wohngebäude als Smarthomes, die mit Hilfe von Kommunikationsverfahren und Algorithmen den Energieverbrauch optimieren und steuern, um Komfort und Kosteneinsparungen zu maximieren (El-Azab 2021, S. 303).

Mit ihrem Potenzial eines intelligenten Energiemanagements scheinen Smarthomes gut geeignet, einen Beitrag zur im *Earth for All*-Bericht des Club of Rome diskutierten Energiekehrtwende (Dixson-Declève et al. 2022, S. 167) zu leisten. Diese sieht als grundlegendsten Schritt eine Steigerung der Effizienz vor, aber auch die Umstellung des gesamten Energiesektors auf Elektrizität und erneuerbare Energien (Dixson-Declève et al. 2022, S. 168). Die Vorstellung, dass ein Haus durch die nahtlose Integration von Sensortechnologie eine intelligente und automatisierte Umgebung schafft, welche den Alltag erleichtert und zudem erneuerbare Energiequellen wie die Solarenergie effizienter nutzt, ist einerseits vielversprechend. Andererseits gibt es auch Gegenstimmen, die argumentieren, dass Smarthomes ihr Versprechen eines nachhaltig-effizienten und gleichzeitig komfortablen Wohnens nicht halten. Ökologische Faktoren wie Energieeffizienz sind gleichzeitig nur ein Teil der Energiekehrtwende; die

Verfasser:innen des *Earth for All*-Berichts betonen, dass auch soziale Aspekte berücksichtigt werden müssen (Dixson-Declève et al. 2022, S. 188).

Dieser Essay setzt sich aufgrund der geschilderten Ambivalenz von Smarthomes mit der Frage auseinander, ob diese dazu geeignet sind, einen Beitrag zur Energiekehrtwende zu leisten. In einer Zeit, in der sich viele die Frage nach der Anschaffung von Smarthome-Technologien stellen, ist es umso wichtiger, ihre Vor- und Nachteile zu kennen. Während Smarthomes einerseits durch die Erhöhung der Effizienz Energie einsparen und die Motivation und das Verantwortungsgefühl für eine nachhaltigere Energienutzung bei Nutzer:innen steigern können (Wisser 2018, S. 172), existieren andererseits auch Risiken. Hierzu gehört, dass solche Technologien einen ressourcenintensiven Lebensstil fördern, der Nachhaltigkeit nur als Feigenblatt benutzt (LaMonica 2014, S. 1) und Smarthomes insofern nicht zur Energiekehrtwende beitragen, sondern sie sogar verhindern. In den folgenden Kapiteln wird diese Problematik aus einer Pro- und einer Kontra-Position heraus diskutiert.

Pro: Smarthomes tragen zur Energiekehrtwende bei

Die Basis für die im *Earth for All*-Bericht beschriebene Energiekehrtwende ist die Steigerung der Energieeffizienz (Dixson-Declève et al. 2022, S. 167f.). Mit einer reinen Umstellung von fossilen zu erneuerbaren Energien als Energiequelle wird es der Menschheit nicht gelingen, die Energiekehrtwende zu bewältigen. Eine Einsparung von Energie ist nötig. Heutzutage wird viel Energie einfach verschwendet (Dixson-Declève et al. 2022, S. 167). Mit der Umsetzung adäquater Maßnahmen lässt sich der Energieverbrauch in Zukunft um bis zu 40 Prozent senken (Dixson-Declève et al. 2022, S. 167). Smarthomes ermöglichen eine Energieeinsparung durch ihre Technologie, mit der verschiedenste elektronische Geräte in einem System zusammengefasst und energieeffizient gemanagt werden. Außerdem kann ein Bewusstsein für den eigenen Energieverbrauch geschaffen und energiesparendes Verhalten initiiert werden. Des Weiteren existieren auch Schnittstellen zwischen Smarthome-Technologien, der Elektrifizierung und dem Ausbau erneuerbarer Energien, die weitere Schritte zur Energiekehrtwende sind (Dixson-Declève et al. 2022, S. 168).

Energieeinsparung durch Smarthome-Technologie

Mit mehr und mehr (elektronischen) Geräten wird es immer schwieriger und unübersichtlicher, im eigenen Haushalt Energie effizient zu nutzen. Diese können mithilfe der zentralen Steuerungseinheit im Smarthome koordiniert (Herwig 2022, S. 12) und durch die Umstellung auf Smarthome-Technik kann das Energiemanagement-System entlastet werden (Allerding 2013, S. 235). Außerdem wird neben der Energieeffizienz auch die Behaglichkeit und Sicherheit, beispielsweise durch Warnung vor einem Brand oder Einbruch, im Haushalt gesteigert (Wisser 2018, S. 37).

Ein verschwenderisches Nutzer:innenverhalten wird also automatisch mithilfe von Smarthome-Technologien ausgeglichen (Wisser 2018, S. 35). So können Häuser nachts in einen »Nachtbetrieb« herunterfahren, damit beispielsweise Räume nicht unnötig beheizt werden (Wisser 2018, S. 14) oder die Regulierung der Raumtemperatur erfolgt automatisch unter Einbezug von Wetter und Umweltbedingungen (Fabi et al. 2017, S. 767). Entsprechend kann die Heizung herunterreguliert werden, wenn die Sonne in den zu heizenden Raum scheint und ihn erwärmt, sodass die gewünschte Raumtemperatur mit weniger Energieverbrauch erreicht wird (Reinisch et al. 2011, S. 4). Auf diese Weise regulieren Smarthomes den Energieverbrauch besser, als Menschen es je könnten. Oft wirken die Herausforderungen, um den Klimawandel einzudämmen und die Energiewende zu ermöglichen, überwältigend für Individuen (Sovacool und Del Rio 2020, S. 8). Die Smarthome-Technologie ermöglicht es, auf einfache und komfortable Weise, Energie einzusparen. So wird ein erster Schritt in Richtung Nachhaltigkeit getan. Da ein geringerer Konsum auch im *Earth for All*-Bericht als ein Faktor für die Energiekehrtwende identifiziert wurde (Dixson-Declève et al. 2022, S. 169), lässt sich hier eine klare Verbindung zu Smarthomes ziehen.

Bewusstseinsschaffung und Verhaltensänderung

Durch Smarthomes erhalten die Verbraucher:innen außerdem einen Überblick über ihren eigenen Energiekonsum (Allerding 2013, S. 2). Dadurch können sie den Verbrauch auch selbst senken (Allerding 2013, S. 2), und die Motivation, Energie zu sparen (Wisser 2018, S. 172) sowie auch das Verantwortungsgefühl und das Bewusstsein für Energieverbrauch werden gesteigert. Energieverbrauchende Tätigkeiten oder Geräte innerhalb des eigenen

Haushalts werden identifiziert und dieses Wissen auch auf andere Bereiche des Lebens ausgeweitet. Innerhalb der Smarthomes werden zum Teil auch persuasive Technologien integriert (Fabi et al. 2017, S. 762f.). Mithilfe dieser Technologien sollen Verhaltensänderungen der Nutzer:innen erzielt werden (Fabi et al. 2017, S. 762). Im Fall von Smarthomes wird der Energieverbrauch mithilfe speziell konzipierter Verhaltensrückmeldungen reduziert (Fabi et al. 2017, S. 762). Eine Art dieser Rückmeldungen wurde auch von Opower (Opower 2023, S. 1) genutzt: Hierbei gab es Feedback zum Energieverbrauch des eigenen Haushalts im Vergleich zu dem anderer Haushalte innerhalb einer Nachbarschaft (Fischer et al. 2012, S. 156). Außerdem wurden Vorschläge zur Reduzierung des eigenen Energiekonsums gemacht (Fischer et al. 2012, S. 156). Dies gab einen Anreiz und führte zu Energieeinsparungen (Fischer et al. 2012, S. 156). Durch Integration solcher persuasiver Technologien und auf gewisse Weise kommunizierter Feedbacks, führen Smarthomes also zu einer Verhaltensänderung. Wichtig dabei ist, dass die Hersteller:innen klar kommunizieren, falls diese verhaltensbeeinflussenden Technologien in den Smarthome-Anwendungen enthalten sind. Sonst besteht die Gefahr, dass die Nutzenden sich manipuliert fühlen und das Vertrauen verlieren.

Erweiterte Reichweite durch Komfortsteigerung und damit anvisierte Kundschaft

Oft werden Smarthome-Technologien primär für Komfortsteigerung erstellt oder installiert (Herwig 2022, S. 144; Fabi et al. 2017, S. 760). Ein komfortables Zuhause ist von Vorteil, wenn es zum Beispiel dazu führt, dass öfter Arbeit im Home Office erledigt wird. Dadurch kommt es zur Reduktion von Emissionen und Staus (Dixson-Declève et al. 2022, S. 172). Außerdem werden so auch Personen einbezogen, deren primäres Ziel mehr Komfort und nicht Energieeffizienz ist. Durch energieeinsparende Smarthome-Technologien werden auch diese Personen erreicht und bei ihnen wird ein Bewusstsein für Energieeffizienz und Emissionen durch den eigenen (Energie-)konsum erlangt. Obwohl im *Earth for All*-Bericht argumentiert wird, dass unsere Wahrnehmung mehr Wohlstand mit mehr Konsum und (wirtschaftlichem) Wachstum in Verbindung bringt und eine Transformation dieser Wahrnehmung nötig ist (Dixson-Declève et al. 2022, S. 171), wird mit Smarthomes, eine Brücke zwischen Wohlstand oder Komfort und Energieeinsparung geschlagen. Wohlstand und Verzicht müssen sich nicht ausschließen. Der bisherige wahrgenommene Wohlstand geht mit einem größeren CO_2-Fußabdruck (Dixson-Declève et al. 2022, S.171) einher, wie auch ein höheres Einkommen mit einem größeren CO_2-Fußabdruck einher geht (Dixson-Declève et al. 2022, S. 170). Besonders dort, wo es einerseits noch gar kein Bewusstsein für Konsumverhalten und dessen Auswirkungen und andererseits ein großes Vermögen gibt, ist der CO_2-Fußabdruck äußerst hoch. Deshalb ist dort aber auch das Energieeinsparungspotenzial sehr hoch – wer viel verbraucht, kann auch viel sparen. Smarthome-Technologien sprechen genau diese Personengruppe an, da sie im Augenblick oft nur für Besserverdienende erschwinglich sind, die womöglich noch kein (großes) Bewusstsein für Energieverbrauch und dessen Folgen haben. Natürlich existieren auch Smarthome-Nutzer:innen, die diese Technologien primär zum Energiesparen nutzen. Durch Netzwerk-Bildung von Smarthome-Nutzer:innen (Sovacool und Del Rio 2020, S. 7, 9) kommt es hier auch zum Austausch und zu weiteren Möglichkeiten (z. B. Installation von Solarenergieanlagen, Wechsel zu E-Autos oder E-Fahrrädern). Da die Elektrifizierung ein weiterer Schritt zur Energiekehrtwende ist (Dixson-Declève et al. 2022, S. 168, 176f.), kann mit dem Wechsel vom Auto mit fossilem Verbrennungsmotor zum E-Auto auch zur Elektrifizierung beigetragen werden.

Smarthome-Designer:innen stehen in besonderer Verantwortung

Die Smarthome-Entwickler:innen und -Designer:innen stehen in besonderer Verantwortung: Nicht jedes Smarthome ist automatisch energieeffizienter. Der Energieverbrauch wird nur dann reduziert, wenn das Hauptziel des Smarthome-Designs die Reduzierung des Energieverbrauchs ist (nicht die Maximierung des Komforts).

Design beinhaltet Scripting, Hardware-Design, Kontrollsysteme und Algorithmen (Sovacool und Del Rio 2020, S. 12). Zum Beispiel kann ein automatischer Cut-Off von Smarthome-Geräten programmiert werden, der erfolgt, sobald ein bestimmter Schwellenwert in Bezug auf den Energieverbrauch erreicht ist (Sovacool und Del Rio 2020, S. 12). Bestimmte energiesparende Konzepte müssen also als Grundeinstellung in Smarthome-Anwendungen enthalten sein, damit sie zu Energieeffizienz beitragen können. Außerdem wird durch entsprechendes Produktdesign und durch Zustandsüberwachung die Instandhaltung vereinfacht (Raff et al. 2020, S. 400) – zum Beispiel durch eine optimale Stromzufuhr. Dadurch wird die Lebensdauer von Geräten verlängert. Die längere Benutzung führt zu weniger Müll.

Smarthome-Technologien tragen zum Ausbau erneuerbarer Energien bei

So wie Nutzer:innennetzwerke entstehen und ein Austausch stattfindet, so können auch zwischen sauberen Energietechnologien und anderen Technologien ein Austausch stattfinden und Synergieeffekte entstehen (Dixson-Declève et al. 2022, S. 175). Dies ist zwischen erneuerbaren Energien und Smarthomes möglich (Fabi et al. 2017, S. 764f.): Wenn zum Beispiel Photovoltaik (PV)-Anlagen installiert wurden, kann mithilfe des Smarthomes die Energie zum besten Zeitpunkt genutzt werden (Michael 2022, S. 1). Wird an einem sonnigen Tag viel Energie produziert, was im Normalfall bei Einspeisung in das öffentliche Netz zu einer Überbelastung desselben führen könnte, kann diese Energie stattdessen mithilfe des Smarthomes direkt im Haushalt für energieintensive, aber zeitlich flexible Anwendungen genutzt (o. N. 2022, S. 1) oder gespeichert (Fabi et al. 2017, S. 764f.) werden. Ein Beispiel dafür ist das Waschprogramm einer Waschmaschine, welches zu einem bestimmten Zeitpunkt durchgelaufen sein soll. Die Energie dafür wird zum Zeitpunkt hoher Energiezufuhr genutzt (o. N. 2022, S. 1). Durch die vereinfachte Nutzung von schwankender erneuerbarer Energie wird also ein Anreiz geschaffen, auch als Privathaushalt in die Anschaffung erneuerbarer Energie-Systeme wie einer PV-Anlage zu investieren. Es ist sogar möglich, die Smarthome-Technologie für die Erstellung von ganzen intelligenten Netzen (»smart grids«) zu nutzen (Fabi et al. 2017, S. 764f.). Darin werden Energienachfrage, -angebot, und -speicherung mehrerer smarter Gebäude mit erneuerbaren Energiequellen organisiert (Fabi et al. 2017, S. 764). Für den Ausbau der erneuerbaren Energien werden solche intelligenten Netze nötig sein (Dixson-Declève et al. 2022, S. 178). Smarthomes tragen also zum Ausbau erneuerbarer Energien, einem wichtigen Punkt der Energiekehrtwende (Dixson-Declève et al. 2022, S. 168, S. 177ff.), bei. Außerdem können auch Daten-Analytiker:innen, Stadtplaner:innen, Architektinnen und Architekten und Energieversorgungsunternehmen mit Smarthomes Nachfrage-Muster besser verstehen (Sovacool und Del Rio 2020, S. 8). Dieses

Wissen kann für Planung und Instandhaltung besser genutzt werden und auch beim Ausbau erneuerbarer Energien unterstützen.

Soziale Aspekte des Smarthomes

Aus sozialer Sicht werden durch Smarthome-Technologien und Assistenzfunktionen Pflegebedürftige länger in ihrer gewohnten Umgebung bleiben, ohne auf menschliche Hilfe angewiesen zu sein (Wisser 2018, S. 38). Da durch den demographischen Wandel das Gesundheitssystem und Pflegepersonal stärker belastet sein werden, wird so das Gesundheitssystem unterstützt. Außerdem wird pflegebedürftigen Personen ermöglicht, zu (weit entfernten) Angehörigen und ihrem sozialen Umfeld durch Smarthomes unkompliziert Kontakt zu halten (Herwig 2022, S. 147). Des Weiteren verfügen Smarthomes auch über eine Sprachassistenz und andere soziale Funktionen. Darüber hinaus kann auch eine Gemeinschaft oder ein Netzwerk aus Smarthome-Nutzenden entstehen (Sovacool und Del Rio 2020, S. 7, 9). Dies kann ebenfalls der Vereinsamung entgegenwirken.

Alles in allem werden mittels Smarthome-Technologien durch eine Mischung aus Monitoring, besserem Energiemanagement und größerer Kontrolle über die CO_2-Quellen im Haushalt Emissionen und Müll eingespart (Sovacool und Del Rio. 2020, S. 8). Smarthomes tragen besonders zur Energieeffizienz bei, aber auch Anknüpfungen zur Elektrifizierung und dem Ausbau erneuerbarer Energien sind zu erkennen, womit die drei Kernpunkte der vom *Earth for All*-Bericht vorgestellten Energiekehrtwende abgedeckt sind. Ursprünglich für den privaten Haushalt gedacht, können Smarthome-Technologien besonders auch in öffentlichen Gebäuden und Unternehmen zur Energieeffizienz und Kostenreduktion eingesetzt werden.

Kontra: Smarthomes tragen nicht zur Energiekehrtwende bei

In einer Welt, die immer vernetzter wird, werden Smarthome-Anwendungen immer beliebter (Herwig 2022, S. 14). Trotz ihrer praktischen Vorteile gibt es jedoch auch negative Auswirkungen, die bei der Nutzung von Smarthomes berücksichtigt werden sollten. Hierzu zählt die Tatsache, dass Smarthomes kein Wundermittel zum Energiesparen darstellen (es gibt einfachere Lösungen!) und tatsächlich eher mit Luxus und Bequemlichkeit anstatt mit Nachhaltigkeit verbunden sind. Das technologische Angebot ist oft unübersichtlich und verursacht ökologische und soziale Kosten, die auf den ersten Blick nicht erkennbar sind. Außerdem stellen Smarthomes aus einer datenschutzrechtlichen Perspektive ein Sicherheitsrisiko dar. Zu guter Letzt fördern sie die Abhängigkeit ihrer Nutzer:innen und verschärfen soziale Ungleichheit. Dieser Abschnitt erklärt entlang genannter Gründe, warum Smarthomes keine gute Lösung für ein nachhaltigeres Leben darstellen und weshalb sie nicht dazu geeignet sind, eine bessere Zukunft für alle zu ermöglichen (Sovacool et al. 2021, S. 1).

Smarthomes sind nicht automatisch energiesparender

Obwohl Smarthomes oft mit Energiesparen assoziiert werden, steht diese Möglichkeit bei den Anschaffungsgründen erst an dritter Stelle: Der Hauptgrund für die Installation eines Smarthomes ist die Verbesserung des Komforts und der Lebensqualität, gefolgt von dem Bedürfnis nach mehr Sicherheit (Herwig 2022, S. 144). Wie im Pro-Abschnitt diskutiert, werden Verbraucher:innen bei der Nutzung eines Smarthomes aktiv in den eigenen Energiekonsum mit einbezogen und sind in der Lage, diesen genau zu überwachen (Allerding 2013, S. 2). Dies bedeutet jedoch nicht automatisch mehr Nachhaltigkeit im Alltag. Stattdessen besteht die Gefahr, dass es zu sogenannten Rebound-Effekten kommt (Wisser 2018, S. 172; Sovacool et al. 2021, S. 2): Die eingesparte Energie führt hierbei zu einer größeren Energienachfrage, sodass die Einsparungen verringert oder sogar überkompensiert werden. Eine psychologische Erklärung hierfür ist ein ruhigeres Gewissen der Bewohner:innen beim Energieverbrauchen (Wisser 2018, S. 172). Nutzer:innen sind der Überzeugung, etwas Gutes für die Umwelt zu tun und gleichzeitig tolle neue Technik für mehr Komfort im Alltag nutzen zu können und benutzen (auch unbewusst) Nachhaltigkeit als Rechtfertigung für die Erhöhung der eigenen Bequemlichkeit (LaMonica 2014, S. 1). Der Vergleich der Nutzung eines Smarthomes mit dem Konzept des Recyclings kann dieses Dilemma verdeutlichen: Mülltrennung erzeugt ein gutes Gefühl, weil man scheinbar auf den Umweltschutz achtet. Vergessen wird dabei jedoch, dass der eigene, übermäßige Konsum erst zur Notwendigkeit von Recycling oder einem Smarthome führt und weder Ersteres (Gleisenberg 2022, S. 1) noch Letzteres den erhofften positiven Einfluss auf die Umwelt hat: Tatsächlich ist auch der zum recyclen nötige Energieverbrauch oft höher als die dadurch gewonnenen Einsparungen (Umweltmission 2023). Eine Irreführung seitens der Anbieter:innen von Smarthome-Technik ist ebenfalls zu bedenken: Die Verbraucherzentrale (2022) weist darauf hin, dass die Angaben der Hersteller:innen zur maximalen Energieersparnis überzogen sein können. Die Energie, die das Smarthome-System selbst benötigt, verringert die durch intelligentes Gerätemanagement gewonnenen Einsparungen zusätzlich (Wisser 2018, S. 173). Zum Energieverbrauch zählen beispielsweise neue Servicefunktionen wie automatische Sicherheitschecks in Abwesenheit oder die intensivere Nutzung von bereits bestehenden Funktionen wie audiovisuelle Unterhaltungsgeräte (Wilson et al. 2017, S. 79).

Smarthomes sind überflüssig

Im Hinblick auf fehlende Energieeinsparungen von Smarthomes ist zu fragen, ob ein Smarthome wirklich die naheliegendste Lösung für das drängende Problem des zu hohen Energieverbrauchs ist, oder ob zunächst auf einfachere Mittel zurückgegriffen werden muss: Im Kapitel zur Energiekehrtwende des *Earth for All*-Berichts gehen die Autorinnen und Autoren darauf ein, dass eine effizientere Isolierung in Wohnungen die Vorteile von Klimaanlagen oder Heizungen übertrumpft (Dixson-Declève et al. 2022, S. 174). Eine Steuerung der Wärmeregulation per Smartphone wäre somit nicht nötig, sondern schlicht überflüssig. Auch sollte darauf geachtet werden, in Innenräumen (z. B. durch große Fenster) mehr Tageslicht zu ermöglichen (Dixson-Declève et al. 2022, S. 175), um gar nicht erst smarte Glühbirnen installieren zu müssen. Der *Earth for All*-Bericht definiert Effizienz als das grundlegendste Ziel der Energiekehrtwende (Dixson-Declève et al. 2022, S. 167 f.). Smarthomes können also nicht als nachhaltig gelten, wenn sie lediglich vermehrt erneuerbare Energien nutzen; diese sind laut des *Earth for All*-Berichts zwar auch ein zentrales Ziel, bauen aber auf einer notwendigen Effizienzsteigerung auf (Dixson-Declève et al. 2022, S. 167 f.). Wieviel Energie ein Smarthome tatsächlich einsparen kann, hängt zusammengefasst ganz wesentlich vom Nutzungsverhalten der Bewohner:innen (King 2018, S. 22), der Bausubstanz der Gebäude (Verbraucherzentrale 2022) aber auch von der Gestaltung der Smarthome-Technik durch die Anbieter:innen ab (Wilson et al. 2017, S. 80).

Smarthomes fördern einen luxuriösen Lebensstil

Vor dem Hintergrund der fehlenden Energieeffizienz von Smarthome-Systemen muss zusätzlich festgestellt werden, dass der von einem Smarthome geförderte Lebensstil in direktem Gegensatz zu den Leitprinzipien einer möglichst ökologisch-nachhaltigen Lebensweise steht: Sorgloses Verreisen ist leichter möglich, da man jederzeit durch Überwachungskameras Einblick in das eigene Zuhause hat und Licht und Heizung auch aus tausenden Kilometern Entfernung steuern kann; die intelligente Dolby Surround Musikanlage wird auch im Badezimmer zu einem selbstverständlichen Einrichtungsgegenstand und Lieferdienste werden öfter genutzt (Herwig 2022, S. 23 f.). Damit steht ein Smarthome dem im *Earth for All*-Bericht diskutierten dringend nötigen Kurswechsel entgegen, der zum Ziel hat, verschwenderischen Energieverbrauch nicht mehr mit dem Ausdruck von Erfolg oder Lebensfreude zu verknüpfen (Dixson-Declève et al. 2022, S. 174). Die Nutzung von Smarthome-Technik ist derzeit noch mit einem Prestigeanstieg verbunden (Sovacool und Del Rio 2020, S. 11): Nicht ein minimalistisches, effizientes Wohnen wird bewundert, sondern eher der Besitz komplizierter und intelligenter Hightech-Anlagen. Die notwendige Verschiebung gesellschaftlicher Normen hin zu einem Lebensstil, der Konsum nicht mehr zentriert, wird durch Smarthomes verhindert.

Nicht einkalkuliert: die unsichtbaren Kosten

Nicht nur was den direkten Energieverbrauch betrifft, können Smarthome-Technologien dem Ziel der effizienteren Energienutzung entgegenstehen, sie verursachen auch indirekte Kosten, die für Nutzer:innen, besonders in der westlichen Welt, in vielen Fällen unsichtbar bleiben: Für den Bau der externen Server, auf welchen die Daten für das Smarthome mittels Cloud-System gespeichert werden, werden seltene Materialien benötigt, deren Abbau und Verarbeitung eine Vielzahl an negativen sozialen sowie ökologischen Folgen hat (Sovacool und del Rio 2020, S. 11). Zudem brauchen Smarthome-Technologien häufig neben Software- auch Hardware-Updates, was den Materialverbrauch zusätzlich erhöht (Sovacool und Del Rio 2020, S. 10). »Ein wichtiger Teil der Transformation wird die Umstellung auf bewusstere Produktion und geringeren Konsum sein« (Dixson-Declève et al. 2022, S. 169), heißt es im *Earth for All*-Bericht. Die Entstehung versteckter Kosten bei der Smarthome-Technik steht solch einer bewussteren Produktion diametral entgegen.

Das Angebot ist unübersichtlich

Kommunikationsschwierigkeiten zwischen Haushaltsgeräten von unterschiedlichen Hersteller:innen stellen ein weiteres Problem von Smarthomes dar. Oft ist es bei der Installation eine Herausforderung, Smarthome-Systeme mit bereits bestehender Infrastruktur zu verknüpfen (Allerding 2013, S. 4). Verschiedene Kommunikationsstandards können die Smarthome-Technik zudem daran hindern, zusammenzuarbeiten (Li et al. 2021, S. 9): Die Produkte unterschiedlicher Anbieter:innen lassen sich oft nur mit Aufwand in einem Gebäude kombinieren und die Vielzahl von Angeboten auf dem Markt erschwert die Übersichtlichkeit. Hinzu kommt eine teilweise komplizierte Einrichtung und Bedienung der verschiedenen Elemente sowie eine hohe Störanfälligkeit. Auch der Anschaffungspreis eines Smarthomes ist noch zu hoch, um ökonomische Vorteile bei der Nutzung zu rechtfertigen (Wisser 2018, S. 39, 173). All diese Faktoren tragen dazu bei, dass Smarthomes noch nicht massenfähig sind – dies wäre allerdings unerlässlich, falls Smarthome-Technik zur Energiekehrtwende beitragen soll (Wisser 2018, S. 178).

Fragwürdiger Datenschutz

Obwohl Smarthome-Anbieter:innen oft damit werben, das Zuhause zum Beispiel durch fernsteuerbare Überwachungskameras sicherer zu machen, stellt Smarthome-Technik selbst ein Sicherheitsrisiko dar (Allerding 2013, S. 239). Indem Nutzer:innen beispielsweise mit Sprachassistenz-Geräten interagieren, können Daten unrechtmäßig abgegriffen werden. Die künstliche Intelligenz lernt, welche Musik oder Beleuchtung die Bewohner:innen zu welcher Tageszeit mögen (Herwig 2022, S. 143) und kann diese nützlichen Informationen ungefiltert weitergeben: »Das Rundum-sorglos-Paket der Digitalökonomie schafft die effizienteste Form der Überwachung – und das in den eigenen vier Wänden« (Herwig 2022, S. 147). Besonders in den USA stellen Lücken in der Gesetzgebung hinsichtlich des Verkaufs privater Daten ein großes Problem dar, sodass ein Smarthome auch zur Überwachung durch den Staat genutzt werden kann (Fox Cahn und Sherman 2021, S. 1). Als extreme Folge kann Smarthome-Technik sogar autoritären Regimen in die Hände spielen, die mit diesen Mitteln die Möglichkeit haben, ihre Bürger:innen noch besser zu kontrollieren und Kritiker:innen schneller zum Schweigen zu bringen (Sovacool und Del Rio 2020, S. 1).

Autonomieverlust: Wer dient wem?

Der Verlust von Autonomie und die Verantwortungsabgabe an das System gehören zu den unvermeidbaren Risiken eines Smarthomes (Sovacool und Del Rio 2020, S. 11). Das Versprechen, die Menschen von lästigen Alltagsaufgaben zu entbinden, ist mit einer Zunahme an Abhängigkeiten verbunden, die nicht auf den ersten Blick erkennbar sind. Hierzu zählt, dass den Programmierer:innen und Designer:innen von Smarthome-Systemen ein beträchtlicher Vertrauensvorschuss gegeben werden muss, da oft nur sie in der Lage sind, ihr komplexes Produkt vollends zu verstehen; falls etwas kaputt geht, ist ein:e Nutzer:in oftmals nicht in der Lage, einfach selbst zur Werkzeugkiste zu greifen, sondern auf teilweise schwer zu erreichende fachliche Beratung angewiesen (Sovacool und Del Rio 2020, S. 11; Wisser 2018, S. 39). Eine solche Abhängigkeit kann dazu führen, dass die Nutzer:innen eher dem System dienen anstatt umgekehrt, was auch als das »Paradox« des Smarthomes bezeichnet wird (Li et al. 2021, S. 10).

Verschärfung von sozialer Ungleichheit

Neben möglichen ökologischen und wirtschaftlichen Nachteilen bergen Smarthome-Systeme auch soziale Risiken. Sie tragen zum sogenannten »digital divide« (Wilson et al. 2017, S. 80) bei und können somit die Spaltung der Gesellschaft verschärfen. Ältere Menschen ohne technische Kenntnisse, Haushalte mit geringem Einkommen oder entlegene Haushalte mit schlechter Internetverbindung werden von den neuesten technischen Entwicklungen ausgeschlossen. Zudem ermöglicht Smarthome-Technik einzelnen Personen mit einer großen Technik- und Internetkenntnis, die alleinige Kontrolle über das geteilte Zuhause zu übernehmen. Eine schwerwiegende Folge dessen ist die Entstehung von Machtgefällen innerhalb einer Familie oder Wohngemeinschaft (Sovacool und Del Rio 2020, S. 3 f.). Obwohl die Funktionen eines Smarthomes oftmals älteren Personen und körperlich eingeschränkten Menschen zugutekommen, indem zum Beispiel der Lichtschalter vom Bett aus betätigt werden kann, stellen sie für andere vulnerable Gruppen, wie beispielsweise Frauen, ein Risiko dar, wenn die Technik etwa zur unbemerkten Überwachung durch den Ehemann genutzt wird (Sovacool et al. 2021, S. 4). Das Wohnen in einem Smarthome kann infolgedessen sogar häusliche Gewalt steigern (Li et al. 2021, S. 10). Eindrücklich zeigt dies ein Beispiel aus Kanada:

Eine in einem Smarthome lebende Frau wurde von ihrem Partner durch die installierten Kameras rund um die Uhr überwacht. Er terrorisierte sie selbst aus der Ferne durch das nächtliche Aufdrehen der Musikanlage oder durch wiederholtes An- und Ausschalten des Lichtes. Durch fehlenden Zugang zu der Steuerungstechnik des Smarthomes war es der betreffenden Frau unmöglich, diese Belästigung zu unterbinden (Knoop 2018). Hieran lässt sich erkennen, dass Smarthomes nicht nur die Energiekehrtwende, deren Gelingen ganz wesentlich von der Etablierung (sozialer) Gerechtigkeit abhängt (Dixson-Declève et al. 2022, S. 169 f.), bremsen, sondern auch dem Ziel der Ermächtigungskehrtwende, das Machtgefälle zwischen Männern und Frauen abzubauen (Dixson-Declève et al. 2022, S. 125), schaden können.

Zusammenfassend lässt sich festhalten, dass Smarthomes allein keine nachhaltigere und gerechtere Gesellschaft gewährleisten. Der Fokus auf technologische Lösungen lenkt von strukturellen Problemen und gesellschaftlichen Herausforderungen ab und birgt unter anderem Risiken in Bezug auf einen umweltbewussten, energieeffizienten Lebensstil, Datenschutz sowie soziale Ungleichheit. Eine wirkliche Veränderung erfordert eine ganzheitliche Betrachtung und eine systematische Herangehensweise, die auch politische und gesellschaftliche Veränderungen einschließt.

Fazit:
Es braucht eine Bewusstseinskehrtwende – keinen Komfortgewinn

Smarthomes tragen nur zur Energiekehrtwende bei, wenn sie in einer Weise designt sind, die den Aspekt des Energiesparens und nicht die Bequemlichkeit an die erste Stelle setzt. Mittels Smarthome-Technologien erhalten Nutzer:innen einen Überblick über den eigenen Energieverbrauch, aber auch darüber, wie viel Energie überhaupt benötigt wird (Allerding 2013, S. 2). Wie auch der *Earth for All*-Bericht betont, sollte man die Energiezufuhr der tatsächlichen Nachfrage anpassen. So werden Stellen identifiziert, wo Energie nicht immer benötigt und verschwendet wird (Dixson-Declève 2022, S. 167, 173 f.). In Smarthomes wird der Energieverbrauch automatisch gesteuert und gesenkt und somit ein Beitrag zur Energiekehrtwende geleistet. Außerdem wird mit einem Anstieg an erneuerbaren Energien als Energiequellen ein anderes Energiemanagement nötig, denn diese sind dezentraler verteilt und unterliegen höheren Schwankungen als fossile Energiequellen. Ein solches Energiemanagement wird durch Smarthome-Technologien unterstützt (Fabi et al. 2017, S. 764 f.). Jedoch sollte dies nicht davon ablenken, dass die Absicht hinter der Beschaffung von Smarthome-Technologien bis heute nicht die gesteigerte Energieeffizienz, sondern der gesteigerte Komfort ist (Herwig 2022, S. 144). Es treten Rebound-Effekte auf, die zu höherem Konsum und Energieverschwendung führen (Sovacool et al. 2021, S. 2). Außerdem existieren versteckte und unbeachtete Kosten wie der Energieverbrauch und die benötigten Materialien der Server und IT-Geräte, die für die Clouds und die Steuerung des Smarthomes zuständig sind (Sovacool und Del Rio 2020, S. 11).

Die Basis für die Energiekehrtwende bildet die Energieeffizienz und damit verbunden das Energiesparen. Technologien wie Smarthomes sind nur ein möglicher Weg, den Energieverbrauch zu senken. Ein anderer, einfacherer Weg sind bauliche Maßnahmen wie beispielsweise bessere Isolation, die „smart" gesteuerte Wärmeregulation obsolet machen. Das menschliche Verhalten ist ein weiterer, und vielleicht der wichtigste Aspekt: Smarthome-Technik ist letztendlich nur so gut, wie die Menschen, die sie entwerfen und das Ziel, mit dem sie entworfen wird. Bisher stehen oft noch die Zufriedenheit der Kundinnen und Kunden und die Ermöglichung eines luxuriösen Lebensstils im Vordergrund und nicht der Wunsch, einen echten Beitrag zur Minimierung des Energieverbrauchs zu leisten. Technologien sollten nicht davon ablenken, dass vor allem eine Art *Bewusstseinskehrtwende* innerhalb der Gesellschaft nötig ist, damit viel Konsum nicht mehr mit hohem Prestige verknüpft wird. Letztendlich muss aus intrinsischen Beweggründen Energie gespart werden. Dies können Smarthome-Technologien in manchen Fällen unterstützen, in anderen jedoch überflüssig machen. Der einfachste Weg zum Energiesparen ist eine Verhaltensänderung der Nutzer:innen, was durch einen Wandel der Gesellschaft, welche Konsum nicht mehr mit Wohlstand in Verbindung bringt, möglich wird.

QUELLEN

Allerding, Florian. 2013. *Organic Smart Home. Energiemanagement für intelligente Gebäude.* Karlsruhe: Scientific Publishing.

Dixson-Declève, Sandrine, Owen Gaffney, Jayati Ghosh, Jørgen Randers, Johan Rockström und Per Espen Stoknes. 2022. *Earth for all: ein Survivalguide für unseren Planeten: der neue Bericht an den Club of Rome, 50 Jahre nach »Die Grenzen des Wachstums«.* München: oekom verlag.

El-Azab, Rasha. 2021. Smart homes: potentials and challenges. *Clean Energy* 5: 302–315. http://dx.doi.org/10.1093/ce/zkab010.

Fabi, Valentina, Giorgia Spigliantini und Stefano Paolo Corgnati. 2017. Insights on Smart Home Concept and Occupants' Interaction with Building Controls. *Energy Procedia* 111: 759–69. https://doi.org/10.1016/j.egypro.2017.03.238.

Fischer, Joern, Robert Dyball, Ioan Fazey, Catherine Gross, Stephen Dovers, Paul R Ehrlich, Robert J Brulle, Carleton Christensen, und Richard J Borden. 2012. »Human Behavior and Sustainability«. *Frontiers in Ecology and the Environment* 10 (3):153–60. https://doi.org/10.1890/110079.

Fox Cahn, Albert und Justin Sherman. 2021. Your ›smart home‹ is watching – and possibly sharing your data with the police. *The Guardian*, 5. April. https://www.theguardian.com/commentisfree/2021/apr/05/tech-police-surveillance-smart-home-devices. Zuletzt geprüft: 07.03.2023.

Gleisenberg, Jens. 2022. »Die Recyclinglüge«: Doku über Plastikmüll in ARD Mediathek. NDR, 23. Juni. https://www.ndr.de/kultur/film/Die-Recyclingluege-Doku-ueber-Plastikmuell-in-ARD-Mediathek,recyclingluegedoku100.html. Zuletzt geprüft: 12.03.2023.

Herwig, Oliver. 2022. *Home Smart Home. Wie wir wohnen wollen.* Basel: Birkhäuser.

King, Jen. 2018. *Energy Impacts of Smart Home Technologies* (Report A1801). Washington: American Council for an Energy-Efficient Economy.

Knoop, Christopher. 2018. Vorsicht: So leicht kannst du in deinem Smart Home Opfer von Psychoterror werden. *Future Zone*, 9. November. https://www.futurezone.de/digital-life/article214682451/smart-homes-koennen-zu-haeuslicher-gewalt-beitragen.html. Zuletzt geprüft: 28.10.2023.

LaMonica, Martin. 2014. Will smart home technology systems make consumers more energy efficient? *The Guardian*, 22. Januar. https://www.theguardian.com/sustainable-business/smart-home-technology-energy-nest-automation. Zuletzt geprüft: 07.03.2023.

Li, Wenda, Tan Yigitcanlar, Isil Erol und Aaron Liu. 2021. Motivations, barriers and risks of smart home adoption: From systematic literature review to conceptual framework. *Energy Research & Social Science* 80: 1–29. https://doi.org/10.1016/j.erss.2021.102211.

o. N., Michael. 2022. Mit smarten Geräten PV-Strom clever nutzen. *Polarstern Energie*, 20. April. https://www.polarstern-energie.de/magazin/artikel/pv-strom-mit-smarten-geraeten-nutzen/. Zuletzt geprüft: 12.03.2023.

Opower. 2023. Opower. https://www.oracle.com/industries/utilities/opower-energy-efficiency/. Zuletzt geprüft: 11.03.2023.

Raff, Stefan, Daniel Wentzel, und Nikolaus Obwegeser. 2020. Smart Products: Conceptual Review, Synthesis, and Research Directions. *Journal of Product Innovation Management* 37 (5): 379–404. https://doi.org/10.1111/jpim.12544.

Reinisch, Christian, Mario J. Kofler, Félix Iglesias und Wolfgang Kastner. 2011. ThinkHome Energy Efficiency in Future Smart Homes. *EURASIP Journal on Embedded Systems* 2011: 1–18. https://jes-eurasipjournals.springeropen.com/articles/10.1155/2011/104617.

Sovacool, Benjamin K. und Furszyfer Dylan D. Del Rio. 2020. Smart home technologies in Europe: A critical review of concepts, benefits, risks and policies. *Renewable and Sustainable Energy Reviews* 120: 1–20. https://doi.org/10.1016/j.rser.2019.109663.

Sovacool, Benjamin K., Mari Martiskainen und Furszyfer Dylan D. Del Rio. 2021. Knowledge, energy sustainability, and vulnerability in the demographics of smart home technology diffusion. *Energy Policy* 153: 1–17. https://doi.org/10.1016/j.enpol.2021.112196.

Statistisches Bundesamt (Destatis). 2023. Zahl der Woche. 3,3 Millionen Menschen nutzten 2020 smarte Haushaltsgeräte. https://www.destatis.de/DE/Presse/Pressemitteilungen/Zahl-der-Woche/2021/PD21_27_p002.html. Zuletzt geprüft: 11.03.2023.

Umweltmission. 2023. https://umweltmission.de/wissen/recycling/#Welche_Nachteile_resultieren_aus_dem_Recycling. Zuletzt geprüft: 21.10.2023.

Verbraucherzentrale. 2022. Smart Home – Das »intelligente Zuhause«. https://www.verbraucherzentrale.de/wissen/umwelt-haushalt/wohnen/smart-home-das-intelligente-zuhause-6882. Zuletzt geprüft: 7.03.2023.

Wilson, Charlie, Tom Hargreaves und Richard Hauxwell-Baldwin. 2017. Benefits and risks of smart home technologies. *Energy Policy* 103: 72–83. http://dx.doi.org/10.1016/j.enpol.2016.12.047.

Wisser, Karolin. 2018. *Gebäudeautomation in Wohngebäuden (Smart Home): Eine Analyse der Akzeptanz.* Wiesbaden: Springer Fachmedien. https://doi.org/10.1007/978-3-658-23226-9.

7

Essays im Kontext der *Earth for All*-Ökonomien

7.1 Jobgarantie – Fundament einer gerechten Wirtschaft oder der sozial-ökologischen Transformation nicht gewachsen?

VON CARL-HEINRICH EGGERS UND ANDREA KABASCI

Einleitung

Unfreiwillige Arbeitslosigkeit Vieler ist in Europa seit Jahrzehnten Standard. Im Januar 2023 lag sie bei 6,1 Prozent in der Europäischen Union, bei 14,4 Prozent unter jungen Menschen – und das sind die niedrigsten Werte seit Jahren (Statistisches Bundesamt 2023). Dabei handelt es sich neben häufig angeführten konjunkturellen Schwankungen vielmehr um das Resultat einer fehlgeleiteten Beschäftigungs- und Wirtschaftspolitik. Gleichzeitig ist Arbeitslosigkeit auch immer ein Indikator dafür, dass Volkswirtschaften ihre Ressourcen nicht effizient nutzen (Höfgen 2020a, S. 159). Unfreiwillige Arbeitslosigkeit trägt im Besonderen zur ökonomischen Ungleichheit innerhalb der Bevölkerung bei. Auf der anderen Seite stehen Vermögende, die immer größer werdende Gewinne schöpfen, insbesondere aus der Finanzwirtschaft und dem Immobiliensektor. Zwei Familien haben aktuell ein höheres Vermögen als 50 Prozent der gesamten Bevölkerung in Deutschlands, also mehr als 42.000.000 Menschen (Linartas 2021).

Wir brauchen ein neues Wirtschaften und eine Kehrtwende in unserem Umgang mit Ungleichheit. Zu diesem Schluss kommen auch die Verfasser:innen von *Earth for All*, dem zweiten umfassenden Bericht an den Club of Rome. Die Wissenschaftler:innen argumentieren, dass alle Fäden der fünf zentralen Bereiche für die sozial-ökologische Transformation in der Wirtschaft zusammenlaufen (Dixon-Declève et al. 2022, S. 189). Diese muss zu einer Wohlergehensökonomie umgebaut werden, die vor allem auf einer Überwindung des Neoliberalismus im sogenannten »Winner take all-Kapitalismus« basiert (Dixon-Declève et al. 2022, S. 191–192). Für diese gerechte wirtschaftliche Wende ist die Überwindung der beschriebenen extremen Ungleichheit unumgänglich. Einer der Hebelpunkte hierfür ist die Stärkung der Verhandlungsmacht von Arbeiter:innen (Dixon-Declève et al. 2022, S. 102). Ein Vorschlag, der immer mehr Aufmerksamkeit bekommt und das Spielfeld des Arbeitsmarktes zu Gunsten der Arbeitnehmer:innen verändern könnte, ist die sogenannte Jobgarantie. Das Prinzip ist einfach: Alle die im ersten Arbeitsmarkt keine Arbeit finden, bekommen durch den Staat einen armutsfesten und gemeinwohlorientierten Job garantiert, der sich nach den eigenen Kapazitäten, Talenten und Interessen ausrichtet (Höfgen 2020a, S. 162–163). Diese Idee haben auch die *Earth for All*-Wissenschaftler:innen vorgebracht (Dixon-Declève et al. 2022, S. 116).

Dabei sind Arbeitslosigkeit und ungerechte Vermögensverteilung nicht die einzigen Probleme, die aus der derzeitigen Art zu wirtschaften entspringen. Neben der Übernutzung der endlichen Ressourcen der Erde, ist dies vor allem die Klimakrise. Es bleiben nur noch wenige Jahre, um sie einzudämmen und bereits jetzt werden verheerende Folgen in Form von Waldbränden, Dürren, Überschwemmungen und weiteren Extremwetterereignissen sichtbar. Daher braucht es sowohl eine soziale wie eine ökologische Transformation, welche unsere gesellschaftlichen Ressourcen umverteilen muss. Arbeitskraft sollte in Bereiche fließen, die der Klimaneutralität und damit dem größtmöglichen Gemeinwohl dienen. Der folgende Essay fragt daher: Kann eine Jobgarantie ein sinnvoller Teil der wirtschaftlichen Kehrtwende im Rahmen der sozial-ökologischen Transformation sein?

Ja – ohne Jobgarantie gibt es keine gerechte Transformation der Wirtschaft

VON ANDREA KABASCI

Warum ist eine staatliche Jobgarantie sinnvoll, und warum wird diese uns helfen, die vor den aktuellen sozialen und ökologischen Krisen unumgängliche Transformation zu vollziehen? Der folgende Teil des Essays vertritt die These, dass diese ein elementarer Bestandteil des Wandels sein muss, um Ungleichheit zu reduzieren, indem sie Langzeitarbeitslosigkeit beendet und die Verhandlungsmacht der Arbeiter:innen stärkt, wobei sie gleichzeitig einen dringend benötigten Motor für das Gemeinwohl darstellt.

Die Idee der Jobgarantie kommt aus dem Umfeld der Modern Monetary Theory (MMT). Dies ist eine Geldtheorie, die im Gegensatz zu anderen Theorien in diesem Feld davon ausgeht, dass es keine Geldknappheit bei Staaten mit Eigenwährung gibt. Ihre Fürsprecher:innen argumentieren, dass Regierungen nicht wie andere Geldnutzer:innen sind. Der Staat erzeugt immer neues Geld mit seinen Ausgaben und tätigt Ausgaben mit Hilfe der Zentralbanken, wobei das Geld zurück an ihn fließt über Staatsanleihen und Steuern (Ehnts 2022, S. 7, 14) – oder wie die *Earth for All*-Verfasser:innen schreiben: Staaten können »den öffentlichen Geldbaum schütteln« (Dixon-Declève et al. 2022, S. 203). Gleichzeitig müssen Überschüsse und Defizite immer durch die Brille einer doppelten Buchhaltung gesehen werden: Wenn der Staat Überschüsse – eine Schwarze Null und den Abbau von Schulden – erzielt, dann bedeutet es, dass diese aus dem nicht-staatlichen Sektor, also von Haushalten, Firmen und dem Rest der Welt kommen müssen (Ehnts 2022, S. 10f., S. 39). Ob ein Staatshaushalt Defizite hat, ist daher wenig maßgeblich; viel wichtiger sind Defizite für die Gesellschaft und das Gemeinwohl, die unter anderem durch mangelnde Vollbeschäftigung entstehen (Wissenschaftliche Dienste 2022, S. 6). Die Theorie hat daher einen anderen Fokus als (neo-)klassische ökonomische Theorien: nicht die Defizite im Haushalt, sondern in der Gesellschaft. Aufbauend auf der MMT kann eine neue Ökonomie aufgebaut werden, weg von der Gewinnmaximierung, hin zu einer Fokussierung auf Indikatoren, die für das Gemeinwohl viel relevanter sind, wie etwa Vollbeschäftigung und eine nachhaltige Ressourcennutzung (Ehnts 2022, S. 12). Mit einem Verständnis des Wirtschaftssystems, das auf der MMT basiert, kann also die im Bericht an den Club of Rome geforderte Wohlergehensökonomie gedacht werden. Für das Nachdenken über die sozial-ökologische Transformation ist eine Erkenntnis zentral: Sie scheitert nicht am Geld.

Vor diesem theoretischen Hintergrund der modernen Volkswirtschaftslehre muss die Jobgarantie betrachtet werden. Der Staat selbst ist verantwortlich für Arbeitslosigkeit, und somit auch den Verlust von Produktivität (Ehnts 2022, S. 20). Dabei wird diese Produktivität in Zeiten der sozial-ökologischen Transformation dringend benötigt. Arbeitslosigkeit kommt dadurch zu Stande, dass Unternehmen, Haushalte und der Staat nicht genug Geld ausgeben, um Vollbeschäftigung zu erreichen, also die Nachfrage zu gering ist (Ehnts 2022, S. 20). Daher müssen die Ausgaben erhöht werden. Der Staat könnte also keynesianisch seine Ausgaben im Privatsektor so weit erhöhen, dass theoretisch die Gesamtnachfrage für Vollbeschäftigung ausreicht, wenn er zum Beispiel mehr Infrastrukturprojekte in Auftrag gibt oder Subventionen erhöht (Höfgen 2020a, S. 173f.). Es ist aber unrealistisch und entgegen ihrer Interessen, dass die zwangsläufig profitorientierte Privatwirtschaft für Vollbeschäftigung sorgt und gerade diejenigen, die gesellschaftlich und politisch am meisten benachteiligt werden, würden durch diese Maßnahme wohl kaum profitieren (Höfgen 2020a, S. 174). Der Staat ist und bleibt die einzige Institution, die ohne Gedanken an Profit Menschen beschäftigen kann (Höfgen 2020a, S. 162). Daher müssen die Staatsausgaben zwar erhöht werden, aber direkt in die Jobs gesteckt werden. Da die Jobgarantie wie eine Art Pufferbestand der regulären Beschäftigung fungiert, nehmen so automatisch die Staatsausgaben in Rezessionen zu und im Aufschwung ab, wodurch automatisch antizyklische Haushalte entstehen (Höfgen 2020a, S. 172). Dabei wird aber ein Paradigmenwechsel vollzogen: Statt in Krisenzeiten in Unternehmen und ihre Bail-Outs wird in die Arbeiter:innen direkt investiert. In Zeiten des Wandels und der Umbrüche liefert die Jobgarantie so vor allem eine Absicherung der Arbeitnehmer:innen.

Welche Jobs sollen geschaffen werden? Hier haben die Ökonominnen und Ökonomen hinter der Jobgarantie verschiedene Kriterien angedacht: Sie sollen dem Gemeinwohl dienen, und sind dabei mit dem Mindestlohn vergütet, orientieren sich an den Interessen und dem Können der Arbeitnehmer:innen und bestehen auf einer Projektbasis, um keine regulären Arbeitsplätze im öffentlichen Dienst zu ersetzen (Haim 2021, S. 11; Höfgen 2020a, S. 162ff.). Sobald klar wird, dass die Person an ihrer Jobgarantie-Stelle auch dauerhaft gebraucht wird, soll diese in den regulären öffentlichen Dienst übernommen werden (Ehnts 2022, S. 47). Auch Kooperationen mit Unternehmen sind gut möglich (Haim 2021, S. 12, Arbeitsmarktservice Niederösterreich 2020). Gleichzeitig können aber auch in Bottom-up-Prozessen Projektideen der Teilnehmer:innen umgesetzt werden (Tcherneva 2018, S. 16). Die Jobs werden lokal verwaltet und geschaffen (Tcherneva 2018, S. 5). Bei der Jobgarantie handelt es sich explizit um ein Recht auf Arbeit und nicht um eine Pflicht dazu (Ehnts 2022, S. 47). Klar ist, dass gut ausgewählt werden muss, wie das Programm aufgelegt wird und welche Jobs geschaffen werden. Angst vor der Komplexität darf dabei aber nicht als Gegenargument gelten, sondern vielmehr als Anreiz für ein umfassendes Nachdenken über das Wirtschaftssystem.

Ein Beispiel: Der örtliche Park soll zur Klimaanpassung der Kommune erweitert und umgestaltet werden, um eine Versickerungsmulde für Starkregenereignisse zu schaffen. Auf die Ausschreibung des Projektes hat sich eine lokale Gärtnerei mit einer Idee gemeldet, die zwar Interesse, aber nicht genug Personal für die komplette Planung und Durchführung hat. Über die Jobgarantie wird ein älterer ehemaliger Handwerker im Rollstuhl, der viel Zeit im Park verbringt und daher die verschiedenen Nutzer:innen-Gruppen gut kennt für die Konzeptionierung und ein junger ehemaliger Straftäter für die Durchführung angestellt. An diesem Beispiel zeigt sich auch, wer von der Jobgarantie am meisten profitiert: Diejenigen, die am aktuellen ersten Arbeitsmarkt wenig Chancen haben, etwa Menschen mit Erziehungsauftrag, ohne Ausbildung oder mit Behinderung, von Rassismus betroffene, Straftäter:innen, Suchtkranke oder Ältere. Kurz: Aktuell überproportional von Langzeitarbeitslosigkeit und Armut Betroffene.

In Österreich geht eine Gemeinde voran: In Gramatneusiedl bei Wien läuft aktuell ein dreijähriges Pilotprojekt für Niederösterreich mit einer umfassenden Jobgarantie für Menschen, die langzeitarbeitslos sind, welches unabhängig von den Universitäten Oxford und Wien begleitet und bis 2024 evaluiert wird (Arbeitsmarktservice Niederösterreich 2020). Erste Ergebnisse zeigen: Das Modellprojekt ist sehr vielversprechend und wirkt sich sowohl auf die gesundheitliche, als auch die soziale Situation der Teilnehmer:innen positiv aus (Grießer 2022). Das ist wenig verwunderlich, denn Arbeitslosigkeit hat verschiedene negative Effekte sowohl auf individueller Ebene der Betroffenen als auch auf der makroökonomischen, gesellschaftlichen Ebene. Individuelle Folgen sind etwa gesundheitliche Probleme, Isolation durch Stigmatisierung, Dequalifizierung der eigenen Fähigkeiten, Konflikte, Aggressionen und Verarmung (Oschmiansky, Berthold 2020). Die Gesellschaft hat durch Arbeitslosigkeit vor allem einen Verlust an Steuereinnahmen und der Kaufkraft der Betroffenen, hohe Ausgaben für Sozialhilfen und die Ablinderung der individuellen Folgen und eine Destabilisierung des sozialen Friedens (Oschmiansky, Berthold 2020). In der folgenden Betrachtung wird hierauf aufbauend zwischen den individuellen und den gesellschaftlichen Aspekten differenziert.

Auf der individuellen Ebene lässt sich so zuerst einmal festhalten, dass davon auszugehen sein muss, dass die oben beschriebenen negativen Effekte abnehmen. Denn eine sinnvolle Beschäftigung ist förderlich für unser Wohlergehen (Tcherneva 2018, S. 7 f.). Das wird nur bei der Jobgarantie verwirklicht, anders als durch andere Maßnahmen des Sozialsystems, die sich auf die Auszahlung von Geld fokussieren. Dies ist unter anderem ein zentraler Unterschied zu dem Modell des bedingungslosen Grundeinkommens (Höfgen 2020a, S. 178) oder der allgemeinen Grunddividende (Dixon-Declève et al. 2022, S. 117 ff.). Sobald Menschen über die Jobgarantie wieder in Arbeit gefunden haben, bleibt der Anreiz in reguläre Arbeit zu wechseln hoch, da diese besser entlohnt wird (Ehnts 2022, S. 47). Anders als bei klassischen Weiterbildungsprogrammen wird sich stärker an den Interessen der Arbeitnehmer:innen orientiert und sie kommen direkt in Beschäftigung, mit all ihren sozialen und gesundheitlichen Vorteilen. Letztendlich geht es auf individueller Ebene bei einer Jobgarantie auch um die Würde des Einzelnen. Artikel 23 der Allgemeinen Erklärung für Menschenrechte besagt, dass jede Person das Recht auf Arbeit hat, die ein Leben in Würde gewährleistet (Vereinte Nationen 1948). Mit einer Jobgarantie wird dieses Menschenrecht des Einzelnen geachtet, statt es wie jetzt der wirtschaftlichen Entwicklung als Selbstzweck unterzuordnen.

Auf der gesellschaftlichen Ebene zeigt sich an der Arbeitslosigkeit insbesondere das Paradigma neoliberaler Politik. Preisstabilität wird als zentrales Ziel gesehen – und diese wird über eine »Reservearmee an Arbeitslosen« gegen die Inflation erreicht (Höfgen 2020a, S. 160). Sie ist ein »Problem by Design« im neoliberalen System und kein Zufall (Tcherneva 2018, S. 3). Darüber hinaus ist mit dem Neoliberalismus und seiner einhergehenden Individualisierung das Verständnis aufgekommen, dass jede:r selbst Schuld ist an der eigenen Arbeitslosigkeit (Höfgen 2020a, S. 160). Wie oben dargelegt, ist der seit den 1980er-Jahren konstant steigende Sockel an Arbeitslosigkeit (Arbeitsmarktservice Niederösterreich 2020), aber vielmehr auf fehlgeleitete – neoliberale – staatliche Wirtschaftspolitik zurückzuführen und nicht etwa auf individuelles Versagen der Betroffenen. Im Rahmen der vorherrschenden Leistungslogik werden die systemischen Ursachen der Arbeitslosigkeit übersehen.

Es wurde gezeigt, dass Langzeitarbeitslosigkeit hohe Kosten für die Gesellschaft verursacht. Als klassisches Gegenargument gegen die Jobgarantie bleiben trotz dessen ihre vermeintlich hohen Kosten. Dabei ist das gar nicht der Fall. Berechnungen für Österreich zeigen: Die Kosten der Maßnahme würden insbesondere im Vergleich durch die dadurch steigende Produktivität gering ausfallen und es kann durch die Jobgarantie sogar ein volkswirtschaftlicher Gewinn erarbeitet werden (Premrov et al. 2022, S. 79). Hierunter fallen noch nicht einmal die langfristig sinkenden Folgekosten der Langzeitarbeitslosigkeit, etwa durch bessere Gesundheit und weniger Kriminalität. Für die USA wird in der Literatur ein Wert von 1,25 Prozent des BIP veranschlagt – demgegenüber stehen aber 4,8 Prozent für das Budget des Sozialsystems, welches sich automatisch verringern würde (Haim 2021, S. 10).

Für die sozial-ökologische Transformation sind zwei weitere Aspekte besonders zentral. Erstens nehmen die Kommunen und ihre Bürger:innen größeren Einfluss auf die Jobs, die geschaffen werden und somit auch darauf, welche Qualifizierungen Menschen erhalten. Sie können sich so also an den realen Bedarfen zur Anpassung an den Klimawandel und die sozialen Bedarfe vor Ort orientieren. Hier sind im Besonderen auch die Bottom-Up-Ansätze in der Jobgarantie wichtig. Diese können zu einer Demokratisierung des Arbeitsmarktes beitragen, die dafür sorgt, dass in Zeiten von Wandel und Umbruch alle Menschen lokal mitgenommen werden (Tcherneva 2018, S. 16f.). Der *Earth for All*-Bericht sieht die Vorteile einer Jobgarantie auch im Besonderen in dieser Demokratisierungsfunktion für die Wirtschaft (Dixon-Declève et al. 2022, S. 116). Zweitens fehlen Fachkräfte – dieser Satz wird insbesondere von Arbeitgeber:innenverbänden immer wieder wiederholt. Sie fehlen aber vor allem in Bereichen, die schlechte Arbeitsbedingungen haben und schlecht entlohnt werden: der Pflege, in Kitas und im Handwerk (Janson 2022). Eine Jobgarantie setzt effektiv die Mindeststandards für Arbeitsbedingungen, denn jede Person könnte ihre Stelle verlassen ohne Angst vor langfristiger Arbeitslosigkeit zu haben, sollte sie zum Beispiel schlechter vergütet werden oder zu wenig Pausenzeiten bekommen (Höfgen 2020a, S. 181; Tcherneva 2018, S. 6). So kann sie einem Fachkräftemangel durch die Stärkung der Arbeitnehmer:innen entgegenwirken.

Eine Jobgarantie ist am Ende viel mehr als eine staatliche Konjunkturmaßnahme: Sie ermöglicht ein würdevolles Leben aller in Zeiten großen Wandels. Sie ist Grundstein einer Wohlergehensökonomie. Die sozial-ökologische Transformation braucht uns alle – und sie braucht gesellschaftliche Solidarität. Ohne Jobgarantie werden wir den Herausforderungen nicht gerecht. Sie bringt sowohl für die Individuen als auch für die gesamte Gesellschaft erhebliche Vorteile und ist ein zentraler Hebelpunkt für den Umbau hin zu einer Wirtschaft, in der sowohl die Menschen als auch die planetaren Ressourcen geachtet werden.

Nein – Die Jobgarantie ist den Aufgaben der sozial-ökologischen Transformation nicht gewachsen

VON CARL HEINRICH EGGERS

Der folgende Teil des Essays argumentiert, dass eine Jobgarantie in der vorgeschlagenen Form nicht dafür geeignet ist, die sozial-ökologische Transformation voranzutreiben. Die Herausforderungen der Transformation, so wie die benötigten Lösungen sind komplex, hier braucht es Facharbeiter:innen, die eine Jobgarantie nicht liefern kann.

Die Idee, Menschen die Möglichkeit zu bieten, einer gemeinwohlförderlichen Aufgabe nachzugehen, wenn sie dies wollen und können ist eine Gute. Die bloße Ausschüttung von Bürger:innen-Fonds, bei denen bedingungslos ein Grundbetrag ausgezahlt wird, lindert zwar die materielle Not und gibt den Menschen die Möglichkeit sich besser an die transformativen Prozesse des *Earth for All*-Modells anzupassen. Jedoch sorgt ein solcher Fond nicht dafür, dass die Menschen auch aktiv und produktiv Teil dieses Prozesses werden und sich so stärker mit diesem Wandel identifizieren. Arbeit dient nicht nur dem Erhalt der Existenz, sondern hat auch eine sinnstiftende Funktion und bindet Arbeitnehmer:innen weiterhin in unsere Zivilgesellschaft ein (Höfgen 2020b).

Durch die Wandlungsprozesse, die für eine Anpassung an die Klimakrise erforderlich sind, werden viele Industriezweige massiv Stellen abbauen. Zeitgleich werden neue Fortschrittssektoren entstehen. Aber die Verschiebung der Arbeitenden innerhalb des Wirtschaftssystems wird wahrscheinlich viele Menschen, zumindest zeitweise, arbeitslos machen: »Tatsache ist, dass in den kommenden Jahrzehnten viele Menschen Disruptionen erleben werden, die größtenteils durch das Erbe von chronischen Ungleichheiten verursacht werden.« (Dixon-Declève et al. 2022, S. 110).

Hier kann der schnelle Einstieg in eine neue, sinnvolle Beschäftigung soziale Wogen glätten. Damit die Jobgarantie ein sinnvolles Mittel bei der Begleitung der sozial-ökologischen Transformation ist, muss sie zwei Voraussetzungen erfüllen. Sie muss in der Lage sein, auf der einen Seite großen Mengen an Arbeitskräften, die im Zuge der Transformation ihren Job verlieren, schnell eine Beschäftigung zu verschaffen. Zweitens müssten die Maßnahmen selbst in einem bedeutenden Maße zur Transformation beitragen.

An sich wäre eine Arbeitsplatzgarantie eine gute Möglichkeit große Zahlen an Arbeitsuchenden zu beschäftigen. Studien zeigen, dass eine Jobgarantie, theoretisch mit nur moderaten Steigerungen der Sozialausgaben, eine große Menge an Arbeitsplätzen schaffen könnte (Picek 2020, S. 119). Jedoch erfordert die neu entstehende Wirtschaft vor allem gut ausgebildete Fachkräfte. Dixon-Declève et al. sehen hier neue Tätigkeiten im Bereich Nachhaltigkeit, der Pflege oder der wissensbasierten Wirtschaft (Dixon-Declève et al. 2022, S. 111). Bereits heute fehlen in entwickelten Volkswirtschaften Fachkräfte (Feld et al. 2019, S. 298).

Hier kann eine Jobgarantie keine Abhilfe schaffen. Historische Beispiele für großflächig angelegte Arbeitsbeschaffungsprogramme, wie beispielsweise die diversen Projekte des New Deals in den Vereinigten Staaten von Amerika der 1930er-Jahre, zeigen dies deutlich. Es wurden zwar große Mengen an Arbeitsplätzen geschaffen, auch für ökologische Projekte wie die Aufforstung, es handelte sich jedoch größtenteils um Aufgaben, die nur wenig Einarbeitung bedurften. Die Programme wurden so angelegt, dass verschiedene Stellen für verschiedene Erfahrungslevel geboten wurden, die meisten der geschaffenen Stellen erforderten jedoch keine Ausbildung (Tymoigne 2013, S. 66 ff.). Programme für gut ausgebildete Kräfte hatten erhebliche Probleme damit, Konkurrenz zur Privatwirtschaft zu vermeiden und eine angemessene Bezahlung zu gewährleisten (Tymoigne 2013, S. 77 f.). Die heute notwendigen Transformationen sind deutlich komplexer und benötigen besser und länger geschulte Arbeiter:innen. Egal ob es sich um Berufe der Pflege oder in der Umgestaltung von Energienetzen oder Produktion handelt, es wird erhebliche Einarbeitung benötigt. Diese kann nicht durch eine großflächige, staatliche Garantie gewährleistet werden.

Weiterhin wäre die Bereitstellung solcher Jobs nicht für die Weiterbildung von aus dem Arbeitsmarkt verdrängten Arbeitskräften förderlich. Menschen, die bereits gut ausgebildet sind und in Berufen unter ihrem Ausbildungsniveau gedrängt werden, können nicht von den positiven sozialen und mentalen Effekten der Arbeit profitieren. Sie verlernen sogar die Fähigkeiten, die sie bereits haben (Tymoigne 2013, S. 76).

Somit würde weiterhin auch nicht das Problem struktureller Arbeitslosigkeit gelöst werden. Um Menschen langfristig von der Bedrohung eines Jobverlustes zu befreien, braucht es Ausbildungen in zukunftssicheren Industrien (Tymoigne 2013, S. 64).

Unter der Annahme, dass die Jobgarantie ein Auffangbecken für die freie Wirtschaft ist, beziehungsweise Arbeitssuchenden den Wiedereinstieg in diese erleichtern soll, ist dieser Aspekt besonders kritisch zu sehen. Auch wenn es den Sozialhilfeempfänger:innen freigestellt wird, ob sie eine Tätigkeit ausüben wollen, das Ziel des Wiedereinstiegs könnte in der Praxis dafür sorgen, dass ein effektiver Zwang zur Teilnahme an der Jobgarantie entsteht. So werden potenzielle Arbeitgeber:innen höchstwahrscheinlich solche Bewerber:innen vorziehen, die einer Jobgarantie-Tätigkeit nachgegangen sind (Picek 2020, S. 111). So werden Arbeitslose dazu genötigt einfachen Arbeiten nachzugehen, während sie sich in dieser Zeit, mit größerem Nutzen für die Allgemeinheit, darauf fokussieren könnten, eine neue Anstellung in einer zukunftsgewandten Industrie zu finden und sich entsprechend fortzubilden. Statt ihr Know-How in neuem Kontext zu nutzen oder umzuformen würden sie ihre Fähigkeiten verlieren.

Eine Jobgarantie ist, gerade wenn sie das Ziel der Vollbeschäftigung verfolgt, ungeeignet um einen Beitrag zur sozial-ökologischen Transformation zu leisten. Dadurch, dass sie als Auffangbecken für die freie Wirtschaft dient, würde die Zahl der Beziehenden je nach Wirtschaftslage stark fluktuieren. In Boomphasen würden nur wenige Menschen die Jobgarantie benötigen, während andererseits während einer Depression große Mengen an Arbeitskraft zur Verfügung stünden. Somit könnte dieses Programm keine verlässlichen Ressourcen für bedeutsame Aufgaben bieten. Der Pool der zur Verfügung stehenden Arbeiter:innen würde zu stark fluktuieren (Wissenschaftliche Dienste 2023, S. 8). Es wäre keine verlässliche Planung möglich. Würde nun also Deutschland ein Jobgarantie-Programm nutzen wollen um seinen Pflegenotstand zu bekämpfen, könnte es passieren, dass eine Verteilung der Arbeitskräfte auf bestehende Pflegeeinrichtungen schon wenige Monate später keine

Gültigkeit mehr hat, weil das dringend benötigte und eingeplante Personal wieder einen Job in einer anderen Branche gefunden hat. Infrastrukturprojekte wie Deichbau oder Aufforstung könnten über Jahre stillstehen. So würde sich die Jobgarantie zwar für kleine und gemeinwohlförderliche Maßnahmen im kommunalen Kontext anbieten, das Programm wäre aber ungeeignet, große Transformationsprozesse, im Sinne der Anpassung an die Klimakatastrophe, effektiv zu unterstützen. Um dies zu verhindern müssten sich die Beziehenden verpflichten, bis zum Abschluss bei einem Projekt zu bleiben, auch wenn sie bereits eine neue Anstellung haben könnten.

Hier schließt gleich das nächste Problem der Jobgarantie in Verbindung mit der freien Wirtschaft an. Durch den Anspruch auf einen staatlich garantierten Arbeitsplatz besteht für die Beziehenden ein geringer Anreiz zu einem Wechsel in die freie Wirtschaft. Auch werden die Beziehenden nicht für einen solchen weitergebildet. Es könnte ferner dazu kommen, dass, bei einer knappen Auftragslage, die staatliche Jobgarantie in Konkurrenz zur freien Wirtschaft gerät (Beck und Prinz 2019; Premov et al. 2022, S. 61). Hier könnten staatlich geschaffene und bezahlte Stellen Arbeitsplätze und Unternehmen in der freien Wirtschaft verdrängen. Es werden bereits alle profitablen und benötigten Branchen durch Staat und Wirtschaft abgedeckt (Tymoigne 2013, S. 65). Die Jobgarantie könnte also entweder ihre Kräfte in bereits bestehende Anbieter staatlich oder privat eingliedern oder aber ein paralleles Angebot schaffen (Picek 2020, S. 109).

Daher ist es sinnvoller, die negativen Nebeneffekte der Anpassungen auf die Klimakrise innerhalb der bestehenden Systeme abzufedern, anstatt ein neues, parallellaufendes System zu schaffen. Daher sollten die Arbeitssuchenden in bereits bestehende Betriebe integriert werden. Unternehmen kennen ihre Bedarfe und Potentiale und können dementsprechend sinnvolle und produktive Stellen für Arbeitssuchende schaffen. Hier können die Einzelnen individuelle zu ihren Talenten passende Tätigkeiten finden.

Anders als bei einem parallel laufenden System der Jobgarantie würde es so nicht zu sozialen Ausgrenzungen kommen da die in den Arbeitsmarkt Integrierten sich in denselben Beschäftigungsverhältnissen wie der Rest der Arbeitnehmer:innen befänden. Mit einer Jobgarantie würden sie entweder in einem parallellaufenden Arbeitsbeschaffungssystem weiter von der breiteren Gesellschaft ausgegrenzt werden oder bei Integration in Betriebe mit Lohnzahlung durch den Staat als entbehrlich betrachtet und für niedere Arbeiten genutzt werden.

Die Aufgabe des Staates würde bei diesem Modell nicht bei der Sicherstellung einer Beschäftigung für jede Einzelne und jeden Einzelnen liegen. Stattdessen würde er auf der einen Seite in verstärktem Maße Aus- und Weiterbildungen der Arbeitssuchenden fördern und zum anderen Anreize für die Schaffung neuer Stellen bieten. Hierbei schafft die sozial-ökologische Transformation als solche bereits so enorme Wachstumsmärkte, dass Unternehmen in den entsprechenden Branchen händeringend nach Personal suchen werden.

Auch im Fallbeispiel der Gemeinde Gramatneusiedl in Niederösterreich wird primär auf die Partnerschaft mit privatwirtschaftlichen Akteuren gesetzt. Während das Pilotprojekt lediglich eine Jobgarantie für Langzeitarbeitslose bietet und keine allgemeine Jobgarantie simuliert, ist es dennoch ein interessanter Einblick. Hier gibt der Arbeitsmarktservice Niederösterreich in seiner Projektbeschreibung an, dass zuerst versucht wird, die Langzeitarbeitslosen erst mit einer hundertprozentigen Lohnkostenförderung in ein bestehendes Unternehmen einzubinden und erst wenn dies nicht möglich ist, eine eigene Stelle zu schaffen (Arbeitsmarktservice Niederösterreich 2020).

Selbst das Einbinden von Langzeitbeschäftigungslosen, ohne Chancen auf dem ersten Arbeitsmarkt, können private Unternehmen mit dem Ziel der Wirtschaftlichkeit bewältigen. Beispiel hierfür ist die HeyHo GmbH in Lüneburg, die in ihrer Unternehmensstruktur gezielt ebensolche Menschen einstellen, die auf dem klassischen Arbeitsmarkt so gut wie keine Chancen haben. Das Unternehmen arbeitet hierbei mit dem Anspruch mindestens kostendeckend zu arbeiten (Jonas 2021).

Es muss weiterhin erwähnt werden, dass einen auf der MMT basierende Idee in der bestehenden Wirtschaftsordnung mit globalen Verflechtungen nur in begrenztem Maße anwendbar ist. Der von der MMT propagierte Finanzierungsansatz ist zwar in einem geschlossenen Wirtschaftssystem logisch und könnte funktionieren, allerdings bestehen diese Voraussetzungen nicht. So mangelt es den meisten Staaten an der monetären Souveränität, die zur Umsetzung der MMT notwendig wäre (Wissenschaftliche Dienste 2023, S. 8). Sie bestimmen entweder als Teil der EU nicht über ihre eigene Geldpolitik oder sind, durch Staatsschulden und privatwirtschaftliche Verflechtungen, in einem Maße von anderen Währungen, insbesondere dem Dollar, abhängig, dass sie ebenfalls nicht freie geldpolitische Entscheidungen treffen können (Pistor 2017, S. 517).

Weiter plant die MMT durch hohe Steuern das ins System eingespeiste Geld wieder zu entziehen, um einer Hyperinflation vorzubeugen. Ob dieser Ansatz in der Realität einer massiven Geldentwertung vorbeugen kann, wird von Fachleuten bezweifelt (Dullien und Tober 2019, S. 98). Eine wahrscheinlich durch die MMT bedingte Inflation die Planungssicherheit von Konsumierenden in erheblichem Maße stören und Fehlplanungen auslösen (Wissenschaftliche Dienste 2023, S. 7 f.). Dies wird voraussichtlich äußerst negative Folgen für das Vertrauen in Staat und Wirtschaft haben. Akteure, die eine solche Politik machen, können sich im demokratischen Wettbewerb nur schwer gegen konservative und populistische Kampagnen behaupten. Dies würde die notwendigen Transformationen weiter bremsen. Weiterhin führt eine so volatile Geldpolitik dazu das Kapitaleigner:innen ihre Mittel dem Wirtschaftskreislauf entziehen, indem sie in fremde Währungen oder als sicher empfundene Rohstoffe, wie Gold, investieren (Pistor 2017, S. 496). Dies würde die Transformation der Wirtschaft zusätzlich ausbremsen.

Eine Jobgarantie ist kein sinnvolles Mittel, um die sozial-ökologische Transformation voranzutreiben. Sie sollte schnell für viele Arbeitskräfte eine Beschäftigung schaffen. Dies könnte eine Jobgarantie theoretisch leisten, jedoch würden so viele Arbeitnehmer:innen in einfache Beschäftigungen gedrängt werden, anstatt ihre Fähigkeiten weiterzuentwickeln. Durch den Mangel an Aus- und Weiterbildungsmöglichkeiten wird keine langfristige Zukunftsperspektive für die Teilnehmenden geschaffen. Weiter müssten die Maßnahmen selbst in einem bedeutenden Maße zur Transformation beitragen. Hier ergeben sich deutliche Mängel, da die stark fluktuierenden Teilnehmer:innen eines Jobgarantie-Programmes nicht verlässlich planbare Beiträge zu Transformationsprozessen leisten könnten. Das Grunderbe (vgl. Essay von Strunk und Zimmerer) ist ggf. ein geeigneteres Mittel, um die Härten der sozial-ökologischen Transformation abzufedern. Aber neue Arbeitsplätze können schneller und effizienter durch die Wirtschaft geschaffen werden, die wichtigste Aufgabe des Staates liegt darin, Arbeitskräfte in fossilen Industrien durch Fortbildungen und Umschulungen für eine zukunftsgewandte Wirtschaft vorzubereiten.

Fazit

Unfreiwillige Arbeitslosigkeit stellt bereits heute ein großes Problem dar. Mit den Umwälzungen der sozial-ökologischen Transformation ist davon auszugehen, dass sich das Problem der Arbeitslosigkeit erheblich verschärfen wird. Alte fossile Industriezweige werden abgebaut und die hier gebundenen Arbeitskräfte werden nur schrittweise in neue Wirtschaftszweige integriert werden können. Durch die bestehenden Ungleichheiten, die durch den neoliberalen Kapitalismus ausgelöst und befeuert werden, wird es zu weiteren sozialen Spannungen kommen. Damit eine Transformation nicht an diesen Spannungen scheitert braucht es große und schlagfertige Lösungen. Die Jobgarantie ist eine vielversprechende Policy um soziale Härten abzufedern und sollte Teil der sozial-ökologischen Transformation sein.

Für die Garantie spricht, dass sie im Sinne der Wohlergehensökonomie gesellschaftliche Solidarität stärken würde. Sie würde nicht nur eine sichere Beschäftigung für alle bieten und so auch traditionell vom Arbeitsmarkt ausgeschlossenen Menschen eine Chance geben, sondern auch einen effektiven Mindeststandard für den Arbeitsmarkt setzen. So würden Arbeitnehmer:innen-Rechte und ihre Verhandlungsmacht gestärkt. Weiter sind neben den gesellschaftlichen Effekten der Jobgarantie auch die positiven Effekte einer festen Beschäftigung für das Individuum zu betonen. Sie ermöglicht ein würdevolles Leben aller in Zeiten großen Wandels. Letztendlich hilft sie, individuelle Menschrechte zu erfüllen und das gesellschaftliche Gemeinwohl zu stärken.

Um im bestehenden System effektiv zu sein, müssen bei der praktischen Umsetzung jedoch einige Probleme bedacht und gelöst werden. Zum einen könnten viele Arbeitnehmer:innen in einfache Beschäftigungen gedrängt werden, anstatt sich weiterzubilden, um so voll in einer neuen Wohlfahrtsökonomie aufzugehen. Auch könnte nicht gewährleistet werden, dass die notwendigen Arbeiter:innen für transformative Projekte dauerhaft zur Verfügung stehen. Für eine effektive Implementierung müssen die Fragen beantwortet werden, wie ein solches Programm Anreize für den Wechsel in langfristige Jobs in der freien Wirtschaft oder im öffentlichen Sektor gestalten möchte und wie sichergestellt werden kann, dass die Arbeitskraft eines solchen Programms planbar als Ressource für die sozial-ökologische Transformation genutzt werden kann. Weiterhin sollte die Maßnahme weitreichende und vielfältige Weiterbildungsmöglichkeiten für ihre Empfänger:innen bieten.

Noch stehen wir im Themenkomplex Jobgarantie am Anfang der Debatte. Dieser Essay bietet einen Beitrag dazu an und verkennt dabei nicht, dass sich die Forschung bisher stark auf demokratische Nationalstaaten des globalen Nordens fokussiert. Um dem globalen Anspruch des *Earth for All*-Modells gerecht zu werden, müssen die möglichen Effekte dieser Policy auch in Systemen des globalen Südens untersucht werden. Dessen ungeachtet glauben wir, dass Arbeiter:innen in den Zeiten des Umbruchs gestärkt werden müssen – und das die Jobgarantie ein Weg ist, dies zu tun.

QUELLEN

Arbeitsmarktservice Niederösterreich. 2020. AMS NÖ startet weltweit erstes Modellprojekt einer Arbeitsplatzgarantie. Arbeitsmarkt und Medien Österreich. https://www.ams.at/regionen/niederoesterreich/news/2020/10/ams-noe-startet-weltweit-erstes-modellprojekt-einer-arbeitsplatz. Aufgerufen am 8.03.2023.

Beck, Hanno; Prinz, Aloys. 2019. Wie revolutionär ist die Modern Monetary Theory? Wirtschaftsdienst. https://www.wirtschaftsdienst.eu/inhalt/jahr/2019/heft/6/beitrag/wie-revolutionaer-ist-die-modern-monetary-theory.html. Aufgerufen am 13.03.2023.

Dixson-Decleve, Sandrine; Gaffney, Owen; Ghosh, Jayati; Randers, Jorgen; Rockstrom, Johan; Stoknes, Per Espen. 2022. *Earth for All – Ein Survivalguide für unseren Planeten. Der neue Bericht an den Club of Rome, 50 Jahre nach »Die Grenzen des Wachstums«*. München: oekom verlag.

Dullien, Sebastian; Tober, Silke. 2019. Stärken und Schwächen der Modern Monetary Theory. Vierteljahrshefte zur Wirtschaftsforschung. Vol.88(4) pp. 91–101.

Ehnts, Dirk. 2022. *Modern Monetary Theory – Eine Einführung.* Wiesbaden: Springer Gabler.

Feld, Lars P. et al. 2019. Öffentliche Investitionen: Die Schuldenbremse ist nicht das Problem. Perspektiven der Wirtschaftspolitik. Vol. 20(4) pp. 292–303.

Grießer, Sabine. 2020. Neue Wege zurück in den Job: Mit Jobgarantie Langzeitarbeitslosen helfen. Zweites Deutsches Fernsehen. https://www.zdf.de/nachrichten/wirtschaft/langzeitarbeitslosigkeit-eingliederung-jobgarantie-oesterreich-100.html Aufgerufen am 8.03.2023.

Haim, Daniel. 2021. What Jobs Should a Public Job Guarantee Provide? Lessons from Hyman P. Minsky. Levy Institute Working Paper No. 981. https://www.levyinstitute.org/pubs/wp_981.pdf. Aufgerufen am 7.03.2023.

Höfgen, Maurice. 2020a. Jobgarantie: Das Ende unfreiwilliger Arbeitslosigkeit. In *Mythos Geldknappheit*, 169–182. Stuttgart: Schäffer Poeschel.

Höfgen, Maurice. 2020b. Garantierter Job oder garantiertes Einkommen? Jacobin. https://jacobin.de/artikel/jobgarantie-grundeinkommen-vollbeschaftigung-bge-arbeitslosigkeit/. Aufgerufen am 13.03.2023

Janson, Matthias. 2022. Wo die meisten Fachkräfte fehlen. Statista. https://de.statista.com/infografik/27975/berufe-mit-dem-groessten-arbeitskraeftemangel-in-deutschland/. Aufgerufen am 9.03.2023.

Jonas, Ulrich. 2021. Weltverbesserer aus Lüneburg. Hinz und Kunzt. https://www.hinzundkunzt.de/weltverbesserer-aus-lueneburg/. Aufgerufen am 13.03.2023.

Linartas, Martyna B. 2021.Fighting inequality – could we problematize meritocracy, please? https://www.scripts-berlin.eu/blog/Blog-35-Fighting-inequality/index.html. Aufgerufen am 07.03.2023.

Oschmiansky, Frank, Berthold, Julia. 2020. Folgen der Arbeitslosigkeit. Bundeszentrale für politische Bildung. https://www.bpb.de/themen/arbeit/arbeitsmarktpolitik/305686/folgen-der-arbeitslosigkeit/. Aufgerufen am 8.03.2023.

Picek, Oliver. 2020. Eine Jobgarantie für Österreichs Langzeitarbeitslose. Momentum Quarterly. Vol. 9(2) pp. 103–126.

Pistor, Katharina. 2017. From Territorial to Monetary Sovereignty. Theoretical Inquiries in Law. Vol. 18(2) pp. 491–517.

Premrov, Tamara; Geyer, Leonard; Prinz, Nicolas. 2022. Arbeit für alle? Kosten und Verteilungswirkung einer Jobgarantie für Langzeitbeschäftigungslose in Österreich. Wirtschaft und Gesellschaft. Vol. 48(1) pp. 59–82.

Statistisches Bundesamt. 2023. EU-weite Erwerbslosigkeit liegt im Januar 2023 bei 6,1 Prozent. Destatis. https://www.destatis.de/Europa/DE/Thema/Bevoelkerung-Arbeit-Soziales/Arbeitsmarkt/EUArbeitsmarktMonat.html. Aufgerufen am 7.03.2023.

Tcherneva, Pavlina, R. 2018. The Job Guarantee: Design, Jobs, and Implementation. Levy Institute Working Paper No. https://dx.doi.org/10.2139/ssrn.3155289. Aufgerufen am 9.03.2023.

Tymoigne, Eric. 2013. Job Guarantee and Its Critiques: Insights from the New Deal Experience. International Journal of Political Economy, Vol. 42(2) pp. 63–87.

Vereinte Nationen.1948. Allgemeine Erklärung der Menschenrechte.UNRIC – Regionales Informationszentrum der Vereinten Nationen. https://unric.org/de/allgemeine-erklaerung-menschenrechte/. Aufgerufen am 9.03.2023.

Wissenschaftliche Dienste. 2023. Modern Monetary Theory – Eine Übersicht. Deutscher Bundestag. WD 4 - 3000 - 113/22.

7.2 Kann das Prinzip der Purpose Economy einen relevanten Beitrag zu einem wirtschaftlichen Wandel im Sinne der *Earth for All*-Ökonomie leisten?

VON LENA JAUER UND MATTIS MANN

Einleitung

»[...] growth [has turned into] the number one goal of all countries-capitalist, communist, or in-between.« *Herman Daly 2015, S. 2*

Es ist nichts Neues, dass es diese Maxime ist, die unser Wirtschaftssystem vor die Aufgabe stellt, in einer endlichen Welt unendliches Wachstum zu generieren. Auch wenn es offensichtlich zu sein scheint, dass ein unersättliches Wirtschaftswachstum in multiple Krisen führt, deren Auswirkungen wir jetzt schon spüren, halten nahezu alle Nationen konsequent an ihr fest. Um unsere Welt zu retten, sind fundamentale Veränderungen notwendig. Mögliche Kehrtwenden werden im neuen *Earth for All*-Bericht des Club of Rome vorgestellt und analysiert. Ein Kapitel widmet sich dem (globalen) Wirtschaftssystem, indem sich laut den Autorinnen und Autoren die notwendigen Hebel für alle der Kehrtwenden befinden (Dixson-Declève et al. 2022). Folglich ist die Neuausrichtung der Wirtschaft für die Realisierung der Kehrtwenden essenziell. Die globale Wirtschaftspolitik sollte ursprünglich Armut lindern, hat sich mittlerweile jedoch in eine Armutsfalle verwandelt. So dient sie einer kleinen Gruppe wohlhabender Menschen und kreiert auf diese Weise einen Teufelskreis: Unternehmerische Gewinne landen in den Händen weniger Reicher, was Ungleichheit und Ungerechtigkeit verstärkt, in Folge sinkt das gesellschaftliche Wohlergehen und soziale Spannungen nehmen zu. Am Ende steht die Gefahr eines gesellschaftlichen Zusammenbruchs. Aus diesem Grund fordert der Club of Rome, den Schwerpunkt der Wirtschaft auf ein Wachstum des Wohlergehens zu legen, anstatt auf rein monetäres Wirtschaftswachstum. Nur so kann das im Buch diskutierte Giant-Leap-Szenario Realität werden. Kurzgefasst fordert der Club of Rome, dass die Wirtschaft in Zukunft wieder in den Dienst der Menschheit gestellt wird. In diesem Sinne schlägt er eine gemeingutorientierte Wohlergehensökonomie vor, die *Earth for All*-Ökonomie. In einer Welt der *Earth for All*-Ökonomie konzentrieren sich Vermögenswerte nicht nur im Finanzsektor oder bei den Eigentümer:innen, sondern fließen zu Produzierenden, Konsumierenden oder der Regierung zurück, was dem Wirtschaftswachstum einen neuen Zweck zuspricht. Der ökologische Fußabdruck wird so kleiner, weil Produktionen in Einklang mit natürlichen Beständen gebracht und Chancen gleich verteilt werden, während Sozialkapital erhalten wird und der Schwerpunkt der Wirtschaft auf einem ausgewogenen Wachstum der Reichtümer liegt, die schließlich allen Menschen dienen.

Es gibt zahlreiche Bewegungen, die mit unterschiedlichen Ansätzen die Wirtschaft hin zu einer nachhaltigen transformieren möchten. In diesem Essay beschäftigen wir uns mit einem dieser Ansätze: der Purpose Economy, oder auf Deutsch, dem Verantwortungseigentum. Wie der Name vermuten lässt, steht die Idee, dem Wirtschaften einen Zweck zu geben, also dass Unternehmen sich einer tiefergehenden Unternehmensmission verpflichten, in ihrem Zentrum (Bundesverband Nachhaltige Wirtschaft e.V. o. J.). Dabei stellt diese Art zu wirtschaften eine Alternative zu herkömmlichen Eigentümer:innenstrukturen dar (Waldner 2022). Unternehmen im Verantwortungseigentum dienen ihren Mitarbeiter:innen und Kundinnen und Kunden, nicht der Gewinnmaximierung, was zur Folge hätte, dass diese Unternehmen sicherer vor Spekulationsgeschäften und Zersplitterung werden (ebd.).

Verantwortungseigentum lässt sich nach Canon et al. (2017) durch zwei grundlegende Prinzipien definieren: dem Sinnprinzip und dem Selbstbestimmungsprinzip. Ersteres besagt, dass Gewinne Mittel zur Erfüllung des Unternehmenszwecks sind und an sich keinen Selbstzweck darstellen. Daraus folgt, dass Gewinne reinvestiert, zur Deckung der Kapitalkosten genutzt oder gespendet werden. Außerdem darf das Vermögen des Unternehmens nicht mehr privatisiert werden. Das Selbstbestimmungsprinzip sieht vor, dass die Gesamtheit unternehmerischer Stimmrechte nur noch bei Menschen liegen, die dem Unternehmen eng verbunden sind, und schließt somit anonyme Anteilseigner:innen aus. Stimmberechtigte können beispielsweise Mitarbeitende sein, die fortan über Werte, Handeln und das Vermächtnis des Unternehmens bestimmen. Diese Strukturen sollen das Unternehmen langfristig sicher gestalten sowie dauerhaft das Verfolgen der Unternehmensidee ermöglichen. Stimm- und Gewinnbezugsrechte sind klar getrennt, was eine Gewinnmaximierung auf Kosten des Unternehmens unattraktiv macht und bestmögliche Entscheidungen für die Organisation sicherstellt. Letztendlich sollen die angeführten Kriterien einen langfristigen Blick auf die Unternehmensstrategie, frei von kurzfristigem Gewinnstreben, erlauben (ebd.). Welchen Zweck ein Unternehmen im Verantwortungseigentum verfolgt, ist in der Idee nicht vorgeschrieben, lediglich, dass dieser festgelegt sein muss (Tscharke 2022). Aktuell gibt es verschiedene Möglichkeiten, Unternehmen rechtlich an diese Organisationsform zu binden. Diese unterscheiden sich jedoch stark in ihrer rechtlichen und strukturellen Komplexität. Unterschiedliche Bedürfnisse, zum Beispiel von kleinen oder großen Unternehmen, erfordern bislang unterschiedliche Ausgestaltungen (Canon et al. 2017). 2019 gründete sich die Stiftung Verantwortungseigentum mit dem Ziel Unternehmen im Verantwortungseigentum zu unterstützen, vor allem aber eine Rechtsform zu etablieren, die es ermöglicht Unternehmen einfacher in Verantwortungseigentum zu überführen (Bundesverband Nachhaltige Wirtschaft e. V. o. J.). Die Debatte über eine entsprechende Rechtsform ist noch immer nicht ausdiskutiert. 2020 stellte die *Stiftung Verantwortungseigentum* den ersten Entwurf für ein Gesetz über »Gesellschaften im Verantwortungseigentum« vor, welcher nach Kritik in den Entwurf eines Gesetzes für die »Gesellschaft mit beschränkter Haftung mit gebundenem Vermögen« (GmbHgV) umgewandelt wurde (Croon-Gestefeld 2020). Wie und ob diese Rechtsform in die Gesetze der Bundesrepublik Deutschland integriert wird, ist allerdings noch immer offen.

Aktuell gibt es in Deutschland rund 200 Unternehmen, die sich dem Verantwortungseigentum verschrieben haben, in denen rund 1,2 Millionen Mitarbeitende beschäftigt sind (Waldner 2022). Unter diesen Unternehmen sind alte Traditionsunternehmen wie Bosch und Zeiss, große jüngere Unternehmen wie Alnatura oder Ecosia und kleine Start-Ups wie die Hamburger Plastik-Recyclingfirma Wildplastic (Canon et al. 2017; Waldner 2022). In Dänemark beispielsweise existieren bereits rund 1.000 Unternehmen, die nach dem Prinzip des Verantwortungseigentums wirtschaften (Waldner 2022).

Doch ist die Verbreitung dieser Unternehmensform ökologisch, sozial sowie ökonomisch erstrebenswert? In anderen Worten: Kann das Prinzip der Purpose Economy einen relevanten Beitrag zu einem wirtschaftlichen Wandel im Sinne der *Earth For All*-Ökonomie leisten? Diese Frage soll im Folgenden diskutiert werden, wobei sich Lena Jauer der Pro-Argumentation annimmt: Das Prinzip der Purpose Economy setzt essenzielle Grundbausteine für die Realisierung einer nachhaltigen Wirtschaft gemäß den Empfehlungen des *Earth for All*-Berichts und kann somit einen wichtigen Beitrag für den nötigen Wandel leisten. Mattis Mann hält im Folgenden dagegen: Das Prinzip der Purpose Economy schafft es nicht, Veränderungen auf systemischer Ebene einzuleiten, und setzt somit an der falschen Stelle für den Wandel an, der für eine *Earth for All*-Ökonomie notwendig ist.

In einem abschließenden Teil werden beide Meinungen zusammengeführt und ein gemeinsames Fazit gezogen.[1]

Von der Profit- zur Zweckorientierung. Ein großer Schritt Richtung *Earth for All*-Ökonomie

VON LENA JAUER

Die Idee der Purpose Economy realisiert die elementaren Forderungen des Club of Rome für eine zukunftsfähige Wirtschaft: Sie stellt die Ökonomie wieder in den Dienst der Menschen und wandelt das Verständnis von Wirtschaftswachstum – von der Profitmaximierung für Besitzende zum Wachstum von Wohlstand für alle.

Grundlegend für das Potenzial der Purpose Economy ist die Abkehr der reinen Profitmaximierung. Denn der Fokus auf kurzfristige, maximale Gewinne, der heute das Wirtschaftssystem dominiert, ist der entscheidende Motor für Aktivitäten, die Natur und Gesellschaft ausbeuten. Mit dieser ausschließlich monetären Ausrichtung bricht die Purpose Economy. Und so bei-

1 Auch wenn das Konzept des Verantwortungseigentums in der Wissenschaft mehr und mehr Beachtung findet, mussten wir bei der Recherche für diesen Essay auf viele Publikationen zurückgreifen, die von Unternehmen im Verantwortungseigentum selbst veröffentlicht oder in Auftrag gegeben wurden. In der Konsequenz wird im Folgenden großteils auf nicht streng wissenschaftliche Quellen verwiesen.

spielhaft auch das deutsche Unternehmen *einhorn*. Seit 2015 handelt *einhorn* vegane Kondome sowie mittlerweile auch Periodenprodukte (Purpose Stiftung gemeinnützige GmbH o. J.). Charakteristisch für die Produkte ist nicht nur deren faire, transparente und Biodiversität fördernde Produktion, sondern auch das weiterreichende unternehmerische Engagement und die Kooperation auf Augenhöhe mit Partner:innen entlang der Lieferketten. Dazu später mehr.

Durch die Prinzipien der Selbstbestimmung und der Vermögensbindung, die das Wirtschaftsprinzip verpflichtend vorschreibt, werden die Anreize für die Leitung eines Unternehmens signifikant verändert. Durch das Selbstbestimmungsprinzip bleibt den Vorstellungen der *Stiftung Verantwortungseigentum* zufolge mindestens die Hälfte der Stimmrechte innerhalb eines Unternehmens bei seinen Mitarbeiter:innen. Bei *einhorn* befinden sich sogar alle Stimmrechte im Besitz dieser (einhorn products GmbH 2020). Der Einfluss externer Investorinnen und Investoren, die keine nähere Verbindung zu dem Unternehmen haben und ihren Anteil an diesem lediglich als Geldanlage sehen, wird somit verhindert. Gewinne, die das Unternehmen *einhorn* erwirtschaftet, dürfen nicht durch Einzelne, auch nicht die Gründer:innen, vereinnahmt und das Unternehmen darf nicht mehr verkauft werden.

Die Stimmberechtigten stehen als Teil des Unternehmens also in direkter Verbindung mit diesem und fühlen sich mit großer Wahrscheinlichkeit entsprechend (sozial) verantwortlich. Bei *einhorn* wurde beispielsweise ein sechsmonatiger Versuch entschieden, die 40-Stunden-Woche bei gleicher Bezahlung auf eine 32-Stunden-Woche für alle Mitarbeitenden zu reduzieren sowie die Möglichkeit eines Sabbatjahres für Mitarbeitende einzuführen – Innovationen, die nahelegen die mentale Gesundheit zu fördern (einhorn products GmbH. o. J. a). Dies veranschaulicht, dass Mitarbeiter:innen in erster Linie gewillt sind, ein gutes Unternehmensklima zu garantieren. Gleiches gilt jedoch auch für das Unternehmensziel, das auch sie womöglich zu der Wahl des Unternehmens als Arbeitsplatz gebracht hat. Diese Beweggründe, und nicht mehr die eigene Profitgenerierung, sind schließlich auch, was die Stimmberechtigten zum Anstreben unternehmerischen Erfolgs bewegt. Die Unternehmensleitung sowie die Stimmberechtigten handeln folglich eher intrinsisch motiviert als externe Investorinnen und Investoren. Das Wegfallen von Druck durch monetär fokussierte Geldanleger:innen erleichtert die Ausrichtung der Handlungen auf Werte und Visionen. Langfristig ausgerichtetes

Handeln wird so wahrscheinlicher und verdrängt solches, das auf kurzfristige Profitmaximierung konzentriert ist und negative Folgen für das Wohlergehen von Menschen und Natur hintenanstellt. Auch wenn die Reduzierung von Stress für Mitarbeiter:innen sich kurzfristig vielleicht nicht finanziell rentiert, z. B. durch die Einführung eines Sabbatjahres, so rentiert sie sich sozial – und langfristig auch finanziell, wenn Mitarbeiter:innen nicht durch psychische Erkrankungen ausfallen, sondern dem Unternehmen erhalten bleiben. Weitere Beispiele von Unternehmen im Verantwortungseigentum zeigen bereits, dass diese resilienter sind als herkömmlich geführte (Canon et al. 2017). Besonders in Krisen profitieren solch alternativ wirtschaftende Unternehmen von ihrem Langzeitfokus und zeigen sich weniger anfällig für Krisen (ebd.). Angesichts der fortschreitenden Klimakrise, die zahlreiche soziale, politische und wirtschaftliche Konflikte weiter verschärfen wird, scheint mir Resilienz eine unabdingbare Voraussetzung für Zukunftsfähigkeit zu sein.

Ein weiteres Grundprinzip für Unternehmen im Verantwortungseigentum ist das Verständnis von Profiten als Mittel zum Zweck. Der jeweils vom Unternehmen formulierte Sinn bleibt durch das Prinzip der Selbstbestimmung langfristig bindend und priorisiert so beispielsweise Natur- und Humankapital gegenüber Finanzkapital. So gelangen Gemeingüter (Commons) und schließlich die Menschen zurück in den Fokus des Wirtschaftens. *einhorn* erwirtschaftet beispielsweise Profite durch den Verkauf von Kondomen und Periodenprodukten. 50 Prozent dieser Profite werden gespendet. So kommen beispielsweise die Hälfte der Erträge von Periodenprodukten feministischen Projekten zugute (einhorn products GmbH. o. J. a). Darüber hinaus hat das Unternehmen eine Initiative *(Regenerative Rubber Initiative)* gegründet, deren Ziel es ist, eine faire und nachhaltige Produktion von Latex, dem Hauptbestandteil von Kondomen, zu garantieren und auszuweiten (einhorn products GmbH 2023). Über einen eigenen Blog teilt *einhorn* außerdem Informationen über hauseigene Entwicklungen, mit Scham behaftete Themen rund um Sexualität sowie neue Produkte, z. B. einen Periodenguide, der die diesbezügliche Aufklärung an Schulen erleichtern und verbessern soll. Die Aufzählung verdeutlicht: *einhorn* strebt nicht alleinig den Verkauf möglichst vieler Produkte an, sondern gibt seinen Verkäufen einen mindestens doppelten Zweck: Käufer:innen sollen auch mit Periode oder aktivem Sexualleben sicher und bequem durch den Alltag gehen. Weiter kommen Profite der stetigen Verbesserung,

z. B. in Produktionsbedingungen oder Sexualbildung, zugute. Auf diese Weise versuchen Unternehmen im Verantwortungseigentum durch ihre ökonomischen Aktivitäten einen positiven Einfluss auf bestimmte gesellschaftliche Missstände auszuüben, im Falle von *einhorn* also z. B. menschenrechtsinkonforme Arbeits- und biodiversitätszerstörende Anbaubedingungen in der Produktion von Kondomen (einhorn products GmbH. o. J. b). Ihr Handeln kann auch als ›Lücken füllen‹ politischen Handelns interpretiert werden. Während Eigentum in unserem heutigen Wirtschaftssystem vornehmlich als Geldanlage bzw. als Instrument, um Gewinne für Eigentümer:innen zu steigern, verstanden wird, gilt Eigentum in der Purpose Economy vielmehr als Aufgabe. Eigentum bedeutet hier die Verantwortung, das auf lange Sicht Beste für das Unternehmen und dessen Sinn zu tun.

Meiner Ansicht nach führt diese Zweckausrichtung zu einer Reihe positiver Effekte. Zum einen führt sie zu einem grundlegenden Bedeutungswandel von Wirtschaft. Ihr Erfolg wird in der Purpose Economy über die Realisierung von Wohlstand für die Gesamtgesellschaft bestimmt, wie es der Club of Rome einklagt, und nicht über die Steigerung von Gewinnen. Des Weiteren liegt die Annahme nahe, dass ein solcher Fokus auf mögliche Leistungen der Wirtschaft für die Gesellschaft zu einer generellen Reflexion gesellschaftlichen Lebens führt, die Fragen aufwirft, wie: Wie wollen wir gemeinsam leben und wie kann uns die Wirtschaft dabei unterstützen? Auch in dieser Hinsicht überschneidet sich die Purpose Economy mit dem *Earth for All*-Bericht, der es als erforderlich beschreibt, dass sich Bürger:innen wieder »als eine Öffentlichkeit [...] betrachten, in deren Zukunft es sich zu investieren lohnt« (Dixson-Declève et al. 2022, S. 203). Eine solche gesellschaftliche Haltung wäre für den notwendigen nachhaltigen Wandel insgesamt sehr wertvoll.

Durch den Ansatz, Profite in das Unternehmen zu reinvestieren oder einem bestimmten Zweck zugutekommen zu lassen, trägt die Purpose Economy zu einem zirkulären bzw. regenerativen Finanzmodell bei. Auf diese Weise werden langfristig finanzielle Ressourcen für die Stärkung bestimmter Zwecke gesichert – die Profite aus verkauften Produkten werden bei *einhorn* kreislaufähnlich in die Stärkung verwandter Themen gesteckt.

Meiner Meinung nach könnte so der im Buch beschriebene Teufelskreis der Ungleichheit – Unternehmen vermehren Vermögen, das sich schließlich in wenigen Händen (der Rentierklasse) konzentriert – aufgebrochen werden.

Ämter werden im Verantwortungseigentum zudem nicht per Blutsverwandtschaft, sondern per ›Fähigkeiten- und Werteverwandtschaft‹ vererbt. So wird die Teilhabe im Sinne der Mitbestimmung gesteigert und einem breiteren Kreis zugänglich gemacht. Auf diese Weise kann die Purpose Economy auch zur Demokratisierung des Wirtschaftssystems beitragen. Weiter vertrete ich die Ansicht, dass eine solche Entwicklung, die impliziert, dass jede Person ihre Stellung im Unternehmen tatsächlich durch persönliche Fähigkeiten verdient hat, zu einer Steigerung des gesellschaftlichen Wir-Gefühls führen kann. So könnte die Wahrnehmung von Chancengerechtigkeit zur Abnahme von Klassismus und somit sozialen Spannungen führen. Während manch eine:r anführen mag, dass sich der Wandel von traditionellen Unternehmen zu solchen in Verantwortungseigentum lediglich auf einzelne Aspekte des Wirtschaftens konzentriert und somit hinter den Bedürfnissen der nötigen Transformation zurückbleibt, zeigen bereits existierende Beispiele gegenteilige Entwicklungen. Neben den genannten Beispielen von *einhorn*, berichtet der Onlinehandel *Waschbär* beispielsweise von einer holistischen Transformation der Unternehmensführung und -organisation, die mit der Umwandlung des Unternehmens einhergegangen sei (Bundesverband Nachhaltige Wirtschaft e. V. 2022).

Nun fehlt es bislang jedoch an politischen und rechtlichen Vorgaben, sodass die Entscheidung, ein Unternehmen nicht profitorientiert auszurichten, auf das individuelle Wohlwollen einzelner Unternehmer:innen angewiesen ist. Solange es aber an entsprechenden Regulierungen fehlt, wäre es meiner Ansicht nach fatal das freiwillige Engagement von Unternehmer:innen abzutun. Vielmehr sollte dieser gute Wille, nicht länger auf externe Anreize warten zu wollen, um den Weg der Transformation einzuschlagen, unterstützt werden. Dies könnte beispielsweise durch einen rechtlichen Rahmen passieren, der auch kleinen Unternehmen erleichtert, zu einem Unternehmen in Verantwortungseigentum zu werden. Das Prinzip der Purpose Economy mag nicht ausreichend sein für den nötigen Wirtschaftswandel, doch bewegen sich auf diese Weise bereits heute zugehörige Unternehmen in die richtige Richtung. Sie können so als Vorbild für andere Betriebe dienen, zumal Unternehmen in Verantwortungseigentum bereits zeigen, dass sie angesichts Gewinnmargen, Löhnen und Zusatzleistungen, Mitarbeiter:innenbindung, dem Wechsel von Führungskräften sowie der Anfälligkeit für Krisen besser abschneiden als einige herkömmliche, profitorientierte Unternehmen (Canon et al. 2017). Denkbar wäre auch, dass künftig angesichts einer steigenden Anzahl sinngeführter Unternehmen, solche, die keinen expliziten gesellschaftlichen Mehrwert erfüllen und darüber hinaus sogar Ungleichheiten verschärfen, ihre Legitimität verlieren. Sofern Käufer:innen über die entsprechenden Informationen verfügen und die Preise nicht in meilenweiter Ferne voneinander liegen: Wieso sollte ich als Käufer:in noch zu den Produkten greifen, die mir nichts mehr versprechen als ihren puren Nutzen, wenn das gleiche Produkt mit dem Versprechen angeboten wird, NGOs zu fördern, die in meinem Sinne handeln oder Bildungsangebote zu schaffen? Die Umwandlung einzelner Unternehmen könnte auch zu weiterreichenden Auswirkungen auf das Wirtschaftssystem führen. Denkbar ist ein ›spill over‹-Effekt, der weitere herkömmliche Unternehmen zum zweckbestimmten Handeln bewegt. Eine solche Entwicklung könnte durch die Zunahme von Krisen in den kommenden Jahren weiter vorangetrieben werden.

Da solch eine Umwandlung des Unternehmens aktuell jedoch ein hohes Maß an Eigeninitiative, Aufwand und Kosten erfordert, wird die Ausbreitung des Wirtschaftsprinzips künstlich behindert. Die genannten Charakteristika erinnern mich insgesamt an das individuelle Ringen Einzelner, die versuchen, systemisch bedingte Nicht-Nachhaltigkeit zu kompensieren. Entsprechende politische Anreize sind notwendig, um heute nachhaltige Aktivitäten gegenüber unnachhaltigen, systemisch Bevorzugten, zu priorisieren. So könnte durch das Upscaling der Purpose Economy eine *Wohlergehensökonomie* geschaffen werden, die letztlich der Gesamtgesellschaft, ihren Lebensbedingungen und dem politischen System der Demokratie langfristig zugutekommt. Sie stärkt die Partizipation, reduziert Ungleichheiten und ist in der Lage, gegen diverse Aspekte sozialen, ökologischen und ökonomischen Missstands anzugehen. Durch die nahezu endlosen Möglichkeiten für die Festlegung eines Unternehmenssinns ermöglicht die Purpose Economy im Bereich aller Kehrtwenden, die der Club of Rome für den nachhaltigen Wandel fordert, Fortschritte zu erzielen.

Zusammengefasst sehe ich das Verantwortungseigentum als Möglichkeit, Unternehmen und schließlich den Wirtschaftssektor in Einklang mit den gesellschaftlichen Bedürfnissen zu bringen. Im Gegensatz zu der heute weit verbreiteten Wahrnehmung von Unternehmen als starre Entitäten, gegen die es sozial-ökologische Interessen durchzusetzen gilt, treten Unternehmen in der Purpose Economy als aktive Helferinnen im Prozess der Transformation auf. Angesichts des stetig wachsenden Zeitdrucks hinsichtlich der Erreichung des Positiv-Szenarios, das der Club of Rome als Ziel anstrebt *(Giant Leap)*, sollte auf diese wohlwollenden Unternehmer:innen nicht verzichtet werden.

Weshalb die Idee der Purpose-Economy zu »klein« für eine *Earth for All*-Ökonomie ist

VON MATTIS MANN

Die Versprechen der Purpose Economy-Bewegung gehen weit und lassen glauben, sie könnten einen großen Beitrag zur Umkehr unseres aktuellen Wirtschaftssystems, hin zu einem sozial- und umweltverträglichen Wirtschaften, leisten. Jedoch spricht einiges auch gegen den erwünschten weitgehenden Einfluss dieser Art und Weise zu wirtschaften. In diesem Abschnitt werde ich erläutern, warum wir andere Ansätze brauchen, um eine Ökonomie im Sinne des *Earth for All*-Berichts zu schaffen und unser schädliches Wirtschaften zu beenden. Das Prinzip der Purpose Economy greift nicht auf systemischer Ebene, sondern ist lediglich fähig punktuelle Veränderungen herbeizuführen. Für einen Wandel im Sinne des *Earth for All*-Berichts sind allerdings tiefergehende Veränderungen auf systemischer Ebene, die globales Wirtschaften grundlegend verändern, nötig. Die Gründe, weshalb die Purpose Economy zu kurz greift, sind vielschichtig und werden im Folgenden erläutert.

Grundsätzlich geht diese Bewegung ein sehr wichtiges Thema an und in ihrem Rahmen gelingt es ihr auch, Strukturen zu schaffen, die viele Vorteile mit sich bringen. Das Problem unserer globalen Wirtschaft ist allerdings deutlich größer als der Bereich, den die Idee der Purpose Economy beeinflussen könnte. Ich sage bewusst »globale« Wirtschaft, denn um hier einen übergreifenden Wandel einzuleiten bräuchte es internationale Vorschriften und entsprechende Rechtsgrundlagen.[1] Globale Lieferketten und deren kaum nachvollziehbare globale Vernetzungen können Unternehmen, die sich der Purpose Economy verschreiben würden, schlichtweg nicht weitgehend genug beeinflussen und verändern. Allein international abweichende Rechtsgrundlagen stehen dieser Vorstellung ungemein im Wege.

Der *Earth for All*-Bericht definiert fünf mächtige Hebel, die grundlegend zur Lösung unserer Probleme beitragen können und das Wirtschaftssystem, wie wir es kennen, umkrempeln würden. Donella Meadows, die den ersten Bericht des Club of Rome mitschrieb und eine bedeutende Umweltwissenschaftlerin ist, definierte unterschiedliche Interventions- bzw. Hebelpunkte zur Veränderung von komplexen Systemen (Dixson-Declève et al. 2022; Meadows 1999). Nach diesem Prinzip gibt es verschiedene Punkte in einem System, an denen kleine Interventionen je nach Ebene der veränderten Faktoren nur kleine oder eben sehr weitreichende Veränderungen herbeiführen können. Die im Buch angesprochenen Hebel liegen nach Meadows Kategorisierung alle auf einer hohen Ebene des Wirtschaftssystems und haben somit die Macht, Faktoren, wie das Ziel das Wirtschaftssystems oder gar Paradigmen, welche diesem zugrunde liegen, maßgeblich zu verändern. Diese Interventionspunkte sind essenziell für einen grundlegenden Wandel hin zu einer nachhaltigeren Welt, getrieben von einer nachhaltigen Wirtschaft, sprich zur Erreichung des *Giant-Leap*-Szenarios (Dixson-Declève et al. 2022). Das Prinzip der Purpose Economy allerdings lässt sich auf der Liste der Interventionspunkte keiner Ebene mit großer Hebelwirkung zuordnen. So kann *einhorn* im besten Fall zwar sicherstellen, dass die Lieferkette den Anforderungen des Unternehmens gerecht wird, auf globaler bzw. systemischer Ebene wird das allerdings nicht viel ändern. Deshalb bleiben Initiativen von kleineren Unternehmen wie die *regenerative rubber initiative* von *einhorn* auch vermutlich in deren Nische und verändern nichts auf globaler Ebene. Ein Wandel durch Änderungen auf diesen unteren Ebenen des Systems, glaubt man Meadows Ansatz, dauert extrem lange. Diese Zeit haben wir aber nicht. Was zählt, sind die kommenden Jahre, und in diesen Jahren muss ein grundlegender Wandel stattfinden, sodass Ziele wie die des Pariser Klimaabkommens eingehalten werden können.

Schon immer kaufen größere Unternehmen andere auf und übernehmen die Kontrolle, häufig mit der ausschließlichen Absicht, mehr Marktmacht zu gewinnen und damit höhere Profite zu erwirtschaften. Diesen Übernahmen kann die Purpose Economy entgegenwirken. Was sie allerdings nicht kann, ist bereits geschehene Übernahmen rückgängig zu machen. Jedoch sind es auch diese Übernahmen, die das heutige Wirtschaftsgeschehen dominieren. Folke et al. (2019) zeigen in ihrem Artikel auf, welch riesige Anteile in unterschiedlichen Ressourcen-Sektoren auf eine kleine Zahl an transnationalen Unternehmen fallen. So werden beispielsweise die Ressource Öl zu 72 Prozent von nur zehn und 84 Prozent der Pestizid-Industrie von nur vier transnationalen

Unternehmen kontrolliert. Dieser nur kleine Einblick in die Zahlen verdeutlicht klar, dass es vorrangig Lösungen braucht, die auch Unternehmen betreffen, welche schon jetzt großen Einfluss auf die Gestaltung von Wirtschaft, Umwelt und Gesellschaft haben – und von denen es nicht zu erwarten gilt, dass sie sich eigens für sozial-ökologische Standards einsetzen. Zu erwarten, dass diese Unternehmen ihre profitorientierte Art zu wirtschaften freiwillig auf eine zweckorientierte Unternehmensform ohne Ausschüttung von Gewinnen an Anteilseigner:innen umstellen, wäre unrealistisch. Diese und andere große profitorientierte Unternehmen müssen durch (globale) politische Regulierungen in ihrem schädlichen Handeln eingeschränkt und in eine neu gerahmte Wirtschaft eingeordnet werden. Ohne solche Regulierungen oder Anreize, die zwingen oder nahelegen, nachhaltiger zu agieren, ist davon auszugehen, dass solch große Unternehmen nicht nachhaltig wirtschaften werden. Anzunehmen, ein Großteil unserer Probleme wäre gelöst, wenn kleinere Unternehmen nicht mehr übernommen werden könnten, ist einfach zu kurz gedacht.

Zusätzlich sind Übernahmen häufig auch ein wichtiger Teil der Marktfunktionalität. Übernahmen haben die Möglichkeit enormer Effizienzsteigerung und können somit auch einen wichtigen Beitrag zur Nachhaltigkeit leisten. Nachhaltigkeit ohne Effizienz ist nicht vorstellbar. Deshalb muss eine stringente Zweckbindung auch kritisch hinterfragt werden, da sie Übernahmen zur Effizienzsteigerung (also im Sinne der Nachhaltigkeit) kaum möglich macht. So ist es vielleicht eine romantische Vorstellung, ein Unternehmen für immer in den Händen der Mitarbeiter:innen zu binden, zwingend nachhaltig ist das aber sicherlich nicht und somit auch nicht im Sinne der *Earth for All*-Ökonomie. So könnte es beispielsweise auch für *einhorn* irgendwann Sinn machen das Unternehmen mit einem anderen zusammenzulegen oder an ein anderes nachhaltiges und ähnlich zweckorientiertes Unternehmen zu verkaufen. In manchen Fällen könnte man so eine noch nachhaltigere Ausrichtung durch Effizienzsteigerungen erreichen.

Auch kleine Unternehmen können profitorientiert, klimaschädlich und unmoralisch wirtschaften. Solche Unternehmen werden sich ebenso wenig dafür entscheiden, das Business dem Verantwortungseigentum zu widmen. Das zeigt bei genauer Betrachtung ein zentrales Problem der Purpose Economy auf. So vielversprechend einige Aspekte auch sein mögen, Unternehmer:innen, die sich vom Konzept Purpose Economy angesprochen fühlen, sind vermutlich nicht das Problem unserer (Welt-)Wirtschaft. Es ist davon auszugehen, dass ein gewisser Hang zu gesellschaftlicher Verantwortung sowie bestimmte Werte Voraussetzung dafür sind, sich ernsthaft mit dem Gedanken auseinanderzusetzen, das eigene Unternehmen im Sinne des Verantwortungseigentums umzustrukturieren. Das bedeutet, dass diese Unternehmensart vorrangig für Unternehmen in Frage kommt, die vermutlich schon recht sozial- und eventuell auch umweltverträglich arbeiten. Seit 2015 produziert *einhorn* vegane Kondome und 2019 entschloss sich das Unternehmen ins Verantwortungseigentum überzugehen (Purpose Stiftung, o. J.). Dieser Schritt sichert nun den schon vorher bestehenden Purpose des Unternehmens und schützt es vor Übernahmen, ein weiterer Beitrag zum nachhaltigen Wirtschaften ist das allerdings nicht.

Des Weiteren haben kleinere Unternehmen, die nachhaltig wirtschaften wollen, keine Macht globale Märkte zu verändern. So kann *einhorn* zwar beispielsweise darauf achten nur sozial- und umweltverträgliche Kondome aus nachhaltig angebautem Latex anzubieten, dass ein Großteil des in Monokulturen angebauten Kautschuks aber in Produkte wie Autoreifen und nicht in Kondome fließt, lässt sich dadurch aber nicht ändern (einhorn products GmbH 2023).

Es hat sich in der Vergangenheit auch abgezeichnet, dass das Prinzip des Verantwortungseigentums keine Garantie für ›makellose‹ Unternehmen ist. Bosch gilt als eines der Pionier-Unternehmen, die seit Langem das gesamte Unternehmen im weitesten Sinne nach diesem Prinzip gestalten (Canon et al. 2017). Das Unternehmen ist als Doppelstiftungsmodell organisiert, somit geschützt vor feindlichen Übernahmen, nicht an der Börse und von Verantwortungseigentümer:innen geführt. Dividenden werden in das Unternehmen reinvestiert oder über die eigene Stiftung gespendet (ebd.). Trotzdem hat Bosch über mehrere Jahre, beginnend 2008, maßgeblich mit Softwareprodukten dazu beigetragen den Dieselskandal möglich zu machen; wurde dafür im Jahr 2019 auch rechtskräftig verurteilt und mit einer Geldstrafe belegt (*Dieselskandal: Bosch muss Bußgeld von 90 Millionen Euro zahlen,* 2019).

Auch wenn Bosch, dem Gericht nach, nicht die gleichen Anteile am Skandal teilt wie namhafte Autohersteller, stellt sich doch die Frage, welches Ziel mit diesen Handlungen verfolgt wurde und ob so verantwortungsvolles Wirtschaften aussieht. Zusätzlich behauptet Bosch von sich, seit 2020 klimaneutral zu sein. Auch wenn das auf dem Papier bestätigt sein mag, kritisieren verschiedene Akteurinnen und Akteure dieses Versprechen und ordnen es, wie beispielsweise die Deutsche Umwelthilfe, als »unaufrichtig und nicht glaubwürdig« ein (Deutsche Umwelthilfe e. V. 2019). Da unverhältnismäßige (Manager:innen-) Gehälter nicht nur aus Dividenden gezahlt werden, können auch im Verantwortungseigentum solche sozial höchst ungerechten Strukturen weiter bestehen. Es wird eben doch schnell klar, dass eine Unternehmensform oder vermeintliche Selbstverpflichtung keine Garantie für ein ›gutes‹ Unternehmen ist und sich somit auch nicht darauf verlassen werden kann, dass solche Unternehmen unsere Welt maßgebend in eine neue Ordnung begleiten werden.

Ich verlasse für einen kleinen Exkurs die globale Ebene und zeige am Beispiel des deutschen Gesetzentwurfs für eine Unternehmensform mit Verantwortungseigentum auf, warum auch auf nationaler Ebene anzuzweifeln ist, dass diese Unternehmensform ein relevanter Teil der Transformation sein kann. Der aktuell diskutierte Gesetzentwurf steht stark in der Kritik und das nicht ohne Grund. Neben einigen rechtlichen Fragen ist auch höchst fragwürdig, ob die juristischen Entwürfe zum nachhaltigen Wirtschaften überhaupt beitragen können. Diese Frage stellt sich primär, weil die Unternehmensform den Unternehmer:innen völlig freistellt, worin der gewählte Unternehmenszweck zu liegen hat. Das hat zur Folge, dass auch im Verantwortungseigentum gemeinwohl- und klimaschädliche Geschäftsmodelle entstehen können (Tscharke 2022). So wäre es möglich, dass beispielsweise auch Tabakkonzerne oder Spirituosenhersteller vermeintlich nachhaltige Unternehmen werden, was allein angesichts der gesundheitlichen Folgen durchaus fragwürdig ist (Hüttemann & Rawert 2022). Zudem wird stark kritisiert, dass die neuartige Unternehmensform substanzielle Steuerlücken reißen wird, einer zu geringen Aufsicht unterliegt und dass Ausschüttungsverbote sogar umgangen werden könnten (Croon-Gestefeld 2020; Hüttemann & Rawert 2022; Weitemeyer 2020). Besonders potenzielle Steuerlücken würden einer *Earth for All*-Ökonomie im Wege stehen. Für die Realisierung eines wirksamen Bürgerfonds, wie vom Club of Rome gefordert, sind diese Steuereinnahmen nicht wegzudenken. Des Weiteren stellt sich die Frage, ob Unternehmen im Verantwortungseigentum, vorausgesetzt ihr Unternehmenszweck dient dem Gemeinwohl, Gewinne sozial gerechter und sinnvoller verteilen können, als dies ein wohl gefüllter Bürgerfonds schaffen würde. Da die Umverteilung aber ein zentraler Punkt der *Earth for All*-Ökonomie ist, muss genau diese zuverlässig funktionieren.

Die Diskussion über eine Unternehmensform nach der Purpose Economy-Idee ist eine wunderbare Möglichkeit für die Politik, die Verantwortung, eine nachhaltige und gerechte Wirtschaft zu schaffen, an Unternehmer:innen abzudrücken. Dabei ist es die Politik, die eigentlich die Macht hätte, die wichtigen Hebel für eine *Earth for All*-Ökonomie zu betätigen. Diese Hebel sind nicht immer angenehm, nicht immer einfach zu implementieren und werden mit Sicherheit auch auf Widerstand stoßen. Das Einführen einer solchen Rechtsform vermittelt den Eindruck, die Regierung tue etwas, um die Wirtschaft in Richtung Nachhaltigkeit zu transformieren. Etwas, das bei genauer Betrachtung anzuzweifeln ist. Zusätzlich schränkt die Einführung einer solchen Unternehmensform teils die Möglichkeiten für Unternehmen, nachhaltig zu wirtschaften, ein. Die Unternehmen, die wirklich zweckorientiert arbeiten möchten, können das auch heute schon tun. Zwar ist das verbunden mit Aufwand und sicher nicht sofort und schnell umsetzbar, aber es gibt genug Beispiele, die zeigen, wie vielfältig Verantwortungseigentum gelebt werden kann. Vielleicht entwickelt demnächst jemand einen neuen Ansatz, welcher viel effektiver ist als das Konzept der Purpose Economy. Sollten wir uns jetzt aber für diese ›nachhaltige‹ Rechtsform entscheiden, wäre der Fokus vorerst auf einer Option, die offensichtlich nicht die Lösung ist. Es gibt durchaus andere Ansätze, die Wirtschaft zu transformieren, die sich holistischer präsentieren und darauf abzielen, das System zu transformieren. Sie können einen großen Teil dazu beitragen, das Ziel einer *Earth for All*-Ökonomie zu erreichen: An dieser Stelle möchte ich beispielhaft die Gemeinwohlökonomie nennen, deren Ziel es ist, gemeinwohlorientiertes Wachstum umweltfreundlich in einen grundlegenden Wertewandel zu integrieren (Döring 2019). In der Gemeinwohlökonomie geht es vor allem darum, durch Anreizstrukturen Unternehmen dazu zu bewegen, gemeinwohlorientiert und umweltverträglich zu wirtschaften (Felber 2013).

In einem solchen Konstrukt würde auch Unternehmer:innen die Last genommen werden mit den Machbarkeitsproblemen der Purpose Economy zu kämpfen. Praxisbeispiele wie *einhorn* zeigen, dass, um in Verantwortungseigentum überzugehen, zunächst eine ordentliche wirtschaftliche Basis geschaffen werden muss. Unternehmen, die von Beginn an als Purpose-Unternehmen gestartet sind, lassen sich nur schwer finden – oder sie zeigen bereits eine gute wirtschaftliche Grundlage vor der Unternehmensgründung auf. Das liegt auch daran, dass es, um zu überleben, für Unternehmen häufig wichtig ist, agil zu bleiben und auf verändernde Umstände reagieren zu können. Eine Zweckbindung kann hierbei im Weg stehen, unabhängig davon, ob nachhaltig gewirtschaftet wird oder nicht. Diese Agilität spielt auch für nachhaltige Unternehmen eine wichtige Rolle und stellt die Machbarkeit einer Purpose-Unternehmensform in Frage.

Schluss

Die vorangegangene Diskussion hat verdeutlicht, dass sich das Prinzip der Purpose Economy und die Forderungen des Club of Rome an eine *Earth for All*-Ökonomie in einigen Teilen überschneiden. So setzt diese Art zu wirtschaften ein Fundament für eine Ökonomie, die den Menschen ins Zentrum stellt und den Profiten entsprechend eine geringere Bedeutung zuspricht. Durch die Offenheit gegenüber der Festlegung unternehmerischer Zwecke ist denkbar, dass durch die Verbreitung der Purpose Economy eine Art Flickenteppich unternehmerischen Engagements entsteht, der innerhalb aller Kehrtwenden agiert und so zu deren Realisierung beiträgt.

Gleichzeitig bleibt fraglich, inwiefern die freiwillige Umwandlung von Unternehmen ins Verantwortungseigentum einen tatsächlichen Unterschied macht. Die Freiwilligkeit setzt schließlich die von der Leitung eines Unternehmens ausgehende Eigeninitiative voraus, sich den Prinzipien der Purpose Economy zu verpflichten. Entsprechend sind sich die Entscheidungstragenden über soziale, ökologische und ökonomische Auswirkungen des aktuell dominierenden Wirtschaftens sowie nötiger Veränderungen bewusst und der positive Impact, der durch den Eintritt dieser Unternehmen ins Verantwortungseigentum entstehen kann, folglich gering. Dass eben diese bereits heute – ob offiziell im Verantwortungseigentum oder nicht – auf die sozial- und umweltgerechte Führung ihres Unternehmens achten, liegt schließlich nahe.

So zeigen Beispiele von Unternehmen der Purpose Economy zwar heute schon, dass die Umwandlung ins Verantwortungseigentum mit einer ganzheitlichen Transformation von Unternehmen einhergeht und somit gravierende Ungleichheiten, wie beispielsweise in Bezug auf Gehaltsstrukturen, reduziert werden können. Am *einhorn*-Beispiel wird jedoch auch ersichtlich, dass das Unternehmensziel von Gründung an bestand und sich nicht mit Eintritt in die Purpose Economy verändert hat. Wie viel Transformationskraft liegt also in diesen Unternehmen, die sich auf freiwilliger Basis für eine Zweckorientierung entscheiden? Ein Blick auf einige der umsatzstärksten Unternehmen weltweit lohnt sich hier, denn unter ihnen befinden sich zahlreiche Gas- und Ölfirmen (Statista 2022). Getrieben von Profit extrahieren diese fossile Rohstoffe. Die Abkehr von Profiten scheint hier undenkbar und die Zuschreibung eines umwelt- oder sozialorientierten Zweckes als reinste Form des *Greenwashings*. Wo muss also, um schnellstmöglich auf einen Pfad der *Earth for All*-Transformation zu gelangen, der Schwerpunkt gesetzt werden, beziehungsweise wofür sollten politische und ökonomische Kapazitäten investiert werden?

Die Diskussion in diesem Essay macht sichtbar, dass die Purpose Economy zwar einen relevanten Beitrag im Sinne der *Earth for All*-Ökonomie leisten kann, eine zukunftsfähige Wirtschaft jedoch nicht alleinig realisieren kann. Die Purpose Economy stellt womöglich ein Idealkonzept für das Wirtschaften in einer transformierten Welt dar. Jedoch verdeutlicht der gesamte *Earth for All*-Bericht die Tiefe aktueller Ungleichheiten weltweit sowie innerhalb von Staaten und unterstreicht die Notwendigkeit diese zu reduzieren, um gesellschaftliches Wohlergehen in Zukunft zu gewährleisten. Die vorangehende Diskussion hat verdeutlicht, dass die Purpose Economy nicht das Potenzial hat – in der gegebenen Zeit und mit entsprechender Sicherheit – einen gesamtwirtschaftlichen Wandel im Sinne der *Earth for All*-Ökonomie anzustoßen. Um sicherzustellen, dass eine politisch eingeleitete Realisierung des wirtschaftlichen Wandels den Prinzipien des verantwortungsvollen Wirtschaftens gerecht wird und bleibt, sehen wir darüber hinaus die Notwendigkeit der regelmäßigen Kontrolle der Prinzipienerfüllung durch die Unternehmen. So kann verhindert werden, dass Unternehmen im dann verpflichtenden Verantwortungseigentum also nicht ins aktuelle *business as usual* verfallen und Abstriche bei ökologischen oder sozialen Standards machen. So sollten die aktuellen Missstände von politischer Seite bearbeitet werden und das ›Lückenfüllen‹ nicht einzig den Willigen überlassen werden, schließlich geht es um die Einhaltung politischer Verpflichtungen, die auf dem Spiel stehen.

QUELLEN

Bundesverband Nachhaltige Wirtschaft e. V. 2022. #BNWPurpose: Verantwortungseigentum macht uns unabhängig von reiner Profitmaximierung. https://www.bnwbundesverband.de/bnwpurpose-verantwortungseigentum-macht-uns-unabhaengigvon-reiner-profitmaximierung. Letzter Zugriff: 3. März 2023.

Bundesverband Nachhaltige Wirtschaft e. V. o. J. Purpose Economy. https://www.bnwbundesverband.de/purpose-economy. Letzter Zugriff: 27. Februar 2023.

Canon, Camille, Achim Hensen, Alexander Kühl, Adrian Hensen, Derek Razo, Armin Steuernagel, Daria Urman, und Jakob Willeke. 2017. *Verantwortungseigentum: Unternehmenseigentum für das 21. Jahrhundert.* Hamburg: Purpose Stiftung gemeinnützige GmbH. 1. Auflage. https://purposeeconomy.org/content/uploads/purpose_de_book_sep2020.pdf.

Croon-Gestefeld, Johanna. 2020. Verantwortungseigentum als Instrument gegen soziale Ungleichheit? *Kritische Vierteljahresschrift für Gesetzgebung und Rechtswissenschaft* 103 (4): 351–71. https://doi.org/10.5771/2193-7869-2020-4-351.

Deutsche Umwelthilfe e. V. 2019. Falsches Versprechen von Bosch zur Klimaneutralität: https://kommunal wirtschaft.eu/tagesanzeiger/detail/i34420/c000?view=presse_detail &tmpl=component&print=1. Letzter Zugriff: 7. März 2023.

Dieselskandal: »Bosch muss Bußgeld von 90 Millionen Euro zahlen.« 2019. *ZEIT ONLINE, AFP, dpa, Reuters*, dp https://www.zeit.de/wirtschaft/unternehmen/2019-05/dieselskandal-boschautozuliefe-rer-bussgeldaufsichtspflicht?utm_referrer=https%3A%2F%2Fwww.google.com%2F. Letzter Zugriff: 7. März 2023.

Dixson-Declève, Sandrine, Owen Gaffney, Jayati Ghosh, Jørgen Randers, Johan Rockström, und Per Espen Stoknes. 2022. *Earth for all: ein Survivalguide für unseren Planeten: Der neue Bericht an den Club of Rome, 50 Jahre nach »Die Grenzen des Wachstums«.* Übersetzt von Rita Seuß und Barbara Steckhan. 4. Auflage. München: oekom verlag.

Döring, Thomas. 2019. Alternativen zum umweltschädlichen Wachstum. *Wirtschaftsdienst* 99 (7): 497–504. https://doi.org/10.1007/s10273-019-2481-1.

einhorn products GmbH. 2023. Latex is for lovers: Der lange Weg in eine offene Beziehung. einhorn.my. https://einhorn.my/latex-is-for-lovers/. Letzter Zugriff: 30. Oktober 2023.

einhorn products GmbH. 2020. Wir sind ein Purpose-Unternehmen. einhorn.my. https://einhorn.my/wir-sind-ein-purpose-unternehmen/. Letzter Zugriff: 30. Oktober 2023.

einhorn products GmbH. o. J. a. Fairstainability Report 2022. einhorn.my. https://einhorn.my/fairstainabi lity-report/. Letzter Zugriff: 30. Oktober 2023.

einhorn products GmbH. o. J. b. Einhörner: About Us. einhorn.my. https://einhorn.my/einhoerner-about-us/. Letzter Zugriff: 30. Oktober 2023.

Felber, Christian. 2013. *Die Gemeinwohl-Ökonomie: eine demokratische Alternative wächst.* Aktual. u. erw. Neuausg., [Nachdr.]. Wien: Deuticke.

Hüttemann, Rainer, und Peter Rawert. 2022. Nein zum Verantwortungseigentum. *FAZ Online.* https://www.faz.net/einspruch/ampelkoalition-arbeitet-an-rechtsreform18005153.html. Letzter Zugriff: 6. März 2023.

Meadows, Donella H. 1999. *Leverage Points: Places to Intervene in a System.* Vermont: The Sustainability Institute.

Purpose Stiftung gemeinnützige GmbH. o. J. Einhorn: Make Magic Happen. Purpose-economy.org. https://purpose-economy.org/de/companies/einhorn/. Letzter Zugriff: 26. Oktober 2023.

Rudnicka, J. 2022. Die größten Unternehmen. Statista. https://de.statista.com/themen/6328/die-groessten-unternehmen/. Letzter Zugriff: 5. März 2023.

Tscharke, Elisabeth. 2022. Wieviel Nachhaltigkeit steckt im Recht? *Rechtswissenschaft* 13 (3): 444–53. https://doi.org/10.5771/1868-8098-2022-3-444.

Waldner, Relana. 2022. Verantwortungseigentum: Warum über diese Unternehmensform diskutiert wird. Utopia.de. https://utopia.de/ratgeber/verantwortungseigentum-warumueber-diese-unternehmensform-diskutiert-wird/. Letzter Zugriff: 4. März 2023.

Weitemeyer, Birgit. 2020. GmbH in Verantwortungseigentum: Nur Etikettenschwindel? *Legal Tribune Online*. https://www.lto.de/recht/kanzleien-unternehmen/k/gmbhverantwortungseigentum-gesetz-entwurf-rechtsform-verantwortungsbewusstseinunternehmertum/. Letzter Zugriff: 28. Februar 2023.

8
Zukunftsausblick

Zur Überwindung der Knowledge-Action Gap und einem Ende des »Preaching to the Choir«

VON NELE TERVEEN

Sandrine Dixon-Declève schreibt in mein Buchexemplar von *Earth for All*: »Nele, Looking forward to having you move mountains with us, to create an earth 4 all!«

Davos, World Economic Forum, Januar 2023

Das Club of Rome-Panel ist gerade vorbei, einige langjährige Club of Rome-Mitglieder und der Vizepräsident diskutierten wie der Paradigmenwechsel beschleunigt werden könnte, bzw. sollte. Wir befinden uns im SDG[1]-Zelt des World Economic Forum (WEF), welches etwa 1,5 Kilometer abseits des Kongresszentrums lokalisiert ist. Am selben Tag wird mir klar, dass genau das eines unserer großen Probleme ist: Preaching to the Choir – Preaching inside your own tent, off the main road.

Seit ich acht Jahre alt bin, bin ich im Nachhaltigkeitsbereich unterwegs. Ich saß als Kind schon mit meiner Mutter bei Joschka Fischer und schwenkte die »Atomkraft-Nein-Danke-Fahne«. Seit ich ein kleines Kind bin, gib es eine treibende Kraft in meinem Leben, die mich begleitet und immer intensiver wird: Gerechtigkeit – ich stelle mir eine nachhaltige Welt und einen verantwortungsvollen Umgang mit unserer Umwelt und den Menschen und Tieren, die in ihr leben, vor. Während der Grundschulzeit wurde meine Einstellung durch die Arbeit mit Projekten der Deutschen Bundesstiftung Umwelt verstärkt. Da ich aus kindlicher Sicht nicht verstehen konnte, warum Menschen ihren Müll in die Büsche und nicht in die nächste Mülltonne werfen, habe

1 SDG: Sustainable Development Goals, umfasst 17 globale Ziele Nachhaltigkeitsziele

ich vieles in Frage gestellt und angefangen, umzudenken. Später entstand eine klare Vorstellung von meiner Zukunft: Durch mein Wirtschaftsstudium und meine Forschung möchte ich das System verstehen, damit ich es in ein nachhaltigeres und gerechtes transformieren kann. Ich betrachte mich heute als Umweltökonomin, mit »grünem« Herzen und »schwarzen« Skills, denn Systemtransformation benötigt Interdisziplinarität, auf multiplen Ebenen. Im Kern dessen steht für mich seit meinem Studium der Club of Rome, eingebettet in ein Netzwerk aus fachlicher Expertise an den Schnittstellen, global wie national, von Wirtschaft, Politik und Gesellschaft. Seit zwei Jahren bin ich selbst Mitglied des *tt30 Deutschland*, dem jungen Think Tank des Club of Rome, und setze mich für eine Transformation des Wirtschaftssystems an der Schnittstelle von Forschung und Praxis ein.

Seit ich acht Jahre alt bin, erlebe ich allerdings auch, dass die gleichen Probleme (und theoretischen Lösungen) mit der gleichen Zielgruppe diskutiert werden und dass das außerhalb dessen eigentlich keinen interessiert, sofern es nicht gesetzlich vorgeschrieben oder klare monetäre Vorteile gibt, denn Nachhaltigkeit ist unsexy. Als ich an diesem Tag im Januar 2023 beim WEF in dem SDG-Zelt stehe und mit einigen Wissenschaftler:innen und Organisationen Kaffee trinke, sprechen wir, wie so oft, über Umsetzungsbarrieren und Probleme; dabei wird mir klar, dass dieses Zelt im Herzen des WEF-Kongresses und nicht 1,5 Kilometer außerhalb stehen müsste und der Kaffee mit der großen Mehrheit der Führungsriege aus Politik und Wirtschaft getrunken werden sollte. Stattdessen pilgern seit Jahrzehnten die bereits intrinsisch motivierten und nachhaltigkeitsinteressierten Menschen in dieses Zelt – ein »Preaching to the Choir«.

Wo stehen wir heute?

Wir befinden uns größtenteils immer noch in separierten Silos, linguistisch, geografisch und institutionell. In informellen und formellen Dynamiken und Machtstrukturen in Politik, Wirtschaft und Gesellschaft ist diese Separation deutlich zu erkennen. Doch um eine Transformation gesamtgesellschaftlich zu erwirken, braucht es eine kritische Masse *n*, in einer Demokratie vor allem Zeit – und eben auch die demokratische Mehrheit. Simple betrachtet verhält es sich demnach so, dass die Nachhaltigkeitswissenschaften in die Masse, in die Mehrheit, diffundieren müsste, um in ihrem Sinne erfolgreich zu sein.

Blicken wir also auf die letzten 50 Jahre zurück, seit dem der Club of Rome mit seinem Bericht *Die Grenzen des Wachstums* ein Fundament für eine nachhaltige Zukunft der Menschheit legte, dann ist, so sind die meisten sich im Nachhaltigkeits-Zelt einig, verhältnismäßig wenig, bzw. nicht suffizient, oder hinreichend genug geschehen. Auch anders gesagt: Wir befinden uns bereits an einem katastrophalen Punkt der globalen Erderwärmung und haben bereits den 1,5 Grad-Pfad, der zu unumgänglichen, irreversiblen Kipppunkten in unserem Klimasystem führt, überschritten. Der Bericht analysierte das weltweite Wirtschaftswachstum, die Ressourcennutzung und Umweltauswirkungen. Er war einer der ersten, der die Idee präsentierte, dass unbegrenztes Wirtschaftswachstum auf einem begrenzten Planeten nicht nachhaltig sei. Der Bericht hatte einen signifikanten Einfluss auf die Umweltbewegung und trug dazu bei, die Idee der Nachhaltigkeit in den globalen Dialog einzuführen. Trotz dieser Warnungen und des Bewusstseins für Umweltprobleme sind die dringenden Empfehlungen des Club of Rome nicht angemessen umgesetzt worden, was zu einem kritischen Punkt in der globalen Erderwärmung geführt hat.

Wie konnte das passieren?

Die Probleme und Ursachen sind seit Jahrzehnten mit signifikanter wissenschaftlicher Evidenz nachgewiesen. Wir wissen ziemlich genau welche Probleme wir haben und können Szenarien für verschiedene Handlungspfade berechnen. Demnach können wir wissenschaftlich auch ziemlich genau aufzeigen, wie tiefgreifend zerstörerisch unser Handeln, bzw. Nicht-Handeln sein wird, und wie sich die anthropogene Klimakrise auf Lebensräume von Mensch und Tier mit drastischer Geschwindigkeit auswirken wird. Für mich, als 8-jähriges Kind – ich hatte gerade die FCKW-Debatte miterlebt, die relativ erfolgreich lief, auch global betrachtet – war damals klar: Alle Fakten liegen auf dem Tisch, die »da oben«, die machen das schon, ist ja logisch, oder nicht?! Doch wenn man die ARD-Ausschnitte von Mojib Latif, dem Präsidenten des Deutschen Club of Rome, aus dem Jahr 1995 und 2021 vergleicht, dann ist der einzige erkennbare Unterschied dabei die Farbe seiner Haare.

Mojib weist mit wissenschaftlicher Evidenz und Dringlichkeit seit 25 Jahren auf dieselben Probleme hin. Und auch ich sitze nun mit 31 Jahren hier und befasse mich mit ähnlichen Problemen und Lösungsansätzen. Aber warum ist das so?

Vom »Preaching to the choir«-Phänomen komme ich nun zur sogenannten »Knowledge-Action Gap«, die die Diskrepanz zwischen dem bekannten Wissen über die Probleme und der Nicht-Umsetzung von Maßnahmen zu Lösungen in effektive Handlungen und politische Entscheidungen beschreibt. Die Gründe für die Existenz der Knowledge-Action Gap sind vielschichtig und multidimensional:

- Mangelnde Umsetzung des Wissens: Oftmals liegt das Wissen über bestimmte Probleme vor, aber es wird nicht effektiv in Handlungen umgesetzt. Dies kann auf politische, wirtschaftliche oder soziale Hindernisse zurückzuführen sein.
- Widerstand gegen Veränderungen: In einigen Fällen gibt es Widerstand gegen Veränderungen, selbst wenn das Wissen darüber besteht, dass diese Veränderungen notwendig oder vorteilhaft wären.
- Kommunikationsprobleme: Die Art und Weise, wie Wissen übermittelt wird, kann dazu führen, dass es nicht richtig verstanden oder akzeptiert wird. Dies kann zu einer Lücke zwischen Wissen und Handeln führen.
- Mangelnde Ressourcen: Oftmals fehlen die notwendigen Ressourcen, um das vorhandene Wissen in die Praxis umzusetzen. Dies kann finanzielle, personelle oder technologische Ressourcen umfassen.
- Politische oder institutionelle Barrieren: In einigen Fällen können politische oder institutionelle Strukturen Hindernisse für die Umsetzung von Wissen in Handlungen darstellen.

Die Überwindung des Knowledge-Action Gaps erfordert daher eine holistische und systemische Herangehensweise, die sowohl die Verfügbarkeit von Wissen als auch die Schaffung von Anreizen und Ressourcen für die Umsetzung von Maßnahmen berücksichtigt.

Welche Anreize benötigt bspw. das Finanzsystem und welche Fragen muss ich stellen, um herauszufinden wie und an welcher Stelle im System diese

Anreize generiert werden können, um die nötige Machtstruktur zur Umsetzung zu identifizieren. Nur wenn das »Nachhaltigkeits-Szenario« attraktiver ist als das »Nicht-Nachhaltigkeitsszenario«, entsteht ein attraktives Möglichkeitsfenster zum Handeln. Um diese Fenster zu erkennen und attraktiv zu gestalten, muss man jedoch verstehen, wie die breite Masse tickt, welche Sprache sie spricht, welche Anreize sie benötigt.

Hierzu ist ein positives Narrativ mit smarten Fragen notwendig, ein konstruktiver Dialog mit der Mehrheit, die zur Transformation notwendig ist. Ich glaube nicht, dass wir mit Klimabildern auf Zeitschriften die Klimakrise lösen können, oder gar Anreize zur Transformation schaffen. Das haben wir in 30 Jahren nicht geschafft, denn Angst allein kann keine Lösungen erbringen.

Wo können wir morgen stehen?

Wie Lösungen für so ein positives Narrativ einer nachhaltigen Zukunft aussehen können, hat dieses Buch anhand der vorgestellten Essays in den Bereichen der fünf Kehrtwenden Ungleichheit, Armutsbekämpfung, Ermächtigung, Ernährung, und Energie – aufgegriffen aus *Earth for All* – betrachtet. In *Earth for All* schlagen die Autorinnen und Autoren vor, dass durch einen *Giant Leap* der fünf Kehrtwenden gesellschaftlicher Zusammenhalt erreicht werden kann. Die Verfasser:innen haben in dem vorliegenden Essayband konkrete Lösungsansätze diskutiert und aufgezeigt. Schlüsselaspekte sind dabei die aktive Rolle des Staates, eine Dezentralisierung, ein Bewusstseinswandel und der Ausgleich zwischen sozialer Verantwortung und wirtschaftlichem Fortschritt. Die Beispiele stellen dabei konkrete Ansätze zur Überwindung der »Knowledge-Action Gap« dar.

1. Aktive staatliche Rolle

Die Autorinnen und Autoren betonen, dass eine erfolgreiche Ermächtigungskehrtwende von beiden, privilegierten und unterprivilegierten, Akteurinnen und Akteuren getragen werden muss. Privilegierte Gruppen sollen ihre Ressourcen nutzen, um eine gerechtere Machtverteilung zu fördern, während unterprivilegierte Gruppen durch ihre Einblicke und Erfahrungen entscheidende Perspektiven einbringen können. Es wird klar herausgestellt, dass Machtumverteilung nicht nur auf politischer Ebene, sondern auch in alltäglichen Entscheidungsprozessen erfolgen sollte. Maßnahmen für diese Ermächtigungskehrtwende schließen Geldumverteilung, das Erlernen diskriminierungsrelevanter Kompetenzen, Aufklärungsarbeit, Machtdelegation in Beteiligungsprozessen, Unterstützung von Selbstorganisationen Benachteiligter und eine aktive diversitätssensible Politik ein. Konkret schlagen die Verfasser:innen eine aktivere Rolle des Staates hinsichtlich der Schaffung eines regenerativen, nachhaltigen Nahrungsmittelsystems vor, in dem der Staat eine aktivere Rolle bei der Regulierung des Fleischkonsums übernehmen sollte, um Umweltziele zu erreichen. Hier wird das bestehende Wissen über die Auswirkungen des Fleischkonsums in konkrete staatliche Maßnahmen umgesetzt.

2. Dezentralisierung

Der Fokus auf erneuerbare Energien und Dezentralisierung in Bezug auf Smarthomes zeigt, wie lokale Gemeinschaften und individuelle Haushalte aktiv in die Energieerzeugung eingebunden werden können. Dies fördert nicht nur die Umsetzung nachhaltiger Praktiken, sondern auch eine breitere Teilnahme an Umweltinitiativen. Die Autorinnen und Autoren betonen im Zusammenhang mit der angestrebten Umstellung auf saubere Energie und Netto-Null-Emissionen bis 2050 die Bedeutung der Dezentralisierung bei erneuerbaren Energien. Insbesondere wird auf die Rolle von Smarthomes und deren Beitrag zur Energiekehrtwende eingegangen. Die Dezentralisierung der Energieerzeugung durch erneuerbare Energien wird als Schlüssel für eine erfolgreiche Energiewende betrachtet. Privathaushalte werden zu Prosumern, die sowohl Energie verbrauchen als auch erzeugen, insbesondere durch Photovoltaikanlagen. Intelligente Stromzähler (Smart Meter) können Daten zurück an die Prosumer senden, um einen effizienten Verbrauch zu fördern. Energiegenossenschaften und Bürgerbeteiligung werden als Wege betrachtet, um die Akzeptanz für erneuerbare Energien zu steigern und eine konsistente, naturverträgliche Energiewende zu unterstützen.

3. Bewusstseinswandel

Die Betonung von Bildung und Bewusstseinskehrtwende in Bezug auf Energieeffizienz, Fleischkonsumregulierung und Purpose Economy zeigt, wie die Autorinnen und Autoren darauf abzielen, durch gezielte Informationen und Aufklärung einen Wandel im Denken und Handeln der Gesellschaft zu bewirken. Eine Bewusstseinskehrtwende ist entscheidend, um intrinsisches Energiesparen zu fördern, und Technologien wie Smarthomes können dabei unterstützen, sollten jedoch auf Energieeffizienz ausgerichtet sein. Es wird dabei die Notwendigkeit betont, politische und ökonomische Kapazitäten zu investieren, um Ungleichheiten zu reduzieren und einen gesamtwirtschaftlichen Wandel sicherzustellen.

4. Ausgleich zwischen sozialer Verantwortung und wirtschaftlichem Fortschritt:

Der Vorschlag zur Jobgarantie als Teil der *Earth for All*-Ökonomie adressiert soziale Herausforderungen wie unfreiwillige Arbeitslosigkeit. Hier wird eine Balance zwischen sozialer Verantwortung und wirtschaftlichem Fortschritt angestrebt, indem sichergestellt wird, dass soziale Härten abgefedert und gleichzeitig transformative Projekte vorangetrieben werden. Die Verfasser:innen erörtern eine Vergesellschaftung als Mittel zur Erreichung von mehr finanzieller und sozialer Gleichheit in der Gesellschaft. Hier steht besonders die Debatte um den Volksentscheid »Deutsche Wohnen und Co enteignen« im Mittelpunkt, die als ein Weg zu mehr Gleichheit auf dem Wohnungsmarkt betrachtet wird. Auf globaler Ebene, hinsichtlich der Armutsbekämpfung, betonen die Verfasser:innen makroökonomische Voraussetzungen sowie starke Governance-Strukturen und Infrastruktur. Sie schlagen vor, dass eine offene Debatte notwendig ist, die verschiedene Perspektiven, insbesondere aus Ländern des globalen Südens, integriert. Dabei kann eine Reform des Patentsystems hilfreich sein, um sicherzustellen, dass Basistechnologien nicht blockiert werden, und ein Technologietransfer erleichtert wird.

Insgesamt zeigen diese Beispiele, wie das Wissen über ökologische und soziale Herausforderungen konkret in Maßnahmen umgesetzt wird, die auf staatlicher Ebene, in lokalen Gemeinschaften und auf individueller Ebene wirken. Dies trägt dazu bei, die Kluft zwischen Erkenntnissen und Handlungen zu überbrücken und die Ziele der *Earth for All*-Ökonomie in die Realität umzusetzen.

Am Ende einer inspirierenden Reise durch die Seiten dieses Buches, die uns tief in die Herausforderungen und möglichen Lösungen für eine nachhaltige Zukunft eingeführt hat, zeigen wir eine Perspektive von genau der jungen Generation an Menschen auf, die am meisten von der Klimakrise betroffen sein werden. Dieses Buch ist kein statischer Entwurf, sondern ein Aufruf zur kontinuierlichen Reflexion und Handlung. So geben die Stimmen der Verfasser:innen Hoffnung auf smarte und reflektierte Machbarkeitsfenster, die die Knowledge-Action Gap überwinden können.

Transformation braucht Zeit und demokratische Mehrheiten. So bleibt sehr zu hoffen, dass, wenn diese junge Generation in die Positionen der Entscheider:innen gelangt, ein suffizientes Umsetzen von effektiven und evidenzbasierten Handlungen zur holistischen Kehrtwende möglich ist. So würde auch das SDG-Zelt nicht mehr fernab, sondern integriert im Hauptkongress stehen.

Wie so etwas heute schon in der Wirtschaft etabliert werden kann, zeigt ein Beispiel, welches sich nach meiner Begegnung mit dem Generalsekretär des Club of Rome, Carlos Álvarez Pereira, beim WEF 2023 entwickelte. Inmitten existenzieller Herausforderungen wie dem Klimawandel stellten Carlos und ich uns die Frage, ob unser Streben nach Innovation möglicherweise zu einer Entmenschlichung und gefährlichen Entfremdung von den Ökosystemen führt. In dieser entscheidenden Phase wurde für uns der Ruf nach einer grundlegenden Neubewertung unseres zukünftigen Weges lauter. Dazu haben wir gemeinsam mit Expertinnen und Experten aus den TUM Venture Labs, der Max Planck Gesellschaft, nachhaltigen Gründer:innen sowie Führungspersonen aus der Wirtschaft für eine Überdenkung des Kapitalismus appelliert, um Bedingungen für einen regenerativen Weg mit unmittelbaren positiven Auswirkungen zu schaffen, auf dem Weg des »Giant Leap«.

Wir haben dabei die Idee des *Regenerativen Kapitalismus* an der Schnittstelle zwischen Wirtschaft, Innovation und Unternehmertum in einen transformativen Dialog eingebettet. Im Bereich der Wissenschaft, beispielsweise bei Einrichtungen wie dem Max Planck Institut oder auch Universitäten, schlagen wir vor, Plattformen für Unternehmertum zu fördern und Wissenschaftler:innen beim Übergang zu Unternehmern durch Formate wie Workshops und Hackathons zu unterstützen. Dabei legen wir einen Schwerpunkt auf die systematische Förderung von Gründer:innen, die sich auf Nachhaltigkeitsziele konzentrieren, indem wir sie über Unternehmertum aufklären und ihre Startups fördern. Institutionen wie der Club of Rome können dabei neutrale und vertrauenswürdige Plattformen darstellen, die evidenzbasierte Unterstützung bieten. Zudem könnten Institutionen ihre Netzwerkkraft nutzen, um komplexe Herausforderungen anzugehen, und Anreize auf globaler Ebene zu schaffen. Eine inspirierende Kommunikation entlang eines positiven Narrativs über eine regenerative Zukunft hat dabei eine Schlüsselrolle. Der Club of Rome hat dazu »the 5th Element« ins Leben gerufen: ein Programm, das den Fokus von den Interessengruppen auf die Menschen als menschliche Wesen verlagert, vom

Lehren zum Lernen, von kolonialen Denkweisen zur Selbstorganisation, von Knappheit, Wettbewerb und Enteignung zu Überfluss, Zusammenarbeit und Aufbruch. Es zielt darauf ab, neue Bedeutungen und Dissonanzen zu fördern, anstatt sich auf problem- und lösungsorientierte Denkweisen zu beschränken.

Im Bereich der Innovationen und des Unternehmertums, insbesondere bei Start-up-Gründer:innen, empfehlen wir die Förderung einer branchenorientierten Perspektive, um den Übergang zu einer Netto-Null-Energieversorgung zu beschleunigen. Dies könnte durch die Zugänglichmachung und Skalierung weniger anspruchsvoller Anwendungsfälle erreicht werden, um Spillover-Effekte für weitere Bereiche zu erzielen. Darüber hinaus betonen wir die Bedeutung von mutiger Führung und einer positiven Vorbildrolle, um die besten Talente für die Arbeit an bedeutenden Herausforderungen zu gewinnen und zu inspirieren. Für Führungskräfte aus der Wirtschaft schlagen wir vor, Plattformen zu fördern, um Potentiale in Ökosystemen bereits zu nutzen. Die Schaffung von Win-Win-Win-Situationen zwischen Start-ups und Industriepartnern durch Vermittlungsstellen wie zum Beispiel der Circular Republic in München könnte eine effektive Strategie dafür sein. Eine Verbreitung der Bedeutung eines gemeinsamen Narrativs unter Führungskräften sowie die Betonung von gesundem Menschenverstand und rechtlichen/formalen Dimensionen durch Verträge könnten eine erfolgreiche Zusammenarbeit gewährleisten. Wissen sollte für Anhänger zugänglich gemacht werden, und ein Open-Source-Ansatz für gemeinsame Projekte könnte die Zusammenarbeit fördern. Es ist entscheidend, Lösungen zu validieren und attraktive Geschäftsszenarien zu präsentieren, um Kooperationsprojekte voranzutreiben, bei denen wirtschaftliche Machbarkeit und Nachhaltigkeit im Mittelpunkt stehen.

Die Politik steht also vor der offenen Frage, welche Rahmenbedingungen erforderlich sind, um Vorschriften und Richtlinien für einen Übergang zu regenerativem Wirtschaften herbeizuführen. Diese Diskussion sollte sowohl auf regionaler als auch auf europäischer Ebene stattfinden und verschiedene zeitliche Dimensionen berücksichtigen. Als Ausblick auf zukünftige Entwicklungen arbeiten wir weiter an detaillierten Strategien, die Unternehmen und Organisationen unterstützen können, auf regenerative Praktiken umzustellen.

Unsere aktuelle Auseinandersetzung mit den Herausforderungen bei der Akzeptanz des *regenerativen Kapitalismus* bildet die Grundlage für eine ausführliche Diskussion, die eine realistische Perspektive ermöglicht den Giant

Leap voranzutreiben. Unser Ziel ist es, spezifisch auf diese Herausforderungen einzugehen und Lösungen sowie Empfehlungen zu ihrer Überwindung anzubieten. Dabei werden wir besonders die betonte Bedeutung von Bildung und Führung als treibende Kräfte für Veränderungen weiter vertiefen. Ein weiterer Schwerpunkt wird die Erweiterung des Ausblicks sein, indem wir untersuchen, wie Bildungseinrichtungen und Führungskräfte gezielt zum Paradigmenwechsel hin zu regenerativem Wirtschaften beitragen können. Zusätzlich streben wir an, lokale und kulturelle Perspektiven einzubeziehen, indem wir globale Konzepte durch die Integration von Beispielen aus verschiedenen Regionen und Kontexten präzisieren. Dies wird nicht nur den Inhalt für ein vielfältiges Publikum greifbarer machen, sondern auch die Anpassung des regenerativen Wirtschaftens an unterschiedliche kulturelle und wirtschaftliche Kontexte diskutieren.

Abschließend appelliere ich an jeden Einzelnen von Ihnen, aktiv zur Gestaltung einer regenerativen Zukunft beizutragen. Vernetzen Sie sich mit Gleichgesinnten, die sich für eine nachhaltige Wirtschaft engagieren. Setzen Sie positive Fragen und Antworten als Inspiration ein bei Menschen, die noch wenig Zugang zu Nachhaltigkeit haben. Dieses Buch lädt dazu ein, sich eine Welt vorzustellen, in der Wirtschaftswachstum und Umweltschutz harmonisch zusammenwirken; es lädt ein zu einer Reise in die Zukunft, die von gemeinsamen Werten, Solidarität und nachhaltigem Handeln ist. Eine solche Zukunft ist möglich, erfordert jedoch den Einsatz von uns allen. Teilen Sie Erfolgsgeschichten, um andere zu inspirieren, und nutzen Sie kollektive Intelligenz, um innovative Lösungen zu entwickeln und umzusetzen, denn wir brauchen mehr positive Beispiele. Die Herausforderungen für eine nachhaltige Zukunft sind komplex, aber gemeinsame Anstrengungen können transformative Veränderungen bewirken.

Auf einer Frühjahrstagung des tt30 Club of Rome in Hamburg im Mai 2021 reflektierte Mojib Latif die Art und Weise der Kommunikation: »Vielleicht haben wir in den Nachhaltigkeitswissenschaften etwas falsch gemacht in den letzten 30 Jahren. Wenn wir es besser gemacht hätten, wären wir jetzt wahrscheinlich woanders.« Wenn ich so alt bin wie Mojib, dann möchte ich nicht dasselbe erzählen (müssen). Ich möchte ein anderes Zukunftsnarrativ erzählen können.

Über die Autorinnen und Autoren

Als Jugendliche blätterte **Mareike Andert** in der Zeitung schnell zum Sportteil; später zu Politik und Wirtschaft. Heute ist sie überzeugt: Die anstehenden sozial-ökologischen Transformationsprozesse brauchen solide Berichterstattung. Während des Studiums arbeitet sie als freie Journalistin und Texterin mit dem Schwerpunkt Nachhaltigkeit.
Im Bachelor studierte sie Politikwissenschaft und Allgemeine Rhetorik in Tübingen und St. Andrews, Schottland. Dabei merkte sie, dass sie besonders für nachhaltige Mobilität, Klimagerechtigkeit, Klimakommunikation, Transformations- und Beteiligungsprozesse brennt. Diese Themen vertieft sie im Master Nachhaltigkeitswissenschaft an der Leuphana Universität Lüneburg.

In ihrem Bachelorstudium in Politikwissenschaft an der Universität Hamburg hat **Paula Bäurich** sich schwerpunktmäßig mit internationalen Beziehungen sowie Fragen der globalen Gerechtigkeit und der Klimapolitik auseinandergesetzt. In der Folge hat sie sich für einen Master in Nachhaltigkeitswissenschaft an der Leuphana Universität Lüneburg entschieden. Inspiriert durch ihren Freiwilligendienst in Südafrika nach dem Abitur widmet sich Paula vorrangig globalen Ungerechtigkeiten und Ideen einer gerechteren sowie nachhaltigeren Welt. Als Politikberaterin möchte sie künftig aktiv an einer nachhaltigen gesellschaftlichen Entwicklung mitwirken.

Katharina Buse ist Geographin und studiert aktuell den Master Nachhaltigkeitswissenschaft an der Leuphana Universität Lüneburg. Sie interessiert sich besonders für räumliche und sozial gerechte Transformationsprozesse auf lokaler und globaler Ebene.

Eileen Bauer hat in Frankfurt am Main den Bachelor Biowissenschaften studiert und sich dort besonders für sozial-ökologische Fragenstellungen interessiert. Im Masterstudium Nachhaltigkeitswissenschaft an der Leuphana Universität Lüneburg möchte sie sozial-ökologische Systeme tiefer verstehen lernen und außerdem die Schnittstelle von Landwirtschaft und Klimaschutz untersuchen.

Carl Eggers studiert Public Economics, Law and Politics an der Leuphana Universität Lüneburg. Für diesen Studiengang hat er sich entschieden, da ihn schon während seines Bachelorstudiums der Politikwissenschaft die Zusammenhänge zwischen Recht und Politik besonders interessierten. Neben dem Studium engagiert sich Carl als grüner Kommunalpolitiker für eine sozial-ökologische Transformation, hierbei ist es ihm besonders wichtig, möglichst viele Menschen für progressive Projekte zu begeistern.

Lorenzo Huskamp studiert den interdisziplinären Masterstudiengang der Kulturwissenschaften Culture, Arts and Media an der Leuphana Universität Lüneburg. Seine frühesten Kindheitserinnerungen an das Thema Klimawandel und dessen Diskurs sind der Eisbär Knut und der die Ignoranz und Dreistigkeit der fossilen Industrie schonungslos offenlegende Film *An Inconvenient Truth* (2006) des ehemaligen US-Vizepräsidenten Al Gore. Fast 20 Jahre später hat sich an der Relevanz dieser unbequemen Wahrheit namens Klimawandel nichts geändert. Er ist davon überzeugt, dass kreative Perspektivwechsel und (selbst-)kritisches Denken in der Politik und Wirtschaft nicht fehlen dürfen. Nach seinem Studium hofft Lorenzo, im Journalismus und Kulturbetrieb Möglichkeitsräume zu finden, in denen er diese Tugenden vermitteln und teilen kann.

Lena Jauer hat Politikwissenschaften und Französische Philologie an der Universität Münster studiert. Da ihr Nachhaltigkeit und die Herausforderung einer entsprechenden gesellschaftlichen Transformation dort zu kurz kamen, ihr aber immer wichtiger wurden, entschied sie sich im Anschluss für einen Master in Nachhaltigkeitswissenschaft an der Leuphana Universität Lüneburg. Insbesondere das Ausspielen von Sozialem gegen Nachhaltigkeit in der Debatte beschäftigen sie sehr.

Andrea Kabasci hat an der Leuphana Universität Lüneburg zwei Bachelor-Studiengänge in Politikwissenschaft und in Global Environmental and Sustainability Studies abgeschlossen. Jetzt arbeitet sie im politischen Bereich. In ihrer Freizeit beschäftigt sie sich mit linker Theorie und der Frage wie eine gerechte Gesellschaft gebaut werden kann.

Nach ihrem Bachelor-Studium der Kulturwissenschaften entschied sich **Neele Klukkert** aus Interesse an der gesellschaftsprägenden Kraft der Neuen Medien für den Master Medien und digitale Kulturen an der Leuphana Universität Lüneburg. Es ist ihr wichtig, die aktuellen Krisen stets aus einer gesamtheitlichen, interdisziplinären Perspektive zu betrachten und auch bei vermeintlich technischen Fragen die Rolle kultureller Normen und Denkweisen im Hinterkopf zu behalten. Im Berufsleben möchte sie dazu beitragen, die theoretischen Konzepte in die Praxis zu überführen, um so einen echten Beitrag zu einer nachhaltigen und gerechten Zukunft zu leisten.

Seit ihrer Schulzeit, als sie das erste Mal einen Artikel für eine Schülerzeitung schrieb, ist es **Luise Lands** Traum, als Journalistin zu arbeiten. In ihrem Bachelorstudium der Kommunikationswissenschaft an der Otto-Friedrich-Universität Bamberg interessierte sie sich besonders für die mediale Kommunikation von Nachhaltigkeit und speziell der Energiewende, sodass sie sich für ein Masterstudium in Nachhaltigkeitswissenschaft an der Leuphana Universität Lüneburg entschied. Seitdem bringt sie ihr Wissen aus ihrem Studium und ihre Expertise im Journalismus zusammen und schreibt über gesellschaftliche Ungerechtigkeiten und alle Themen rund um Nachhaltigkeit.

Als Nachhaltigkeitsmanagerin in globalen Lieferketten der Textilindustrie konnte **Kalina Magdzińska** in der Branche viel bewegen, entschied sich aber nach vier Jahren Berufserfahrung für ein Masterstudium in Nachhaltigkeitswissenschaft an der Leuphana Universität Lüneburg, um einen höheren Bildungsabschluss zu erlangen und Einblicke in andere Branchen zu gewinnen. Seitdem setzt sie sich neben dem Studium auch politisch für eine sozial-ökologische Transformation von Wirtschaft und Gesellschaft ein.

Mattis Mann studierte Wirtschaftswissenschaften und Geographie an der Universität Freiburg. Während des Studiums interessierten ihn die Überschneidungen der beiden Fächer immer mehr, sodass er sich anschließend für einen Master in Nachhaltigkeitswissenschaft an der Leuphana Universität Lüneburg entschied. Die Vorstellungen an eine inklusive, gerechte und umweltverträgliche Gesellschaft treiben ihn an, sich weiter mit Transformationsprozessen zu beschäftigen. Dabei spielen für ihn Alternativen zu profitorientiertem Wirtschaften eine wichtige Rolle. Darüber hinaus interessieren ihn kommunales Nachhaltigkeitsmanagement, Bildung für Nachhaltigkeit und Carbon Dioxide Removal Technologies.

In ihrem Bachelorstudium in Marine Ökosystem- und Fischereiwissenschaften an der Universität Hamburg hat **Neele Neddersen** sich besonders für den nachhaltigen Umgang mariner Ressourcen, sowie Meeresschutz und das Zusammenspiel zwischen Mensch und Umwelt interessiert. Deshalb entschied sie sich für den Master in Nachhaltigkeitswissenschaft an der Leuphana Universität Lüneburg, um das Wissen auch in anderen (nicht marinen) Bereichen zu vertiefen. Nach dem Studium in einem Projekt zu arbeiten, welches zur sozial-ökologischen Transformation beiträgt – zum Beispiel im Bereich Naturschutz – wäre ein Traum.

Jan Moritz Schnieders ist Biologe (BSc. an der Universität Hamburg) mit besonderem Interesse für Naturschutz und Ökologie. Bereits in seiner Bachelorarbeit beschäftigte er sich mit gefährdeten Lemuren-Arten in Madagaskar. Während eines Auslandaufenthaltes an der Universität Bergen, Norwegen, wurde sein biologischer Hintergrund durch vielseitige Einflüsse, auch aus den Themenbereichen Anthropologie und Klimawandelforschung ergänzt. Daraus entwickelte sich ein starkes Interesse für den Erhalt der vielseitigen Lebensräume der Erde, was ihn schließlich für seinen Master in Nachhaltigkeitswissenschaft an die Leuphana Universität Lüneburg führte. Durch das Masterstudium ergibt sich für ihn die Chance auch in die Kommunikation zwischen Nachhaltigkeit, Naturschutz und Politik und Wirtschaft Einblick zu erhalten.

Nach ihrem Bachelorstudium in Sprach- und Kommunikationswissenschaften an der Technischen Universität Berlin war **Marlena Spieß** in der Öffentlichkeitsarbeit und Lieferkettenberatung tätig und entwickelte dort großes Interesse an internationalen politischen Kontexten und nachhaltigen Transformationsprozessen. Nach einigen Jahren der beruflichen Entwicklung entschied sie sich für ein Masterstudium in Nachhaltigkeitswissenschaft an der Leuphana Universität Lüneburg, um die fachliche Expertise weiter zu vertiefen. Besonders wichtig ist Marlena dabei der Aspekt der sozialen Gerechtigkeit, mit dem sie sich auch zukünftig im Berufsfeld der politischen Beratung auseinandersetzen will.

Im Masterstudium in Nachhaltigkeitswissenschaft an der Leuphana Universität Lüneburg widmet sich **Jasper Strunk** der Frage, wie wir den Absprung von einer fossilen und von Dominanz geprägten Lebensweise politisch und wirtschaftlich umsetzen können. Ob politisch, publizistisch oder zivilgesellschaftlich: Jasper möchte in seinem künftigen Beruf daran mitwirken, das Mensch-Natur-Verhältnis zu versöhnen. Ein besonderes Anliegen ist ihm, Fragen der Verteilungsgerechtigkeit und Teilhabe zentral in den Diskurs um Klimaschutz zu stellen – so wie es sein Essaybeitrag bereits tut.

Hendrik Teichgräber studierte in einem Zwei-Fach Bachelor Politikwissenschaft und Volkswirtschaftslehre an der Georg-August-Universität in Göttingen. Dort setzte er Schwerpunkte im Bereich der Nachhaltigkeit und absolvierte unter anderem ein Zertifikatsprogramm. Zur weiteren Vertiefung seiner Kenntnisse entschied er sich anschließend für den Master Nachhaltigkeitswissenschaft an der Leuphana Universität Lüneburg. Im Hinblick gegenwärtiger Herausforderungen interessiert sich Hendrik Teichgräber aufgrund seines Hintergrunds vor allem für deren zugrundeliegenden gesellschaftlichen Strukturen. Dabei treibt es ihn, an einen Beitrag für eine sozial-ökologische Transformation zu leisten und Lösungsansätze für aktuelle Probleme aktiv mitzugestalten.

Nele Marie Terveen studierte BWL mit Schwerpunkt auf Nachhaltige Entwicklung in Osnabrück und Lissabon. Momentan schließt sie ihre Promotion an der TU München im Bereich Sustainable Entrepreneurship ab und erforscht, wie soziale und ökologische Probleme durch innovative Gründungsideen gelöst werden können. Zudem ist sie als Gastwissenschaftlerin in Stanford tätig, um u.a. den transatlantischen Austausch bezüglich Energie- und Finanzmärkten nach Europa aufzubauen. Als Bridgemaker treibt Nele an der Schnittstelle zwischen Wissenschaft und Praxis die gesellschaftliche und wirtschaftliche Transformation voran.

Elias Tetzlaff hat Multimedia Production in Kiel studiert und sich im Laufe des Studiums tiefer mit Formen der Umwelt- und Wissenschaftskommunikation auseinandergesetzt. Durch ein Masterstudium in Nachhaltigkeitswissenschaft an der Leuphana Universität Lüneburg strebt er an, diesen Fokus fortzuführen. Denn auch wenn es schwierig ist, sich in der Ökonomie der Aufmerksamkeit durchzusetzen, sieht er eine Chance darin, durch die Verbindung von Nachhaltigkeit und Kommunikation, die sozial-ökologische Transformation mitzugestalten.

Im interdisziplinären Bachelorstudiengang Betriebswirtschaft/Ressourceneffizienz-Management an der Hochschule Pforzheim befasste sich **Anna Zimmerer** mit betriebswirtschaftlichen und technischen Grundlagen sowie mit Nachhaltigkeit und Ressourcenschonung. Aufbauend auf diesem Schwerpunkt entschied sie sich anschließend für ein Masterstudium in Nachhaltigkeitswissenschaft an der Leuphana Universität Lüneburg. Als sie das erste Mal von der Idee des Grunderbes und der kontroversen Debatte darüber hörte, wurde sie neugierig, was solch eine Maßnahme für ihre und kommende Generationen sowie für soziale Gerechtigkeit im Allgemeinen bedeuten könnte.

Der neue Bericht an den
CLUB of ROME, 50 Jahre nach
»Die Grenzen des Wachstums«
EARTH
FOR
ALL
THE CLUB OF ROME
Ein Survivalguide für
unseren Planeten
oekom

Vom Ende einer Epoche

Mit der Abschaltung der letzten Kernkraftwerke in Deutschland geht eine Epoche zu Ende – und eine neue beginnt: Dieser Fotoband arbeitet die kontroverse, manchmal beinahe komisch anmutende Geschichte der Atomkernkraft in Deutschland auf anhand von ausführlich recherchierten Porträts aller kommerziellen deutschen Kernkraftwerke.

L.-J. Camurdas, R. Safitri, I. Zillmann, F. Präger, A. J. Wimmers, C. v. Hirschhausen, A. Tetsch, S. Tetsch

Einfach mal abschalten – und dann?
Die Geschichte der deutschen Atomkernkraft und ihr radioaktives Erbe
160 Seiten, Broschur, komplett vierfarbig mit zahlreichen Illustrationen, 34 Euro
ISBN 978-3-98726-030-8
Auch als E-Book erhältlich

Die Stadt als Landschaft

Unsere Infrastrukturen und Bauwerke wurden mit massivem Einsatz fossiler Energie errichtet – bieten uns aber heute enorme räumliche Potenziale für eine suffziente Lebensweise. Wie das gehen kann, schildert dieses Buch. Es ist eine Ermutigung, das zu gestalten, was vor uns liegt.

A. Weißert

Ich bin die Stadt, das Klima und die Transformation
Durch Selbstwirksamkeit und Verbundenheit
zur regenerativen Stadt
176 Seiten, Broschur, 22 Euro
ISBN 978-3-98726-051-3
Auch als E-Book erhältlich

DIE GUTEN SEITEN DER ZUKUNFT oekom